三次采油技术丛书

化学驱地面工艺技术

程杰成　李学军　赵忠山　张凯　等著

石油工业出版社

内 容 提 要

本书全面论述了与化学驱地面工程有关的若干关键技术，主要包括聚合物驱和三元复合驱两种化学驱油方式，系统介绍了化学驱对地面工艺的基本要求、化学驱配制注入工艺技术、聚合物驱采出液集输处理工艺技术和采出污水处理工艺技术，以及三元复合驱采出液的稳定机制和处理药剂、原油脱水技术、采出污水处理技术和地面系统防腐技术，在描述化学驱研究进展的基础上，对下一步的技术发展进行了展望。

本书可供从事油田开发、油藏管理、三次采油工作的技术人员、管理人员及有关院校师生参考。

图书在版编目（CIP）数据

化学驱地面工艺技术 / 程杰成等著 .--
北京：石油工业出版社，2022.5
（三次采油技术丛书）
ISBN 978-7-5183-4487-1

Ⅰ . ①化… Ⅱ . ①程… Ⅲ . ①化学驱油 - 研究
Ⅳ . ① TE357.46

中国版本图书馆 CIP 数据核字（2020）第 271834 号

出版发行：石油工业出版社
（北京安定门外安华里 2 区 1 号楼 100011）
网 址：www. petropub. com
编辑部：（010）64523738 图书营销中心：（010）64523633
经 销：全国新华书店
印 刷：北京中石油彩色印刷有限责任公司

2022 年 5 月第 1 版 2022 年 5 月第 1 次印刷
787 × 1092 毫米 开本：1/16 印张：10.5
字数：260 千字

定价：100.00 元
（如出现印装质量问题，我社图书营销中心负责调换）

《三次采油技术丛书》

编 委 会

丛书前言

我国油田大部分是陆相砂岩油田，砂岩油田油层层数多、相变频繁、平面和纵向非均质性严重。经过多年开发，大部分油田已进入高含水、高采出程度的开发后期，水驱产量递减加快，剩余油分布零散，挖潜难度大，采收率一般为30%~40%。应用大幅度提高采收率技术是油田开发的一个必经阶段，也是老油田抑制产量递减、保持稳产的有效方法。

三次采油是在水驱技术基础上发展起来的大幅度提高采收率的方法。三次采油是通过向油层注入聚合物、表面活性剂、微生物等其他流体，采用物理、化学、热量、生物等方法改变油藏岩石及流体性质，提高水驱后油藏采收率的技术。20世纪50年代以来，蒸汽吞吐开始应用于重油开采，拉开了三次采油技术的应用序幕。化学驱在80年代发展达到高峰期，后期由于注入成本高、化学驱后对地下情况认识不确定等因素，化学驱发展变缓。90年代以来，混相注气驱技术开始快速发展，由于二氧化碳驱技术具有应用范围大、成本低等优势，二氧化碳混相驱逐渐发展起来。我国的三次采油技术虽然起步晚，但发展迅速。目前，我国的三次采油技术中化学驱提高原油采收率技术处于世界领先地位。在大庆、胜利等油田进行的先导性试验和矿场试验表明，三元复合驱对提高原油采收率效果十分显著。此外，我国对其他提高原油采收率的新技术，如微生物驱油采油技术、纳米膜驱油采油技术等也进行了广泛的实验研究及矿场试验，并且取得了一系列研究成果。

大庆油田自20世纪60年代投入开发以来，就一直十分重视三次采油的基础科学研究和现场试验，分别在萨中和萨北地区开辟了三次采油提高采收率试验区。随着科学技术的进步，尤其是90年代以来，大庆油田又开展了碱—表面活性剂—聚合物三元复合驱油技术研究。通过科技攻关，发展了聚合物驱理论，解决了波及体积小的难题，首次实现大规模工业化高效应用；同时，创新了三元复合驱理论，发明了专用表面活性剂，解决了洗油效率低的难题，实现了化学驱技术的升级换代。大庆油田化学驱后原油采收率已超过60%，是同类水驱油田的两倍，相当于可采储量翻一番，采用三次采油技术生产的原油年产量连续19年超1000×10^4t，累计达2.8×10^8t，已成为大庆油田可持续发展的重要支撑技术。

为了更好地总结三次采油技术相关成果，以大庆油田的科研试验成果为主，出版了这套《三次采油技术丛书》。本套丛书涵盖复合驱表面活性剂、聚合物驱油藏工程技术、三元复合驱油藏工程技术、微生物采油技术、化学驱油田化学应用技术和化学驱地面工艺技术 6 个方面，丛书中涉及的内容不仅是作者的研究成果，也是其他许多研究人员长期辛勤劳动的共同成果。在丛书的编写过程中，得到了大庆油田有限责任公司的大力支持、鼓励和帮助，在此致以衷心的感谢！

希望本套丛书的出版，能够对从事三次采油技术的研究人员、现场工作人员，以及石油院校相关专业的师生有所启迪和帮助，对三次采油技术在大庆油田乃至国内外相似油田的大规模工业应用起到一定的促进作用。

前言

从 20 世纪 80 年代至今，大庆油田建成了世界上规模最大、技术最完善、效果最好的化学驱生产基地。地面工程充分利用油气资源，切实依靠科技进步，不断发展完善，形成了适应不同开发方式的系列新工艺和新技术。

本书是一部系统、全面介绍聚合物驱及三元复合驱地面工艺技术的著作。本书首先从聚合物驱原理出发，重点阐述了聚合物驱和三元复合驱的物理化学作用，三元复合驱的界面特性等。结合理论研究成果，系统介绍了地面工程总体设计原则、地面工艺要求，以及化学驱地面配套工艺技术，包括配制注入工艺技术、采出液处理技术、采出污水处理技术、药剂技术、复合驱地面系统腐蚀控制技术等。结合现场实际，介绍了化学驱技术在大庆油田的应用情况。本书体现了化学驱地面技术的系统性，也反映了化学驱地面工艺的最新成果和进展。

本书共十章，全书由赵忠山、李娜、张凯组稿，由李学军初审，程杰成审定。王梓栋、吴迪、刘增、古文革、何树全、郭延、李梦坤、房永、赵秋实、艾广智等对相关章节进行了细致的校对，并提出了宝贵意见。本书在编写过程中，得到了大庆油田有限责任公司的大力支持，化学驱各专业同仁在编写、研讨过程中也提供了支持和帮助，在此表示衷心感谢。

由于水平有限，书中难免存在疏漏及不当之处，敬请读者批评指正。

目 录

第一章 绪 论

化学驱是通过向油层注入化学物质，改变油层中的原油物性并提高油层压力，从而提高油田最终采收率的开发方式。大庆油田的化学驱主要包括聚合物驱和三元复合驱。化学驱是提高油田采收率的重要技术措施。

聚合物驱油技术的原理是通过在水中加入一定量高分子量的聚丙烯酰胺，使注入水的黏度增加，从而改善油水流度比。注入的聚合物溶液具有较高的黏度，且通过油层后具有较高的残余阻力系数和黏弹效应；黏度越高，残余阻力系数越大，则驱替相的流度就越小，驱替相与被驱替相的流度比越小，从而使得聚合物驱扩大油层宏观和微观波及效率的作用越大，最终提高原油采收率。该方法在中国油田的开采中取得了较好的降水增油效果，提高采收率幅度达 10% 以上[1-5]。

三元复合驱是在碱驱表面活性剂驱和聚合物驱的基础上发展起来的一项大幅度提高采收率的新技术，三元复合驱除了具有各组分的全部驱油机理外，还可以发挥表面活性剂、聚合物和碱三者的协同效应。表面活性剂可有效降低界面张力，提高洗油效率；碱水虽然与石油酸生成一定量的表面活性剂物质，但是量较少，加入表面活性剂可以弥补这一缺点；在一定条件下，表面活性剂可与聚合物形成络合结构，有利于增大复合体系的黏度；表面活性剂的乳化作用可增大驱替相的黏度。三元复合驱体系注入表面活性剂浓度为 0.1%~0.6%（质量分数），大幅度降低了成本。聚合物可有效增大表面活性剂和碱的黏度，减小流度比，增大表面活性剂或碱水体系波及范围，洗油效率更高，增大了表面活性剂体系的利用率；用作牺牲剂与地层中二价离子反应，减小表面活性剂或碱的消耗；提高乳状液稳定性等。三元复合驱体系注入聚合物浓度一般为 1000~2000mg/L。碱与表面活性剂发生协同效应，弥补表面活性剂体系的不足，使复合体系与原油形成超低的界面张力，降至 10^{-3}mN/m 以下，从而具有较好的原油乳化能力；与地层水中的二价离子反应，减少了表面活性剂的消耗，降低了驱油成本；可有效乳化原油，通过乳化捕集和乳化携带作用将原油采出。三元复合驱体系注入碱浓度为 1.0%~1.2%（质量分数）。与单一聚合物驱相比，由于表面活性剂和碱的存在，三元复合驱在增大波及系数的同时，也有效降低了油水界面张力；与表面活性剂或碱水驱油技术相比，聚合物的存在使得三元复合体系波及范围更大，增大了表面活性剂体系的利用率[6-7]。

大庆油田的聚合物驱和三元复合驱经过室内研究、先导性矿场试验、工业性矿场试验和大规模工业化推广应用 4 个阶段，取得了丰富的研究成果，形成了相应的聚合物驱和三元复合驱地面工程技术系列，建成了中国乃至世界上规模较大的化学驱油地面工程[8]。

由于化学助剂的注入，化学驱油田与常规水驱油田相比，地面工程增加了化学驱油剂的配制和注入设施，注入系统以保持注入液黏度为核心。采出液脱水和采出水处理工艺技术及参数与常规水驱油田也有较大差异，通常自成系统、单独处理。

一、聚合物驱地面工程

聚合物驱地面工程经过多年的研究，形成了“集中配制、分散注入、多级布站、单独处理”的地面建设模式。聚合物驱开发通常采用二级或三级布站的总体布局。大庆油田聚合物驱采出液脱水采用与水驱采出液脱水“一段分、二段合”的工艺模式。“一段分”指游离水脱除过程中，水驱采出液和聚合物驱采出液流程上严格分开，脱除的含聚合物采出水输送到聚合物驱采出水处理站进行处理，水驱采出水输送到水驱采出水处理站进行处理。“二段合”指游离水脱除后，水驱和聚合物驱低含水油汇合到一起进行电化学脱水和净化油外输，采出水输到聚合物驱采出水处理站进行处理。这样不仅可降低聚合物对水驱系统的影响，而且也降低了对后续采出水处理工艺的影响，同时又最大限度地利用了水驱系统已建脱水能力。

大庆油田聚合物驱配注工艺技术的研究，始于“八五”期间，由于工业化初期的所有设备都是从国内外其他行业移植的，且这些设备又没有充分考虑聚合物溶液自身的特点，因此在现场使用过程中仍存在分散装置配液能力较小、搅拌器功率较大且熟化时间长，过滤器经常堵塞、滤芯更换频繁、静态混合器压降和黏度损失较大等问题。“九五”末期，随着大庆油田低成本战略的实施和高水平、高效益、可持续发展的需要，开始进行聚合物配注工艺技术及优化简化研究。通过“九五”后期、“十五”期间的研究攻关和“十一五”的推广应用，研发了制约聚合物配注过程中工艺简化和优化的核心设备。其中，包括满足各种类型聚合物配制要求的大排量聚合物分散装置，适于中分子量聚合物母液搅拌熟化的螺旋推进型搅拌器，满足聚合物驱对注入介质过滤要求的滤袋式过滤器，适合聚合物母液输送条件的大排量外输泵，用于聚合物母液分配调节计量的流量调节器，适合不同聚合物母液注入的静态混合器等。开发了“熟储合一”工艺，缩短了母液配制流程；开发了“一管两站”“一泵多站”外输工艺，优化了母液外输流程；研发了“一泵多井”工艺，优化了聚合物母液注入工艺，使聚合物驱地面工程建设投资大幅度降低，“九五”末期与“十五”末期相比，平均单井投资降低幅度达24.24%。在“十二五”期间，主要进行了配注系统地面工艺、设备参数优化，确定了聚合物配注系统各个环节的黏度损失规律，确定了各工艺环节降低黏度损失的技术措施和管理措施，形成了聚合物配注系统的配制、注入介质质量的技术规定，确保聚合物实现高效低黏度损失的注入。经过多年的持续研究和应用、不断改进和完善，研究开发了一系列适合大庆油田特点的具有国际领先水平的工艺设备和工艺技术，形成了简化的聚合物驱地面工艺技术，达到了简化工艺、降低投资和运行成本的目的，确保了大庆油田聚合物驱产能建设的顺利实施[9-11]。

由于聚合物驱采出液水相含有一定浓度的聚合物，不但增加了水相的黏度，同时对油水界面膜强度、界面电性质和油包水型乳状液导电特性、油水分离特性都产生了一定的影响，增加了采出液处理的难度。聚合物采出液处理技术是在含聚采出液性质研究的基础上，研究开发了高效的采出液和采出水处理工艺及配套的采出液处理化学药剂。形成适应于聚合物驱原油脱水采用两段脱水工艺，研发具有强制聚结元件的游离水脱除器，脱水效果好、分离效率高，处理能力提高25%以上。研发的竖挂电极原油电脱水器，配合高压供电自动控制装置使用，电脱水设备运行电流低，在同等运行条件下可节电30%，处理能力提高30%。形成聚合物驱“二级沉降＋二级过滤”含油污水处理技术，处理后的水质满足不同渗透率油藏回注水水质控制指标要求。研发含油污水组合式沉降分离器，克服截面负荷不可变和窜流、短路的缺点，提高了出水质量。研发沉降罐加气浮技术，提高了沉降罐的油水分离效率；研发和应用气水反冲洗技术，提高了滤料过滤效果。

二、三元复合驱地面工程

三元复合驱地面工程针对化学剂的性质、调配、输送、升压、注入直至采出液的集输处理全过程，通过开展系统攻关，形成了适合不同三次采油方法的现场试验和工业化推广应用的地面工艺配套技术，对高含水油田深度挖潜进一步提高采收率，起到了强力支撑作用。在配注工艺方面，结合聚合物驱配注的成熟经验和大庆油田的规模化特点，形成了满足现场驱油试验的目的液配注工艺流程，满足工业化初期单独建站的“单泵单井单剂”配注工艺流程，以及适应大面积推广的碱和表面活性剂集中配制、分散注入的配注工艺流程，满足了矿场试验和工业化应用的需要。在采出液处理方面，从乳状液的基本性质研究入手，系统地研究了采出液含驱油化学剂后对乳状液特性、油水沉降分离特性、电脱水特性、污水中悬浮固体特征的影响。在室内外实验的基础上，研制了系列破乳剂、填料可再生游离水脱除器、新型组合电极电脱水器及其配套供电系统，在现场化学剂含量条件下，采用二段脱水工艺，实现了三元复合驱采出液的有效脱水；针对采出水悬浮固体含量高，去除困难的问题，研制了基于螯合机理的水质稳定剂，与二段沉降、二级过滤处理工艺联合应用，实现了含油污水的有效处理，处理后水质达到了回注高渗透层的水质指标。“十二五”以来，依托大项目攻关模式，三元复合驱地面工艺技术集中攻关、稳步推进，形成了基本满足工业化应用的技术系列，工业化区块共新（扩）建转油放水站、污水处理站等大中型工业站场58座，新建注入站、计量间等小型工业站场143座，形成了配制注入、原油集输脱水、采出污水处理等比较完善的地面工程系统，保障了工业化的顺利实施。

第二章　化学驱对地面工艺的基本要求

化学驱地面工程技术需提供一整套满足油田化学驱开发要求的地面工程解决方案，包括聚合物等化学剂的配注工艺技术、采出液脱水技术和采出污水回注技术。要求配注工艺及配注设备能够满足多种类型化学剂配注的需要，化学剂溶液经过配注系统的黏损率低于30%。采出液处理设备实现高效处理，满足各项生产技术指标。采出污水处理设备实现油水的高效分离，化学驱采出水回注达标，防止环境污染，达到油田HSE标准的目标。

第一节　化学剂的基本性质

一、聚合物的特性

1. 基本性质

聚合物是由许多相同的简单的结构单元，通过共价键重复连接起来，是分子量在1×10^4以上的大分子化合物。合成的高分子化合物大都由一种或几种简单的化合物聚合而成。

1）聚合物分子的结构

聚合物分子有线型、支链型和体型3种结构形态，如图2-1所示，各种类型还可以细分。

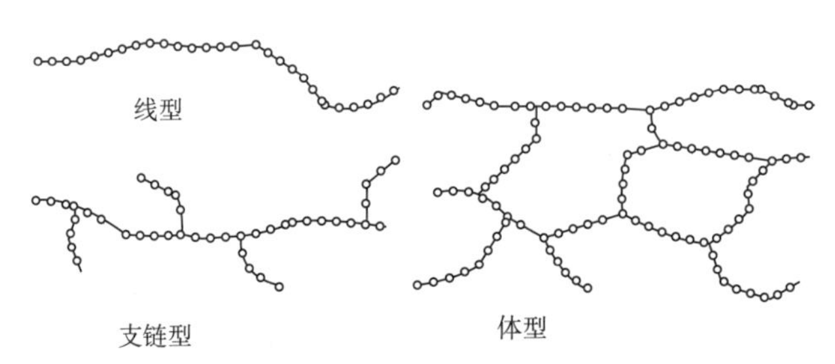

图2-1　聚合物分子的结构形态

2）油田提高采收率的聚合物类型

聚合物分为离子型聚合物和非离子型聚合物。其中，离子型聚合物又分为阴离子型聚合物和阳离子型聚合物。目前，大庆油田应用较多的是阴离子型聚合物。

3）油田常用聚合物的分子量

目前，大庆油田聚合物驱区块应用的聚合物分子量分别有（1200~1600）$\times10^4$（中分子量）、（1600~1900）$\times10^4$（高分子量）、（2100~2500）$\times10^4$（超高分子量）及3500×10^4。其中，（1600~1900）$\times10^4$分子量聚合物和（2100~2500）$\times10^4$分子量聚合物用量最大。

4）聚合物的形态

在不同的生产工艺条件下，聚丙烯酰胺可被制成 4 种物理形态：乳液状，有效含量为 30%~50% ；粉末状，即通常所说的聚合物干粉，有效含量在 90%以上；胶体状，即聚合物胶板，有效含量在 30%左右；水溶液，出厂即为水溶液，有效含量在 10%左右。

2. 聚合物干粉的溶解熟化时间

目前，大庆油田使用的聚合物分子量范围较宽，其分子量从 1100×10^4 到 2500×10^4。为了指导工程设计时配置合理数量的熟化罐、正确选择适宜的搅拌器，开展了不同分子量聚合物母液的熟化试验。

1）聚合物的溶解熟化时间测试方法

采用黏度法测定聚合物的溶解熟化时间：用油田污水（或清水）配制 5000mg/L 的聚合物母液，以 400r/min 转速搅拌，选择合适的搅拌时间取样，测试其黏度，当溶液黏度恒定时，即溶解过程出现平台时，所需搅拌时间即为聚合物的溶解熟化时间。

不同取样测试时间的确定：搅拌时间从 1h 开始，每隔 20min 取样，直到 140min。检测不同搅拌时间被测溶液的黏度（35℃、$10s^{-1}$），测试温度可以根据具体的用水温度调整。

溶解熟化时间判定条件：当时间相邻两溶液（T_1、T_2，且 $T_1 < T_2$）的黏度值（μ_1、μ_2）符合式（2-1）时，则视为在 T_1 时间内完全溶解。

$$\frac{|\mu_1-\mu_2|}{\mu_2} < 5\% \tag{2-1}$$

2）油田常用聚合物干粉的溶解熟化时间

溶解熟化时间试验结果表明，聚合物的分子量越大，熟化时间越长，5000mg/L 母液黏度达到稳定所需的时间越长。总体来说，不同分子量聚合物的熟化时间均在 90 ~ 150min 之间（图 2-2、图 2-3）。

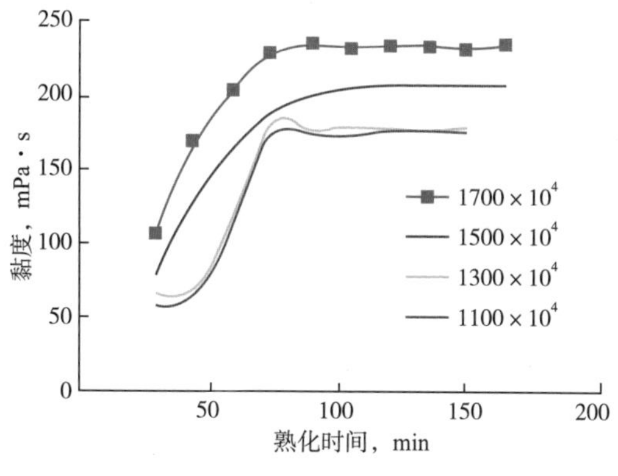

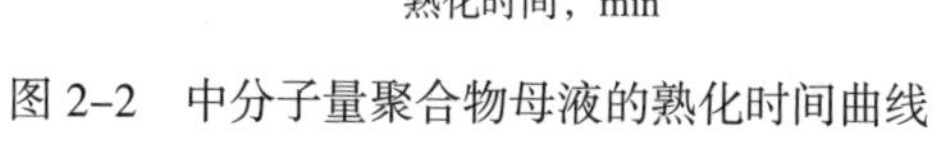
图 2-2 中分子量聚合物母液的熟化时间曲线

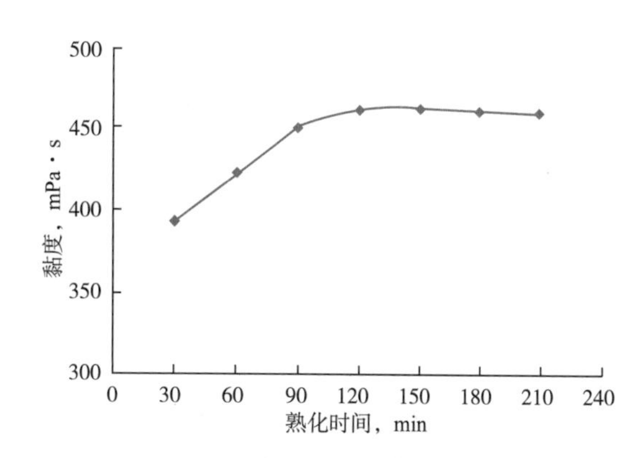

图 2-3 超高分子量聚合物熟化时间曲线

粒径对聚合物干粉的熟化时间有较大的影响，在实验室测定不同粒度的 2500×10^4 分子量聚合物的溶解熟化时间，配制浓度为 5000mg/L，测试温度为室温，搅拌器为直径 8mm 的螺旋推进搅拌器。不同粒径聚合物溶液的黏度随熟化时间的变化关系如图 2-4 所示。

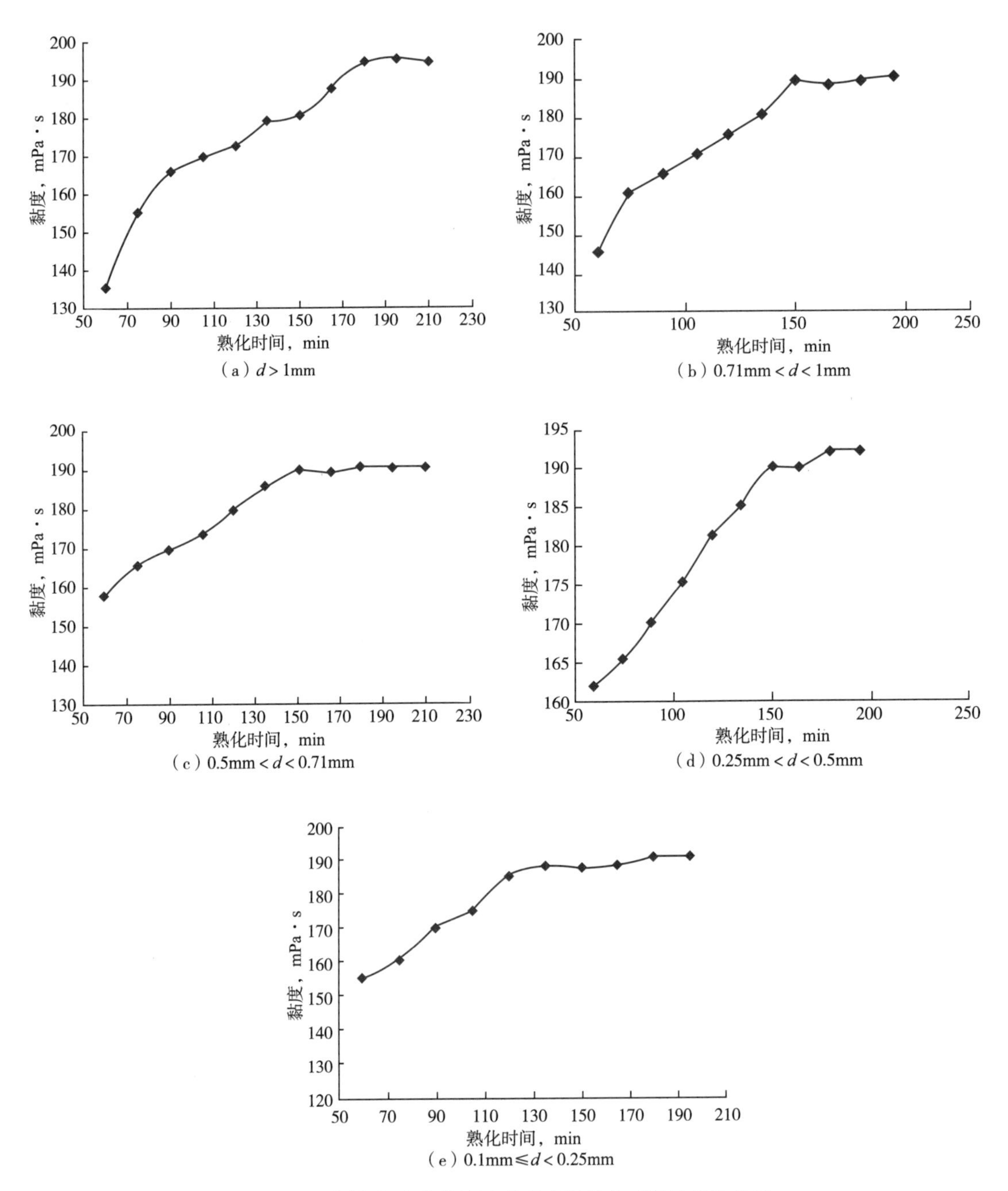

图 2-4　不同粒径聚合物溶液的黏度随熟化时间的变化关系

从图 2-4 可以看出，粒径较大的聚合物溶解熟化时间较长，粒径小的则短。在满足聚合物分散要求的情况下，适当降低聚合物干粉粒径，可以有效降低熟化时间。

3. 聚合物溶液的流变特性

部分水解聚丙烯酰胺是水溶性聚合物，其水溶液是黏弹性流体。按石油行业标准，用深度处理后的污水配制不同浓度的聚合物溶液，采用旋转黏度计测试其在不同剪切速率下的黏度。测试了中分子量聚合物母液的流变曲线（图 2-5）和 2500×10^4 分子量聚合物不同浓度溶液黏度随剪切速率变化关系曲线（图 2-6）。

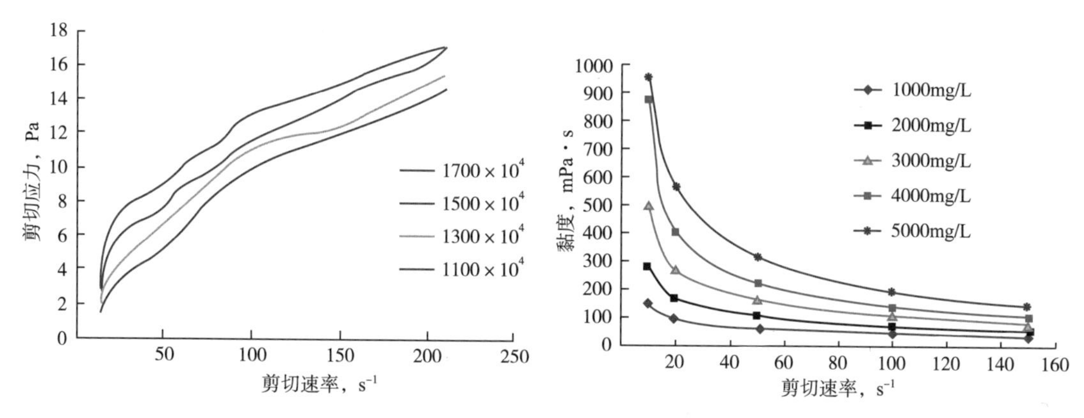

图 2-5 中分子量聚合物母液的流变曲线

图 2-6 超高分子量聚合物（2500×10^4 分子量）溶液黏度随剪切速率变化关系曲线

流变特性研究结果表明，在地面系统聚合物溶液流动的剪切速率范围内，聚合物溶液可用幂律流体流变方程表述其流变特性。

4. 聚合物溶液黏弹性的影响因素

当聚合物的种类和浓度确定以后，影响聚合物溶液性质（黏度、稳定性）的主要因素有配制水和地层水矿化度、温度、机械剪切、化学或生物降解等。

1）水矿化度对聚合物溶液黏度的影响

矿化度对聚合物溶液黏度的影响很大，要求尽量使用低矿化度水。聚合物在低矿化度水中分子延伸性好，水力学半径大，聚合物分子的挠性以及弹性好，溶液的视黏度大幅度提高，随着水矿化度的增加，聚合物溶液的黏度急剧下降。聚合物对铁离子，尤其是二价铁离子的影响敏感，要求储存、运输聚合物溶液的容器、管道，应尽量采用不锈钢衬里的材料。从注入水讲，如果铁离子含量较高，则要加入螯合剂，以减少其影响。

2）温度对聚合物溶液黏度的影响

聚合物溶液对温度的影响比较敏感，随着温度升高，聚合物溶液黏度降低。聚合物溶液的黏温关系曲线如图 2-7 所示。

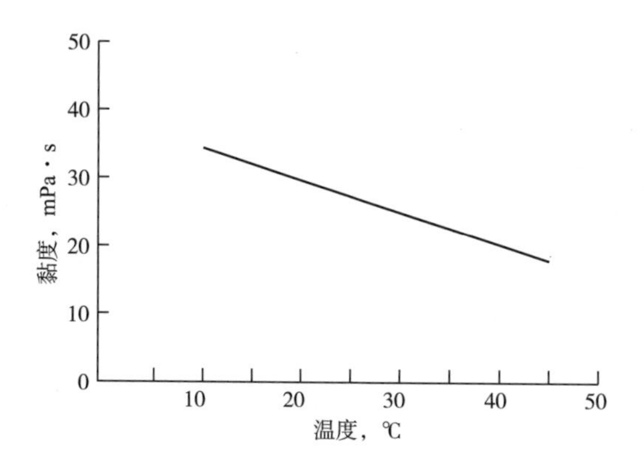

图 2-7 聚合物溶液黏温关系曲线

聚合物热降解明显，要求地面配制系统温度在 70℃以下。大量的试验研究表明，当温度高于 65℃时，聚合物将会发生热降解，导致聚合物溶液的黏度大幅度下降，有时甚至完全失去其效能。因此，在高温油田注聚合物时，必须在配制和注入聚合物溶液过程中严格除氧，把水中的含氧量降至0.05mg/L以下，对配制和注入工艺技术程度要求很高，从而加大了聚合物驱成本。

3）机械剪切对聚合物溶液黏度的影响

聚合物溶液的输送、注入，均应采用容积泵，以减少机械剪切的影响。所谓降解，是指在一定条件下聚合物的聚合度降低的现象，主要表现为聚合物分子链变短、聚合物溶液的黏度降低等。当溶液中的聚合物分子所受到的机械拉伸应力超过其承受能力时，就发生了机械剪切降解。高速搅拌、聚合物溶液的转输及井底炮眼附近的汇流，均可导致机械剪切降解。

聚合物在搅拌过程中的降解不但与搅拌器的转速有关，而且还与搅拌器的形态及搅拌器上的叶片分布有关，因此不能只用转速来表示降解极限。一般在较低的搅拌速度下，使用常规的配制聚合物溶液的搅拌器时，聚合物的降解很小。

在溶液的传输过程中，聚合物的降解与泵的排液量、阀门的形状和开度等有关，一般大的排液量、尖锐及粗糙的阀门进出口形状、小的阀门的开度，聚合物的降解越严重，因此，聚合物驱应选用低剪切注入泵。

聚合物的机械降解还与聚合物的类型和分子量有关，对于一定的聚合物而言，分子量越高，剪切降解越严重。聚合物溶液的浓度也影响其机械稳定性，在很低的浓度范围内，聚合物的降解随浓度的增加而增大，当达到临界浓度后，聚合物的降解随溶液浓度的增加而降低。表2-1列出了不同聚合物溶液通过孔板的黏度损失率。

表2-1　不同压差下聚合物溶液通过孔板的黏度损失率

聚合物	黏度损失率，%		
	压差0.069MPa	压差0.69MPa	压差3.45MPa
聚丙烯酰胺	30	60	90
纤维素磺酸钠	18	25	38
黄胞胶	很小	13	76
羧甲基纤维素	很小	8	53

4）化学降解对聚合物溶液黏度的影响

由化学因素引起的降解称为化学降解。化学降解大致可分为热降解和氧化降解。

在无氧或氧的含量相当低的条件下（小于10μg/L），只有当温度相当高时才发生碳链的断裂，使部分水解聚丙烯酰胺（HPAM）发生热降解；否则，只是酰氨基水解，当水解度达到某一值后，羧基与二价阳离子相互作用产生沉淀，使聚合物溶液黏度降低。

聚合物的氧化降解是自由基反应，首先氧或自由基进攻主链上的薄弱环节，生成过氧化物或氧化物，进一步促使主链断裂，再进一步发生降解。

配制不同类型聚合物溶液（中分子量、高分子量和超高分子量），通过加入不同浓度的硫酸亚铁、硫化钠、三氯化铁、氯化钙和氯化镁，研究高价阳离子浓度对黏度的影响。不同离子对聚合物黏度的影响程度见表2-2至表2-5。

表 2-2　二价铁离子对聚合物黏度影响程度

聚合物种类	黏度，mPa·s				
	1mg/L	5mg/L	10mg/L	30mg/L	50mg/L
中分子量	37.2	24.1	20.0	7.6	4.9
高分子量	42.3	20.1	13.4	5.3	3.5
超高分子量	45.8	24.7	15.3	5.8	4.0

表 2-3　硫化物对聚合物黏度影响程度（曝氧条件）

聚合物类型	黏度，mPa·s						
	1mg/L	5mg/L	10mg/L	20mg/L	30mg/L	40mg/L	50mg/L
中分子量	38.2	38.4	37.5	37.6	37.3	34.2	35.0
高分子量	42.3	42.7	40.1	37.5	32.7	34.5	32.2
超高分子量	55.5	52.7	50.9	47.5	45.5	44.7	43.5

表 2-4　硫化物对聚合物黏度影响程度（厌氧条件）

聚合物类型	黏度，mPa·s						
	1mg/L	5mg/L	10mg/L	20mg/L	30mg/L	40mg/L	50mg/L
中分子量	36.2	35.7	34.7	31.0	28.9	27.3	24.2
高分子量	47.1	43.2	41.7	38.5	36.5	35.9	35.2
超高分子量	55.8	49.3	46.9	45.1	43.9	42.5	41.6

表 2-5　高价阳离子对聚合物黏度影响程度

离子类型	聚合物种类	黏度，mPa·s				
		1mg/L	5mg/L	10mg/L	30mg/L	50mg/L
Fe^{3+}	中分子量	38.1	36.4	33.7	30.0	23.4
	高分子量	48.3	46.0	42.9	40.9	32.3
	超高分子量	49.2	48.3	43.4	34.7	28.2
Ca^{2+}	中分子量	38.2	36.7	34.3	29.2	26.2
	高分子量	48.8	45.0	43.8	38.6	33.9
	超高分子量	50.6	48.2	46.4	41.0	36.7
Mg^{2+}	中分子量	37.1	35.7	33.4	31.3	29.1
	高分子量	46.8	44.2	42.2	38.6	36.1
	超高分子量	50.8	48.9	47.4	43.1	39.2

从实验数据可以看出，几种离子均导致高分子量聚合物溶液黏度下降。其中 Fe^{2+} 对聚合物溶液黏度的影响最大，当溶液中 Fe^{2+} 含量达到 50mg/L 左右时，溶液检测黏度从 40~50mPa·s 迅速下降到 10mPa·s 以下。而溶液中的 S^{2-}、Fe^{2+}、Ca^{2+}、Mg^{2+} 等

也可使聚合物溶液黏度在不同程度上有所下降。分析其原因，Fe^{2+}、S^{2-} 造成聚合物黏度下降的原因主要是其自身具有还原性，可以与氧发生反应，反应产物造成聚合物分子链断裂，聚合物溶液黏度下降；而金属阳离子能使溶液中聚合物分子链发生卷曲，导致溶液黏度降低。

离子对聚合物溶液黏度影响程度按从大到小顺序排列：$Fe^{2+}>S^{2-}>Fe^{3+}>Ca^{2+}>Mg^{2+}$。上述离子对中分子量、超高分子量聚合物溶液黏度的影响也存在同样的规律。

5）生物降解对聚合物溶液黏度的影响

生物降解是生物聚合物（例如黄胞胶）的一个主要问题，特别是在低温和低矿化度下更易发生生物降解。生物聚合物的生物降解受酶控制。

在厌氧条件下，黄胞胶可以因发酵细菌进攻分子骨架的葡萄糖单元而遭到破坏。酶是生物催化剂，可以催化发生不同的自然变化过程。

聚丙烯酰胺曾被认为是细菌的毒物，不受生物降解。后来研究发现，它也受细菌的降解，特别是硫酸盐还原菌，但程度不是很严重。因此，需要在注入和配制水中加入杀菌剂。

通过向室内配制的不同类型聚合物溶液（中分子量、高分子量和超高分子量），加入不同数量级的硫酸盐还原菌、铁细菌和腐生菌来研究细菌对聚合物溶液黏度的生化影响。细菌含量对聚合物黏度影响程度见表 2–6。

表 2–6 细菌含量对聚合物黏度影响程度

细菌种类	细菌含量，个 /mL	聚合物种类	黏度，mPa·s
硫酸盐还原菌	45000	中分子量	34.7
		高分子量	44.2
		超高分子量	51.1
	4500	中分子量	34.5
		高分子量	43.7
		超高分子量	50.7
	450	中分子量	35.3
		高分子量	43.9
		超高分子量	50.4
	45	中分子量	35.5
		高分子量	43.9
		超高分子量	50.4
	4.5	中分子量	35.4
		高分子量	44.4
		超高分子量	50.9
	0.45	中分子量	34.9
		高分子量	44.1
		超高分子量	51.1

续表

细菌种类	细菌含量，个 /mL	聚合物种类	黏度，mPa · s
铁细菌	110000	中分子量	34.3
		高分子量	41.6
		超高分子量	52.1
	11000	中分子量	34.6
		高分子量	42.0
		超高分子量	52.9
	1100	中分子量	34.2
		高分子量	41.5
		超高分子量	53.4
	110	中分子量	34.3
		高分子量	41.7
		超高分子量	52.1
	11	中分子量	34.7
		高分子量	41.9
		超高分子量	52.8
	1.1	中分子量	34.1
		高分子量	41.2
		超高分子量	53.1
腐生菌	250000	中分子量	38.6
		高分子量	43.6
		超高分子量	53.1
	25000	中分子量	38.2
		高分子量	43.6
		超高分子量	53.2
	2500	中分子量	38.7
		高分子量	43.2
		超高分子量	52.8
	250	中分子量	38.8
		高分子量	45.0
		超高分子量	53.8
	25	中分子量	38.4
		高分子量	43.6
		超高分子量	53.4
	2.5	中分子量	39.3
		高分子量	43.5
		超高分子量	53.1

从实验结果来看，硫酸盐还原菌液含量为0~4500个/mL、铁细菌液含量为0~110000个/mL，腐生菌液含量为0~250000个/mL，不同数量级的同种细菌含量对聚合物黏度影响不大。分析认为，虽然硫酸盐还原菌等细菌能使聚合物发生生物降解，但过程非常缓慢。因为微生物分解合成高分子聚合物的一般过程，首先是微生物在菌体外分泌出聚合物的分解酶，然后分解酶再将高分子链分解成低分子链或使其侧基脱落。酶对高分子链的攻击普遍在链端进行，即以内切的方式进行，而其链端又常埋于聚合物基质中，使与之反应的酶不能或只是极慢地接近它，因此聚合物的降解速率非常小，使得它的平均分子量及相应的物理性质仅仅是很缓慢地降低。因此，在取样及检测黏度的过程中，硫酸盐还原菌等细菌生物降解造成聚合物的黏度损失可以忽略不计。

通过上述分析可以得出初步结论，即细菌生化影响对聚合物黏度影响较小，但细菌产物（Fe^{2+}、S^{2-}等）对聚合物黏度有较大影响。

二、表面活性剂的特性

大庆油田驱油用的表面活性剂主要有烷基苯磺酸盐和石油磺酸盐，烷基苯磺酸盐的原料主要来自烷基苯厂的十二烷基苯精馏副产物——重烷基苯，石油磺酸盐一般采用石油炼化厂高沸点的减二线、减三线馏分油为原料。烷基苯磺酸盐的磺化合成方法与石油磺酸盐的合成方法基本相同，都是经磺化反应和碱中和反应得到。早期磺化反应常采用20%~60%的发烟硫酸为磺化剂的釜式磺化。近年来，采用三氧化硫气体为磺化剂的膜式磺化或喷射式磺化。表2-7为大庆炼化采用反序脱蜡油原料生产的石油磺酸盐工业产品的活性物含量及其他成分分析结果。

表2-7 大庆炼化石油磺酸盐产品组分含量分析结果（重量法）

产品	活性物含量，%	未磺化油含量，%	无机盐含量，%	挥发分含量，%
DPS-1	34.7	43.9	3.17	17.12
DPS-2	34.69	44.9	3.56	14.72
DPS-3	40.40	37.25	7.52	15.10

1. 烷基苯磺酸盐表面活性剂特性

1）表面活性剂的物性

驱油用烷基苯磺酸盐表面活性剂有效活性物含量为50%，溶剂主要为正丁醇。其凝固点、密度、闪点、爆炸下限测试结果见表2-8。

表2-8 烷基苯磺酸盐表面活性剂测试结果

凝固点，℃	密度，g/cm^3	闪点（闭口），℃	爆炸下限
6.0	1.073	＞45	80℃时最大进样量4.8%不燃爆

2）表面活性剂的流变特性

采用旋转黏度计测试了烷基苯磺酸盐表面活性剂在10℃、15℃、20℃、25℃、30℃、35℃、40℃、45℃、50℃、60℃时的流变特性参数，试验结果经过回归处理后绘成曲线，如图2-8所示。图2-9为烷基苯磺酸盐表面活性剂的全黏温曲线。

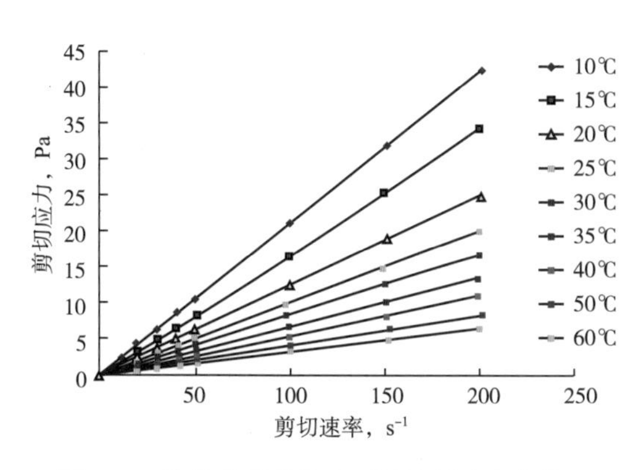

图 2–8　烷基苯磺酸盐表面活性剂流变曲线

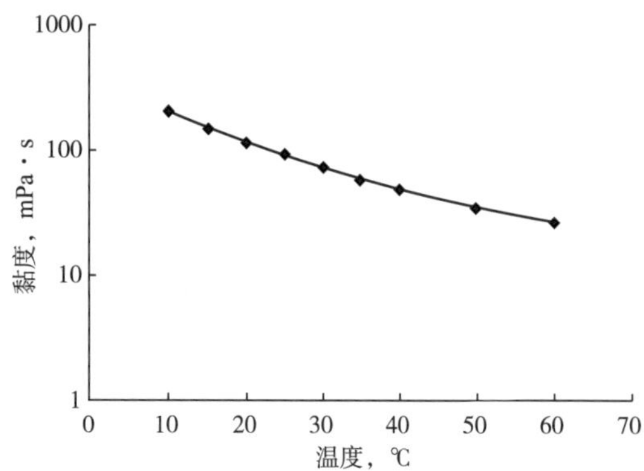

图 2–9　烷基苯磺酸盐表面活性剂的黏温曲线

由图 2–8 可见，烷基苯磺酸盐表面活性剂流变曲线为通过原点的直线，表明烷基苯磺酸盐表面活性剂为牛顿流体（测试温度大于 10℃）。

由图 2–9 可见，表面活性剂的黏度与温度呈直线变化关系，且不随剪切速率的变化而变化，因此也能说明表面活性剂在不同温度下表现为牛顿流体特性。

2. *石油磺酸盐表面活性剂特性*

1）表面活性剂的物性

驱油石油磺酸盐表面活性剂有效活性物含量 38%~40%。其凝固点、密度、闪点、爆炸下限测试结果见表 2–9。

表 2–9　烷基苯磺酸盐表面活性剂测试数据

凝固点，℃	密度，g/cm^3	闪点，℃	爆炸下限
＞ 30	1.013	＞ 115（开口） ＞ 105（闭口）	80℃时最大进样量 4.8% 不燃爆

2）表面活性剂的流变特性

采用旋转黏度计测试了不同温度条件下不同浓度石油磺酸盐表面活性剂的流变特性参数，试验结果经过回归处理后绘成曲线，如图 2–10 所示。同时测定了石油磺酸盐表面活性剂黏温曲线，如图 2–11 所示。

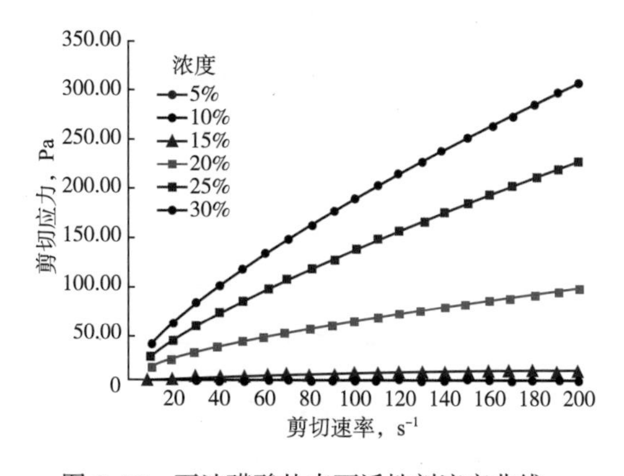

图 2–10　石油磺酸盐表面活性剂流变曲线

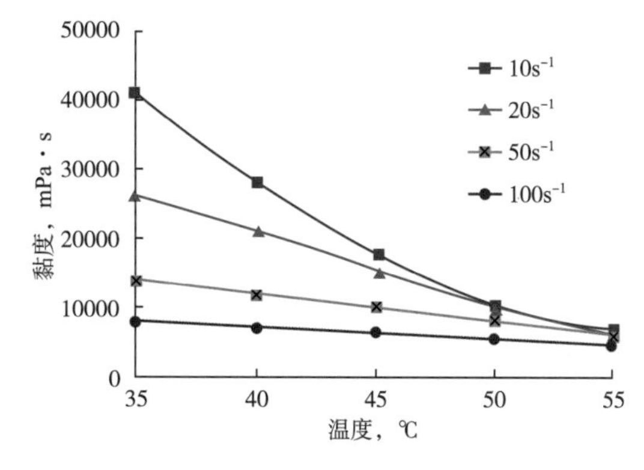

图 2–11　石油磺酸盐原液黏温曲线

从图 2-10 可以看出，石油磺酸盐的流变曲线符合幂律流体的流变曲线，并且其为剪切稀释性流体。

从图 2-11 可以看出，石油磺酸盐表面活性剂的黏度较高，且温度敏感性不是很强，在 45℃以上时，产品黏度随温度升高降低趋势较为明显，但其仍具有较高的黏度。

由于石油磺酸盐表面活性剂在常温下黏度高，油田配制站不同于化工厂，没有热源使表面活性剂保持较高的温度，使其易于流动，因此配制站从储存保温、注入泵吸入端工艺管道无法满足正常注入要求，需采取相应的技术措施。

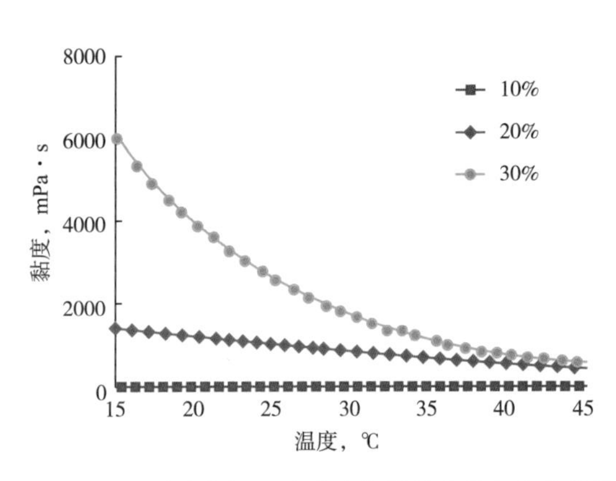

图 2-12　不同浓度的石油磺酸盐稀释液黏度变化曲线

为了确定稀释至不同浓度的石油磺酸盐溶液黏度的变化，利用油田配制污水将石油磺酸盐分别稀释至 30%、20% 和 10%，测试了稀释后的石油磺酸盐在不同温度时的黏度变化关系，如图 2-12 所示。

从图 2-12 可以看出，石油磺酸盐稀释后溶液的黏度随浓度降低而大幅度降低，当稀释到 20% 以下时，其黏度与图 2-6 中聚合物母液（5000mg/L 的溶液曲线）的相当。因此，进入表面活性剂注入系统的石油磺酸盐浓度应低于 20%，有利于储存和注入泵的适应。

三、碱的性质

1. NaOH 的性质

1）NaOH 的物性

大庆油田三元复合驱使用的 NaOH 是液态的，浓度为 30%，分析结果表明，NaOH 溶液满足指标要求（表 2-10）。

表 2-10　液碱组分构成分析　　单位：%

指标名称	指标	数据
浓度	≥ 29	30.43
碳酸钠	≤ 0.06	0.06
氯化钠	≤ 0.01	0.0071
三氧化二铁	≤ 0.0005	0.00026
氯酸钠	≤ 0.002	0.0018
氧化钙	≤ 0.001	0.001
三氧化二铝	≤ 0.001	0.00017
二氧化硅	≤ 0.004	0.0025
硫酸盐（以 SO_4^{2-} 计）	≤ 0.004	0.002

2）NaOH 溶液的流变特性

用旋转黏度计测试了 30%NaOH 溶液在不同温度下（5℃、10℃、20℃、30℃、40℃）的流变特性。图 2-13 为 NaOH 溶液流变曲线，图 2-14 为 NaOH 溶液的黏温曲线。

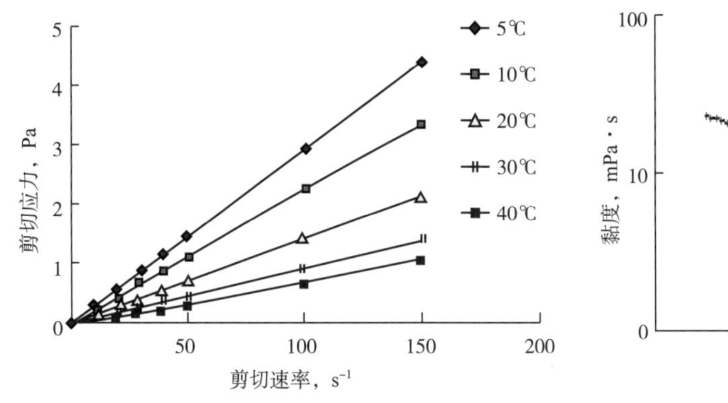

图 2-13　NaOH 溶液流变曲线　　图 2-14　NaOH 溶液黏温曲线

从图 2-13 可以看出，30% 的 NaOH 溶液剪切应力随剪切速率变化曲线为通过原点的直线，属于牛顿流体，可用雷诺数来判断流态，并据此来计算水力摩阻系数，利用达西公式计算管输压降。

3）NaOH 溶液结晶析出和溶解随温度变化规律

将碱厂生产的 30%NaOH 溶液样品进行低温冷冻试验，观察试验样品的结晶析出情况，为避免吸收 CO_2，实验均在密封塑料容器中进行。30%NaOH 溶液的低温冷冻试验结果表明，在 0℃以上放置无结晶和冻结现象，在 −7.8℃时，恒温冷冻 5h 以上开始析出结晶，结晶体密度较大，上部仍以溶液形式存在。碱液在温度高于 −16℃的环境下，处于部分结晶状态，但当温度达到 −18℃或更低时，经 24h 恒温冷冻，碱液完全冻结。

结晶样品（−7.8℃以下形成）在 0℃下难以溶解，在 0~10.0℃下溶解速度缓慢，在 14.0℃、搅拌条件下需 2h 以上才能溶解。冻结样品在 0℃或更高温度下即快速溶化，形成上层溶液和下层结晶，下层结晶与上述冷冻过程析出的结晶一样，难以溶解。

4）NaOH 溶液结晶析出速率

称一定量的 NaOH 溶液于塑料瓶中，同时称取多个碱液样品，密封后置于定温 −7.8℃的冰箱中，每隔 1h 检查一次碱液是否结晶，发现碱液结晶后，即进行过滤并称重（应保证称重时的温度在 0℃左右）。每隔 1h 称一个结晶样的质量，结晶率随时间的变化曲线如图 2-15 所示。

从图 2-15 中可以看出，碱溶液在结晶析出的温度下，在最初几小时中结晶析出的量很小，几乎可以忽略。一旦出现结晶，便以较快的速度结晶析出，持续时间达 3h。随后结晶析出速度逐渐降低，趋于稳定。

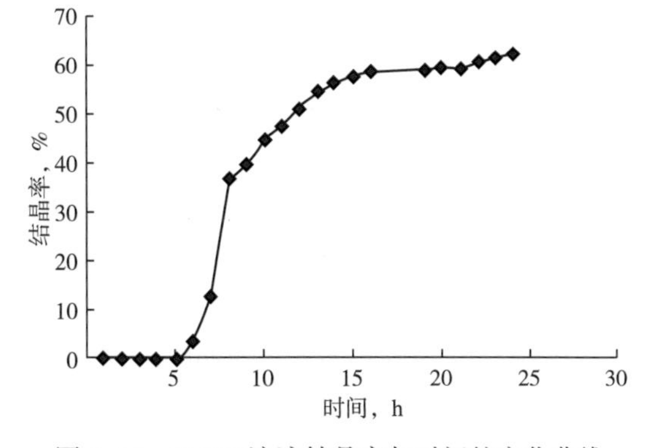

图 2-15　NaOH 溶液结晶率与时间的变化曲线

2. Na_2CO_3 的性质

1）Na_2CO_3 的物性

三元复合驱用固体 Na_2CO_3 的基本物性见表 2-11。有效物含量大于 99.5%，堆积密度为 1.08g/cm^3，粒度分布范围为 50~1500μm，其中大于 180μm 的颗粒占 86%，平均粒径为 375.41μm。

表 2-11　三元复合驱用固体 Na_2CO_3 基本物性

堆积密度，g/cm^3	Na_2CO_3，%	NaCl，%	Fe，%	水不溶物，%
1.08	99.61	0.37	0.0010	0.0088

2）Na_2CO_3 的溶解度

固体 Na_2CO_3 易溶于水，温度越高，溶解度越大。工业固体 Na_2CO_3 在不同温度的采出污水中的饱和浓度见表 2-12。

表 2-12　Na_2CO_3 在不同温度的采出污水中的饱和浓度

温度，℃	5	10	15	20	25	30
饱和浓度，%	8.0	10.0	14.0	18.0	22.0	28.0

3）Na_2CO_3 在污水中溶解时的温度变化

Na_2CO_3 溶解在水里时，扩散过程所吸收的热量多于水合过程所放出的热量。因此，Na_2CO_3 溶解过程中溶液的温度升高。用温度计测定了工业固体 Na_2CO_3 在油田配制污水中溶解时的温度变化。配制浓度为 10%，配制水温为 30℃，室温为 25℃。结果见表 2-13。

表 2-13　Na_2CO_3 在污水中溶解时的温度变化

时间，min	溶液温度，℃			溶液平均温度，℃
	1	2	3	
0	30.0	30.0	30.0	30.0
1	34.0	34.0	34.0	34.0
2	34.0	34.0	34.0	34.0
3	33.8	34.0	33.5	33.8
4	33.5	33.5	33	33.3
5	33	33.5	33	33.2
6	33	33.2	33	33.1

4）Na_2CO_3 的溶解速率

用定量的试样溶解在定量的溶液中所需的时间表征其溶解速度。采用温度和目测结合的方法，测定固态碱在 30℃污水中的溶解速度。配制浓度为 10%。温度法：随着固态碱不断溶解，溶液的温度不断升高，全部溶解后，溶液的温度达到最高。溶液温度达到最高后并略有下降时，所需的时间为固态碱的溶解时间。目测法：当溶质开始溶解时，由于时间短，尚有许多未溶解的固体小颗粒悬浮于溶剂里形成悬浮液。当时间不小于溶解时间时，溶质完全溶解在溶剂里，形成均一、稳定的溶液。

Na_2CO_3 在污水中的溶解过程如图 2-16 所示。结果表明，在试验条件下，Na_2CO_3 的溶解时间为 5min。

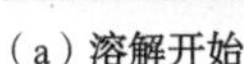
（a）溶解开始

（b）溶解结束

图 2-16　Na_2CO_3 在污水中的溶解过程

5）Na_2CO_3 结晶再溶解温度

采用升温的方法，测试 Na_2CO_3 结晶再溶解温度。首先，将试样降温至充分结晶后，再使其升温，记录升温过程的 DSC 曲线，将结晶刚刚熔化消失的最低温度定为试样的结晶再溶解温度。

测试结果表明，无论液相的组成如何，固相开始熔化的温度相同，这一温度称为工业碳酸钠——污水系统的最低共熔点。Na_2CO_3 溶液浓度为 1%~9% 时，升温 DSC 曲线的形状大致相同，只有一个放热峰。浓度为 10%~15% 时，出现两个放热峰。表 2-14 是不同浓度 Na_2CO_3 溶液的结晶再溶解温度。由表 2-14 可以看出：浓度为 1%~9% 时，结晶再溶解温度在 8.5~10℃之间，浓度对结晶再溶解温度影响比较小；浓度为 10%~15% 时，结晶再溶解温度在 11~21℃之间，结晶再溶解温度随着浓度的升高而显著增大。Na_2CO_3 溶液的结晶再溶解温度与浓度的关系曲线如图 2-17 所示。

表 2-14　不同浓度 Na_2CO_3 溶液的结晶再溶解温度

浓度，%	1	2	4	5	6	8	9	10	12	15
结晶再溶解温度，℃	9.51	9.55	9.47	8.81	9.02	9.20	9.30	11.03	15.22	20.33

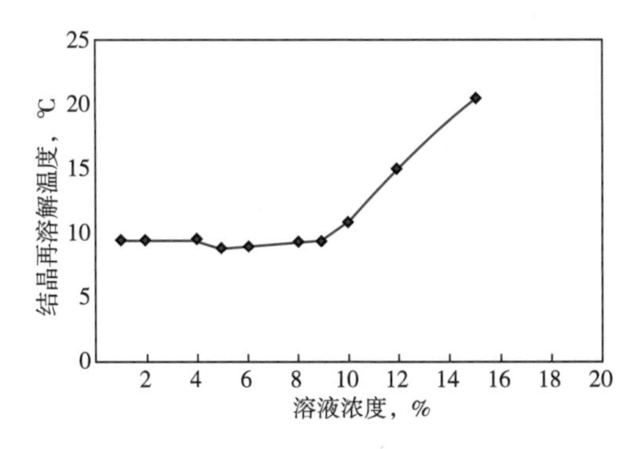

图 2-17　Na_2CO_3 溶液的结晶再溶解温度与浓度的关系曲线

第二节　聚合物驱地面工程总体设计原则

聚合物溶液配制及注入工程设计的基本原则是：在满足所要求聚合物溶液配制注入浓度、注入量及注入压力的基础上，最大限度地减少配制及注入过程中聚合物溶液的黏度损失。从某种角度讲，注聚合物就是为了增加水的黏度。因此，保护聚合物溶液的黏度是整个聚合物驱油地面工艺设计的核心，也就是聚合物驱油对地面工艺的基本要求。

除了最大限度地保护聚合物溶液以外，聚合物驱油地面工艺需按地质部门提供的配注方案进行配注，并留有调整配注方案的余地。聚合物溶液的注入要按一定的浓度段塞注入，混合配比是聚合物注入工艺技术成败的关键。配制和注入设备先进可靠，能够长期连续运行配注，保证聚合物驱油全过程的顺利进行。因此，聚合物配注工艺过程的设计应综合、全面、系统地考虑，既要考虑地面条件，又要考虑地下条件；既要考虑注入工艺本身，又要考虑外部条件，以及聚合物注入过程中的连续性等。

第三节　聚合物驱地面工艺要求

一、聚合物注入前对地层及最高注入压力的要求

聚合物注入前需用低矿化度清水对地层预冲洗 3~6 个月，并用不小于 300mg/L 的甲醛溶液对井底彻底杀菌。再用有机阳离子交换黏土颗粒表面的无机阳离子，利用热化学解堵清除近井地带的地层堵塞。

由于长期注水后岩石孔隙结构发生很大变化，强水洗段渗透率可能增加几倍至十几倍，使层内或层间非均质程度明显增强。聚合物溶液虽然可以起到一定的调剖作用，但当岩石内存在大孔道或特大孔道时，聚合物溶液就可能大部分甚至全部进入这样的孔道，很快从生产井采出，使聚合物驱的效果变差。在这种情况下，为防止聚合物无益的循环，在注聚合物前应先进行剖面调整，封堵大孔道。

同时，注入聚合物溶液的最高压力不应超过油层破裂压力。

二、聚合物注入过程中对注入井射孔的要求

为减少聚合物溶液通过套管炮眼发生机械降解，新钻注入井应采用多相位射孔新工艺，增加射孔孔数和扩大孔径，要求射孔层段每米 16~20 孔，孔径为 20mm。

三、混配聚合物的水对水质比的要求

对于聚合物驱，水质应该尽可能地好，因为在聚合物溶液中悬浮的固体对井的污染比纯水可能更为严重，所以混配聚合物的水，国外要求其水质比要低于 50mg/（L·mD），即低于 50×10^{3}mg/（L·μm^{2}）。

四、聚合物母液配制黏度的要求（大庆油田）

为保证聚合物溶液注入地层后达到良好的驱油效果，要求地面配制聚合物母液浓度为

4900~5100mg/L；聚合物注入液浓度为 800~1200mg/L，黏度大于 25mPa·s。

五、聚合物干粉储存、运输的要求

聚合物干粉极易受潮结块，结块的聚合物很难溶解，并且容易造成分散装置下料器堵塞。因此，在储存、运输过程中要求用强度高的料袋盛装，料袋内要有塑料防水层。库房地面采取防潮措施，室内通风。

六、配制聚合物溶液时对搅拌器的要求

配制聚合物溶液属固液混合过程，由于聚合物干粉的密度比水大，在整个溶解过程中要求聚合物在水中的分散度足够高；否则，聚合物就会沉积，导致母液浓度不均匀，熟化时间增加。

聚合物溶液在搅拌过程中的黏度降解不仅与搅拌器的转速有关，而且还与搅拌器的形状及叶片分布有关。因此，选择搅拌器时应注意搅拌器桨叶形状和叶片的分布，搅拌器运转时控制叶片外沿线速度不致过高，其转速应在 60r/min 以下。

七、聚合物溶液转输过程中对泵、管、阀的要求

当聚合物溶液通过泵、管、阀、孔时，若产生过高的流速，将使高分子链断开，从而导致黏度降低。因此聚合物溶解后，全部升压过程不宜选用离心泵，一般选用容积泵，如螺杆泵、柱塞泵、齿轮泵等低剪切泵，并适于低速运行。配注系统中所采用的设备、容器和管线，内壁应光滑，无焊疤及粗糙不平处，材质不应选用铝、铜材料，在高浓度区（5000mg/L）一般选用不锈钢或玻璃钢，在低浓度区（1000mg/L）一般选用碳钢，并做好防腐处理。全部工艺过程不应设节流阀，工艺要求的截断阀、止回阀也应采用低阻力型直通阀，如蝶阀、球阀，工艺安装上应尽量避免大小头等局部节流的出现。

八、聚合物溶液输送对管道设计参数的要求

输送管线的长度、内径及聚合物溶液在管线中的流速，对聚合物溶液的黏度损失都有影响。试验研究表明，聚合物配制站到最远注入站的母液输送管线不应大于 6km，流速不应大于 0.6m/s，剪切速率不应大于 $90s^{-1}$。

九、聚合物配制站自控设计的总体要求

（1）聚合物溶液的浓度、溶解情况的技术要求非常严格、精确，其配制、溶解、熟化的过程手动操作也十分困难，因此聚合物配制站的自动控制十分重要，应采用中央计算机对供水、干粉上料、计量、分散初溶、搅拌熟化、倒罐和转输等全过程实现程序化运行监控。

（2）自控设计应有整体自动控制和分部自动控制两种工作方式，若哪一部分自控出现故障，哪一部分可转成手动操作，而其他部分仍按自动方式工作。在手动状态下，系统中的各种检测量及报警信号仍然由计算机采集、显示及报警。

（3）在供给 0.4~0.5MPa 压力水、干粉、电源（220V、380V）后，分散装置可按配液浓度自动运行，配液浓度应可调，且误差应小于 ±5%。

（4）自控系统应具有定时打印生产报表（包括各设备累计运行时间、每天运行时间，水、电及聚合物干粉用量，配液量及配液浓度等，同时打印各种故障、状态的报表），显示各种工艺流程等功能。

（5）聚合物溶液对流量计量仪表除应达到计量精度要求外，还要求避免机械降解。选择流量计时，不宜选用节流大的孔板、文丘里管等速度式流量计，又因为聚合物溶液为非牛顿假塑性液体，而不宜选择依靠旋翼计量液量的涡轮、叶轮水表等，而只能选用电磁流量计、金属转子流量计或腰轮、刮板等其他容积式仪表，其中应用较为普遍的是电磁流量计。

十、聚合物溶液配制对混合器选择的要求

对用于最终稀释的静态混合器的选择也须慎重。混合的程度取决于流动状态（层流或紊流）、黏度比、流量比以及两种流体的成分。各部件的尺寸和数量由预期的均质性、进出混合器的最大允许压力降以及尺寸限制（长度或直径）所决定。压力降应尽量最小，以免剪切降解。要求静态混合器要混合均匀，不均匀度在±5%以内。

第三章　化学驱配制注入工艺技术

根据化学驱的开发要求和特点，地面工程逐渐研发形成了配注核心工艺设备、化学剂调配工艺、聚合物输送工艺和化学剂注入工艺等关键技术，有力地支撑了化学驱工业化推广应用。

第一节　化学驱配注核心工艺设备

化学驱配注核心工艺设备主要包括聚合物分散装置、熟化搅拌器、母液过滤器、母液静态混合器、流量调节器、碱分散装置等。在试验研究和生产应用的同时，油田组织专业人员编制技术手册，确定工艺设备技术参数和使用范围，为油田生产管理和地面工程设计提供技术支持[12–14]。

一、聚合物干粉分散装置

聚合物干粉分散装置是聚合物配制过程中的核心设备，其作用是把一定质量的聚合物干粉均匀地分散于一定质量的配制水中，经过初步溶解，配制成确定浓度的水粉混合液，然后输送到熟化罐进一步溶解熟化。

大庆油田聚合物驱工业化应用的前期，分散装置的最大处理能力为 $50m^3/h$。自“九五”以来，聚合物驱的应用规模进一步加大，新建配制站的母液配制量达 $10000m^3/d$，迫切需要大型的分散装置，以简化配制工艺，降低投资。

1. 风送式分散装置

1）聚合物干粉分散装置的基本原理

将聚合物干粉加入料斗，通过螺旋下料器把一定质量的干粉均匀连续地加入电热漏斗。然后，用鼓风机吹送压缩空气经文丘里喷管产生负压，抽吸干粉沿风力输送管道进入水粉混合器内。同时，通过水管道将一定量的清水送入水粉混合器。在水粉混合器内，干粉和水混合后进入溶解罐，通过搅拌器搅拌使混合液均匀初溶，然后用螺杆泵输至熟化罐中熟化。原理流程如图 3–1 所示。

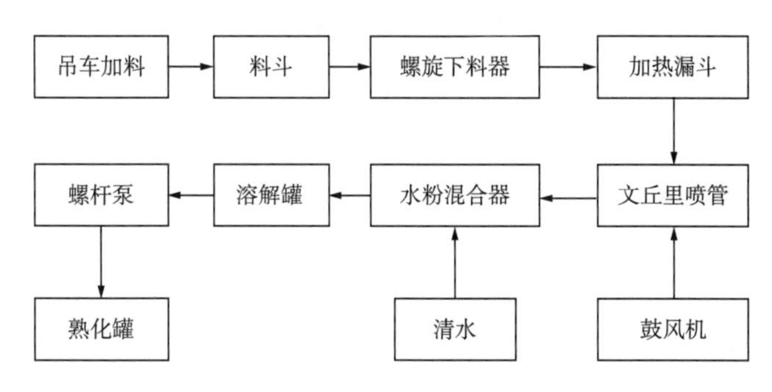

图 3–1　聚合物干粉分散装置原理流程

2）聚合物分散装置的组成

聚合物干粉分散装置[1]一般由7部分组成:（1）干粉供料系统;（2）清水供水系统;（3）风力输送系统;（4）混合初溶系统;（5）混合液输送系统;（6）仪表自控部分;（7）供配电部分。聚合物干粉分散装置结构如图3–2所示。

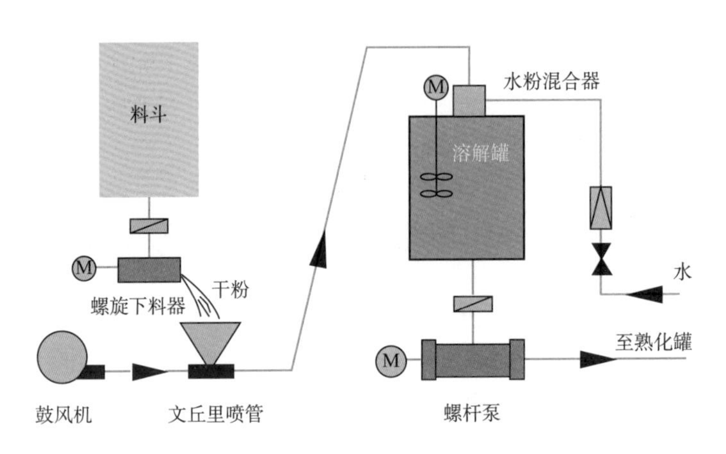

图3–2　鼓风射流型聚合物干粉分散装置结构示意图

M—电动机

分散装置的干粉供料系统主要由料斗、空气过滤器、振荡器、料位开关、闸阀、螺旋下料器等部件组成。分散装置干粉供料系统的作用是为采用高位加料方式的干粉提供缓存空间，并按设定的工艺参数，通过螺旋下料器的计量、给料，为风力输送系统定量提供聚合物干粉。

分散装置的风力输送系统由鼓风机、文丘里喷管、电热漏斗、物流监测仪和风力输送管道等组成。分散装置风力输送系统的作用是把螺旋下料器输送出的干粉用风力沿输送管道输送至水粉混合器，并使干粉充分分散，有利于干粉与水的混合。

分散装置的混合初溶系统由水粉混合器、溶解罐、超声波液位计、搅拌器等部件组成，其作用是把干粉与水混合、润湿，并经搅拌、初步溶解，形成水粉混合液。

分散装置的混合液输送系统由流量调节阀、流量计、螺杆泵等部件组成，其作用是把水粉混合液输送至熟化罐。

2. 称重式射流稳压型分散装置

为了进一步提高聚合物驱经济效益和解决含油污水配注聚合物问题，聚合物种类越来越多，分子量越来越高。尤其是超高分子量抗盐聚合物的应用，使得针对中高分子量聚合物开发的聚合物配注工艺及设备难以适应，在生产过程中，暴露出一些问题。分散装置下料不均匀，导致聚合物分散效果变差，溶液中鱼眼和黏团较多，配制母液浓度误差较大，溶液携带的气泡增多，注入泵效率降低，搅拌器搅拌熟化效果差，聚合物溶液熟化时间增长[9]。

针对超高分子量抗盐聚合物，开发了一种恒压射流分散、旋流除气的新型水粉混合

[1] 本节所述的聚合物干粉分散装置，除特殊说明外，均指鼓风机—文丘里管风送方式（简称鼓风射流型）的干粉分散装置。

器，结构形式如图 3-3 所示。

在聚喇三配制站，利用原分散装置的供料系统，进行了新型水粉混合器现场试验，在水流量 $Q \leqslant 108\text{m}^3/\text{h}$、水压力 $p \leqslant 0.5\text{MPa}$ 时，配制分子量为 2500×10^4 的抗盐聚合物溶液。试验表明，熟化后基本没有鱼眼，溶液中的气泡量较少，配制的聚合物溶液密度由 1.007g/cm^3 提高到 1.012g/cm^3。

以新型水粉混合器为核心，研发了具有旋流除气、射流分散、干粉称重计量功能的新型分散装置，分别在小井距井组三元复合驱矿场试验站和喇嘛甸油田聚合物驱后泡沫复合驱矿场试验站进行了应用试验，配制液准确度在 ±2% 以内。测试结果见表 3-1。

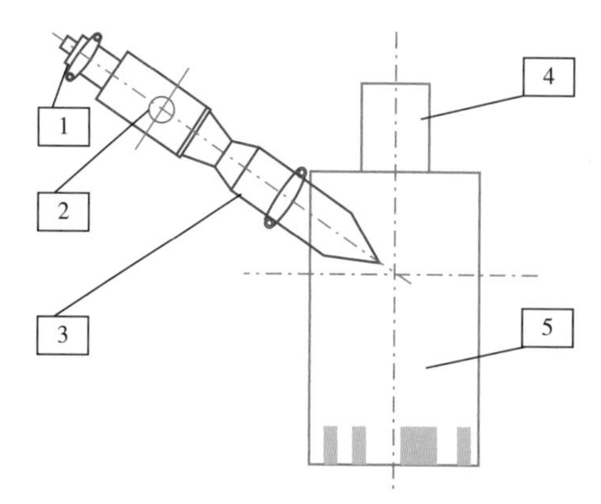

图 3-3　水粉混合器的结构形式

1—干粉进口；2—清水进口；3—喷射器；4—排气口；5—旋流除气筒

表 3-1　分散装置配制母液质量浓度数据

序号	设定质量浓度，mg/L	检测质量浓度，mg/L	相对误差，%
1	1600	1576.5	-1.47
2	1600	1618.6	1.16
3	1350	1341.3	-0.64
4	1350	1327.4	-1.68
5	1350	1353.6	0.27

这种称重式射流稳压型分散装置解决了超高分子量聚合物分散效果差、溶液中鱼眼和黏团较多、误差较大和气泡增多问题，在大庆油田得到推广应用。

二、聚合物熟化搅拌器

黏弹性流体（聚合物溶液）的熟化主要靠桨叶的剪切作用不断地使流体微元细分化，通过流体轴向循环流动，各微元之间不断地交换位置，主要的熟化机理就是“剪切”，剪切作用把待熟化物料撕拉成越来越薄的薄层，从而减小了被一种组分占据区域的尺寸，最终在分子扩散作用下使全槽流体熟化均一。搅拌器的桨型和转速等参数对于搅拌非牛顿流体的聚合物母液十分重要。采取室内实验与现场试验相结合方式对搅拌器参数选择进行了研究，优化了 CBY 型搅拌桨，开发了适合中分子量的低能耗搅拌器，设计了改进型螺旋推进搅拌器，从而适应超高分子量聚合物的溶解熟化要求，并在此基础上开发了双螺带搅拌器，进一步降低了母液熟化时间。

1. 螺旋推进式搅拌器

随着聚合物驱技术进一步发展提高，油田应用的分子量越来越高，种类也越来越多，尤其是超高分子量聚合物的应用以及聚合物干粉粒度的变化，使得聚合物的熟化时间越来越长。为了解决 CBY 搅拌器配制超高分子量聚合物熟化时间长的问题，在超高分子量聚合物流变特性研究和 CBY 搅拌器流场试验结果的基础上，开发了新型螺旋桨叶片，底层

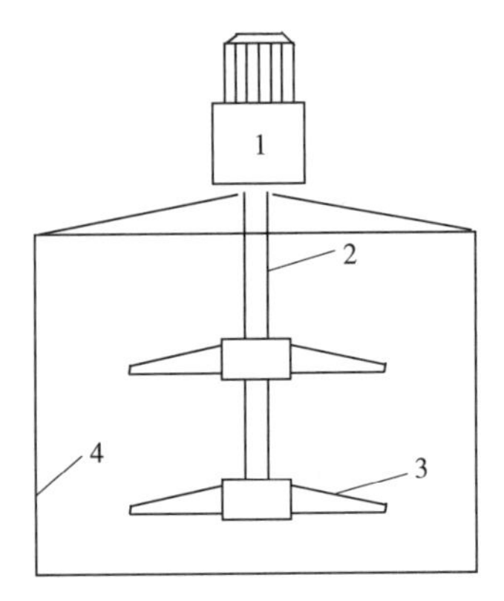

图 3-4 螺旋推进搅拌器结构示意图

1—电动机；2—搅拌轴；3—叶片；4—熟化罐

叶片长度增大到 1m，根部倾斜角度 45°，端部倾斜角度 30°；上层叶片长度 0.75m，倾斜角度为 45°。搅拌器转速由 30r/min 增大到 53r/min。在喇 2 号配制站开展现场运行试验，聚合物分子量为 2500×10^4。利用改进型螺旋推进搅拌器，较好地改善了聚合物的溶解熟化效果，聚合物的溶解熟化时间低于 180min，比用原搅拌器的熟化时间缩短了 60min 以上。改进型螺旋推进搅拌器由电动机、减速箱、联轴器、搅拌轴、叶片等组成（图 3-4）。

2. 双螺带螺杆搅拌器

由于高黏弹体系的复杂性，且操作多在层流或过渡流状态，搅拌器叶轮附近的切应力大小和槽内液体循环是否良好以及停滞区域大小对搅拌效果至关重要。为了更进一步缩短超高分子量聚合物的熟化时间，采用计算流变学数值模拟方法，对不同类型的搅拌器进行了对比模拟，优选出了双螺带螺杆搅拌器，并采用示踪粒子图像测速法（PIV）对双螺带螺杆搅拌器搅拌流场进行验证[15]。图 3-5 是双螺带螺杆搅拌器的 CFD 模拟速度矢量场图，图 3-6 为 PIV 测量结果。

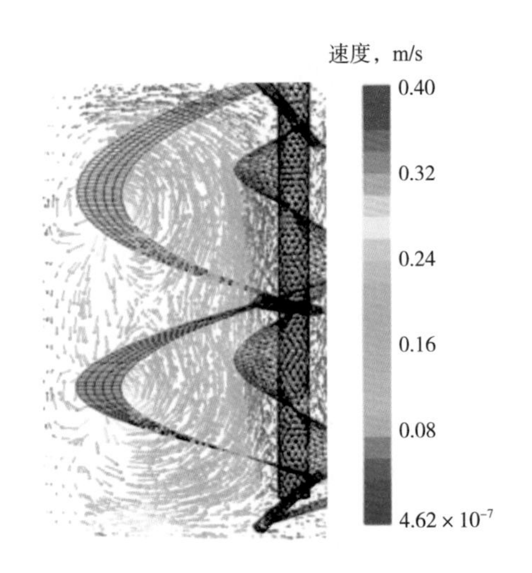

图 3-5 双螺带螺杆搅拌器速度矢量场图

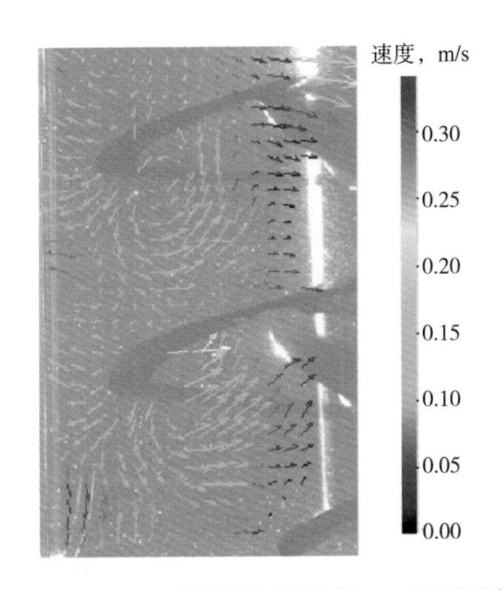

图 3-6 双螺带螺杆搅拌器 PIV 测量流场

从图 3-5 和图 3-6 可以看出，双螺带螺杆搅拌器在轴上设计螺杆，改善轴附近区域流体的混合效率，优化螺杆叶径，消除中间混合死区；选择大直径桨叶，双螺带螺杆搅拌器在全流域形成轴向大循环，减少近壁区域流体的停滞，大大提高了高黏弹性聚合物溶液的混合速率。

通过水力计算、强度和刚度计算后，确定了工业双螺带螺杆搅拌器的轴、螺带、螺杆等机械部件设计，选定了电动机减速机及其支架形式。根据实验结果和模拟数据，开发了适合黏弹性聚合物母液的双螺带螺杆搅拌器工业产品。工业用双螺带螺杆搅拌桨总图如图 3-7 所示。

现场应用试验表明，与常规的螺旋推进式搅拌器相比，熟化时间由180min降低为120min，减少了60min，有效提高了生产效率。

双螺带螺杆搅拌浆是一种非常好的加速超高分子量抗盐聚合物溶解熟化过程的搅拌形式，采用双螺带螺杆搅拌浆能够有效改善流场的流动状况，在缩短熟化时间上具有明显效果。

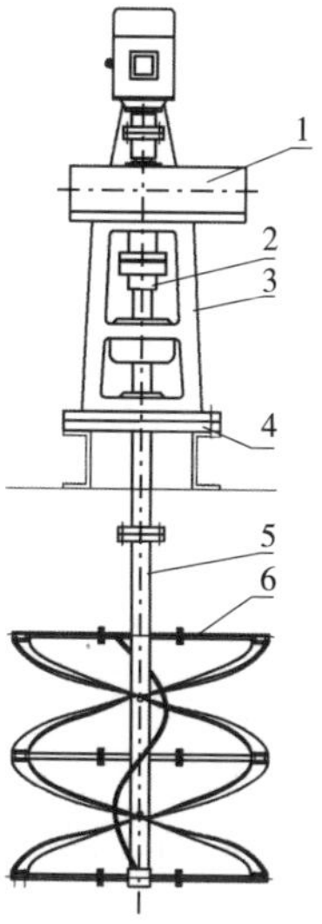

图3-7　工业用双螺带螺杆搅拌浆总图

1—减速机；2—联轴器；3—机架；4—安装底板；5—搅拌轴；6—搅拌器

三、母液过滤器

聚合物母液过滤器包括粗滤器和精滤器两部分，每部分都由壳体、滤芯和辅助装置组成，其核心部件是滤芯，从中国制造的滤芯入手，通过试验筛选出了黏度损失低、压降小的滤芯，开发了高效袋式过滤器。研发了滤芯再生式自动反冲洗过滤器，进一步降低了工人劳动强度和生产运行费用。

1. 滤袋式母液过滤器

注聚合物所用过滤器滤芯均是筒式的，分为内进外出和外进内出两种方式，液体经过滤材后，大于过滤孔隙度的固体颗粒被截留在滤材外表面，形成了滤饼，滤后液体进入集液腔，再经过滤器出口完成过滤。滤袋式母液过滤器采用的是内进外出型。

母液过滤器的核心部件是滤芯，通过滤材过滤精度、滤材对聚合物母液黏度损失、滤率与压差变化关系试验，优选出了黏度损失低、压降小的滤芯。

滤材的过滤精度试验：滤材的过滤精度是通过对过滤前后聚合物母液中直径为25μm以上颗粒占不溶物杂质总量的体积分数表征。试验测试表明，过滤孔隙直径为50μm和25μm的滤材均能满足精细过滤要求，出口大于25μm的杂质颗粒小于来液杂质总量的5%，而且随着运行时间的延长，出口杂质含量越来越少。聚合物母液的过滤主要是滤饼过滤。因此，滤材的孔隙可以在原来的基础上放大，粗滤器采用孔径为100μm滤材，精滤器采用孔径为50μm滤材。

滤材对聚合物母液黏度损失试验：在过滤器前后取样，化验聚合物母液黏度，计算出平均值，根据平均值计算出黏度损失。试验测试表明，各种滤材对聚合物母液的降解率都小于2%，非金属袋式滤材对聚合物母液的降解率略小于不锈钢金属网对聚合物母液的降解率。试验结果见表3-2。

表3-2　滤材对聚合物母液的黏度损失情况

滤材	不锈钢金属网			针织毡			涤纶布		
孔径，μm	100	50	25	100	50	25	100	50	25
黏度损失，%	0.92	1.04	1.05	0.90	0.98	1.03	0.88	0.65	0.42

滤材滤率与压差变化关系测试：在相同滤率下，涤纶布压差最小，其次是不锈钢滤芯，针织毡压差最大。图3-8为不同滤材滤率与压差变化关系曲线，试验用过滤器滤材的面积为$0.503m^2$，滤材孔隙度为50μm。

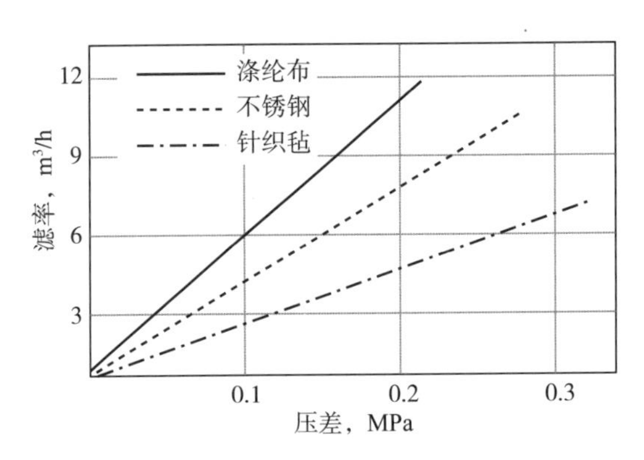

图 3-8 不同滤材滤率与压差变化关系曲线

通过滤材优选试验，确定新式滤芯选用涤纶布袋式滤芯，精滤器的过滤精度由 25μm 变为 50μm。采用新型滤材后，在满足过滤要求的前提下，其使用周期是原来的 2 倍，且滤材对聚合物母液的黏度损失低于 2%，在配制站的设计过程中，已全部采用涤纶布袋式过滤器。运行结果表明，涤纶布袋式过滤器的过滤精度、降黏等指标均超过网式过滤器，而且滤材使用周期由原来的平均 2 个月提高到 4 个月。按此计算，每套精滤器全年节约资金 37 万元，每套粗滤器全年节约资金 13 万元，4 座配制站每年可节省资金 1200 万元。

在油田生产过程中，单罐滤袋更换时间按照单位面积过滤量计算：

$$T=snQ_0/Q \tag{3-1}$$

式中 T——单座滤罐滤袋更换天数，d；

s——单个滤袋过滤面积，m^2/ 个；

n——单罐内滤袋数量，个；

Q_0——单位面积过滤量，m^3/m^2；

Q——单座滤罐日过滤母液量，m^3/d。

针对滤袋更换过程中人为导致的滤袋打折、压口铁圈漏液、滤袋机械破损及罐内杂质清除不及时等问题，编制聚合物配制站过滤袋更换操作流程企业标准，使滤袋更换更加规范化。

2. 滤芯再生自动清洗过滤器

为了进一步降低滤袋更换费用，研发了滤芯再生自动清洗过滤器。一套自动反冲洗过滤器由多个滤筒组成，当过滤器投运后，随着滤芯上截留物增多，进出口管道压差逐渐增大，当压差达到设定值时，由控制器发出指令，对各个滤筒逐一进行反冲洗，冲洗一个滤筒时，其他滤筒保持不间断工作。自动清洗母液过滤器如图 3-9 所示。

图 3-9 自动清洗聚合物母液过滤器

试验表明，自动清洗过滤器的进出口压降为0.1~0.2MPa。母液进入过滤器前，母液的粒径中值在130μm以上，过滤后，其粒径中值在24μm以下，满足了油田中高渗透层注聚合物粒径中值低于25μm的指标，且与固定袋式过滤器相比对聚合物母液的黏度降解率相当。

四、静态混合器

静态混合器是相对动态混合器（如搅拌）而提出的，所谓静态混合，就是在管道内放置若干混合元件，当两种或多种流体通过这些混合元件时被不断地切割和旋转，达到充分混合的目的。用在化学驱中，静态混合器能达到高的混合均匀度和低的黏损率[16]。

"十二五"初期，大庆油田三元复合体系配注站采用的单井静态混合器大都是从化工行业移植过来的，没有针对注入介质的专用设备，混合元件多为单一类型。在室内研究的基础上，筛选出组合式静态混合器，其混合元件为两种类型混合单元，并针对聚合物溶液的特殊性质进行了专门设计（表3-3）。

表3-3　静态混合器混合单元对比

静态混合器	混合单元	混合单元结构
旧型单一式	K或X型	固定旋角和螺距
新型组合式	K+X型	根据聚合物溶液黏度设计旋角、螺距

在采油四厂杏六区三元1-3注入站，将站内10口注入井的单一式静态混合器（X型）更换为组合式静态混合器（K+X型），并开展现场试验，评价新建组合式静态混合器的混合效果和黏度损失率。

1. 技术原理

组合式静态混合器由两个混合单元组成（图3-10至图3-12）。第一单元完成各股不同性质流体拉伸剪切混合作用（简称K型结构）；第二单元对于经过K型结构段初步混合的流体进一步充分混合（简称X型结构）。

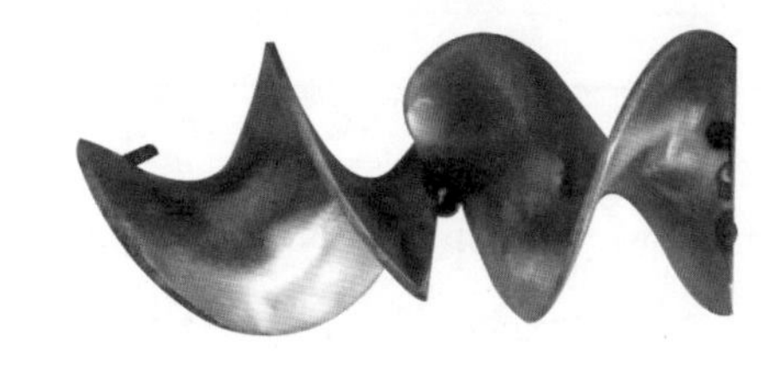

图3-10　K型结构

图3-11　X型结构

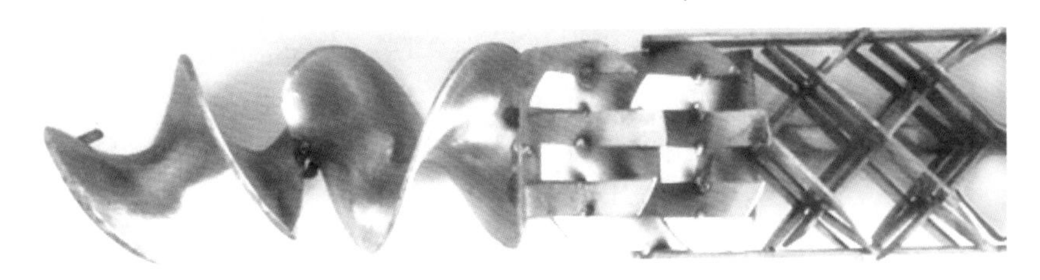

图 3-12　组合式静态混合器混合单元

在 K 型结构段，当流体进入此段时，被迫沿螺旋片做螺线运动。另外，流体还有自身的旋转运动。正是这种自旋转，使管内在任一处的流体在向前移动的同时，不仅将中心的流体推向周边，而且将周边的流体推向中心，从而实现良好的径向混合效果。因此，流体混合物在出口处达到了一定的混合程度。

在 X 型结构段，当流体进入此段时，被狭窄的倾斜横条分流，由于横条放置得与流动方向不垂直，绕过横条的分流体，并不是简单地合流，而是出现次级流，这种次级流起着“自身搅拌”的作用，使各股流体进一步混合。图 3-13 为组合式静态混合器全流场流线图。

图 3-13　组合式静态混合器全流场流线图

表 3-4 为组合式静态混合器与 K 型、X 型静态混合器的性能对比表。

表 3-4　组合式静态混合器与 K 型、X 型静态混合器性能对比

序号	静态混合器类型	K 型	X 型	Kenics 与 SMX 组合
1	混合单元数	20	20	20
2	混合器长度，mm	800	800	800
3	聚合物浓度，mg/L	5000	5000	5000
4	聚合物分子量	2500×10^4	2500×10^4	2500×10^4
5	流量，m^3/h	1.6	1.6	1.6
6	压降，kPa	4.5	9.2	5.85
7	混合不均匀度，%	5.85	4.3	3.03

由表 3-4 可见，在 3 种静态混合器具有相同混合单元数及长度的情况下，当通入浓度及流量相同的同种聚合物溶液时，K 型静态混合器两端的压降最小，组合式静态混合器的压降次之，X 型混合器的压降最大，能耗最高。虽然组合式静态混合器的压降略大于 K 型混合器，但仍远低于工业要求的压降最大值。组合式静态混合器具有最小的混合不均匀度，X 型静态混合器次之，K 型混合器的混合不均匀度最高。

2. 试验方法和过程

杏六区三元 1-3 注入站管辖注入井 64 口，根据注入量（20~70m^3/d），把注入井分成 5 个级别（每隔 10m^3/d），在每个级别中选定有代表性的聚合物浓度最高和最低的 2 口注入井开展试验（表 3-5）。图 3-14 为组合式静态混合现场安装图。

表 3-5　选定注入井统计

序号	注入量，m^3/d	注入液中聚合物浓度，mg/L	井号
1	30	1400	X6-2-E24
		3000	X5-4-SE23
2	40	1600	X6-21-E21
		2500	X6-2-E27
3	50	2000	X6-2-E22
		3000	X6-3-E24
4	60	2200	X6-1-E21
		2500	X6-11-E21
5	70	2200	X6-2-SE21
		2500	X5-4-SE22

图 3-14　组合式静态混合现场安装图

3. 试验结果与分析

（1）混合效果试验。

普通静态混合器和组合式静态混合器混合不均匀度对比曲线如图 3-15 所示。

从图 3-15 可以看出，普通静态混合器和组合式静态混合器的混合不均匀度均低于 5%，与普通静态混合器相比，组合式静态混合器的混合效率更高。

（2）黏度损失试验。

普通静态混合器和组合式静态混合器黏度损失对比曲线，如图 3-16 所示。

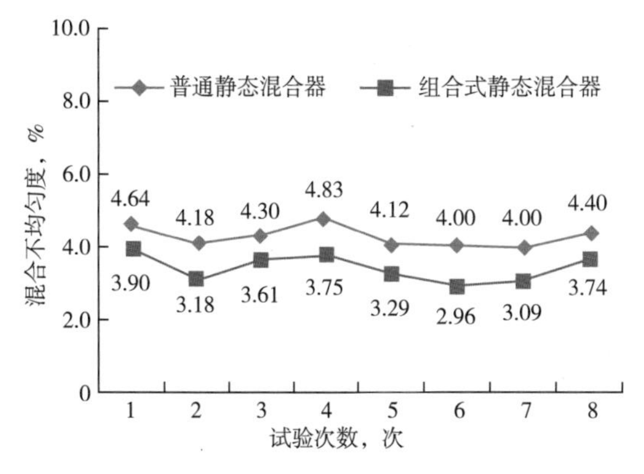

图 3-15　两种静态混合器混合不均匀度对比曲线

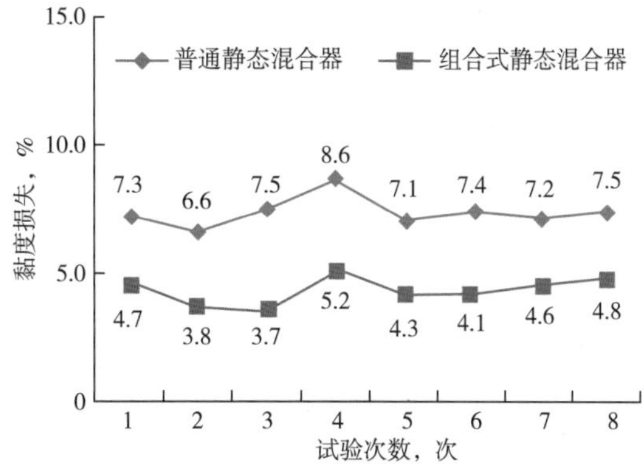

图 3-16　两种静态混合器黏度损失对比曲线

从图 3-16 可以看出，与普通静态混合器相比，黏度损失平均值由 7.4% 降低到 4.5%，组合式静态混合器黏度损失大大降低。

综上所述，组合式静态混合器在保证三元体系混合效果的前提下，能够进一步降低设备对三元体系的黏度损失。

五、低剪切流量调节器

用于聚合物溶液流量调节的低剪切装置，其设计思路是将文丘里管缩径增阻原理和针形阀调控技术结合起来，通过控制压力降→流速来实现聚合物溶液低剪切流量调节。适用分子量为（1000~3000）$\times 10^4$ 的聚合物，流量调节范围为 0~325m^3/h，工作压差 4.0MPa 下聚合物溶液的黏度保留率大于 96%。

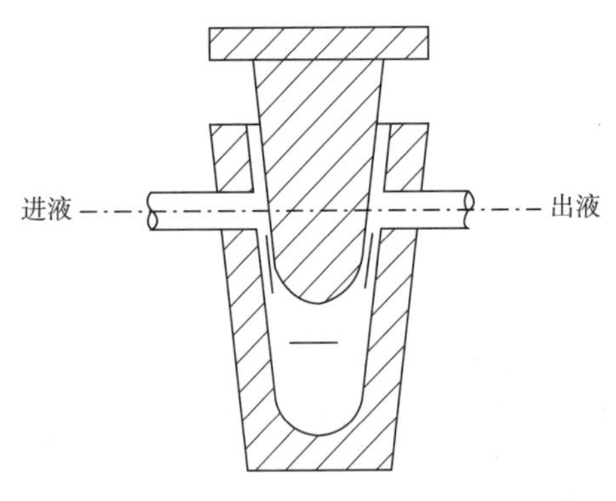

图 3-17　低剪切流量调节器工作原理示意图

1. 低剪切流量调节器的工作原理

牛顿流体通过锥形收缩口时的流线径向收缩，而高分子聚合物溶液流过锥形收缩口时存在着管壁环流，在收缩口处的压降比同等黏度的牛顿流体大数十倍之多，同时也远大于其在圆管内流动时的摩阻。因此，只要控制剪切速率不超过临界条件，就可以通过控制压降，即控制流速来实现聚合物溶液低剪切流量调节。低剪切流量调节器原理如图 3-17 所示。

2. 低剪切流量调节器的组成

一泵多井注入工艺系统，注入系统黏度损主要在高压注入环节的流量调节器。为了减小系统黏度损失，根据三元复合体系的特点，研制出低剪切流量调节器，实现注入井低压二元母液流量的自动调节。低剪切流量调节器主要由进口、出口、电动执行机构、阀杆、阀芯、阀体组成（图 3-18）。

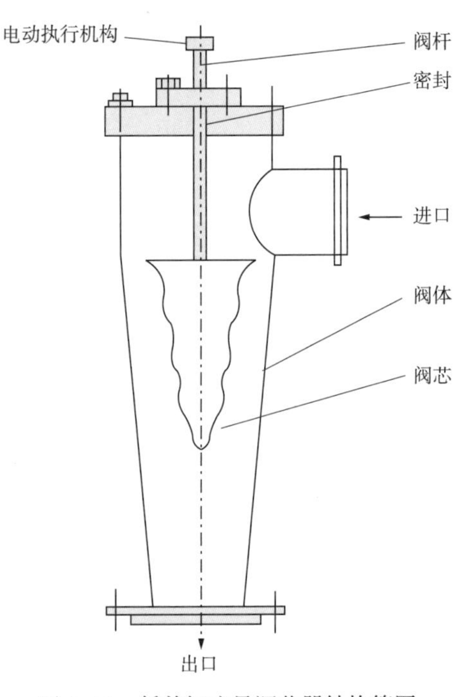

图 3-18　低剪切流量调节器结构简图

3. 试验结果与分析

图 3–19 为三元体系一泵多井流量调节阀组安装照片和调节器安装示意图。

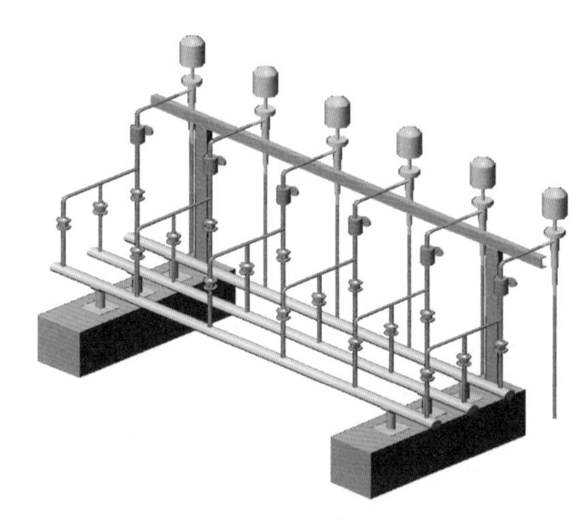

图 3–19　三元体系一泵多井流量调节阀组安装照片和调节器安装示意图

现场应用结果（表 3–6）表明，低剪切流量调节器运行效果较好，平均黏度损失 4.3%。

表 3–6　三元低剪切流量调节器现场试验数据（采油一厂西过 1 号注入站）

井号	黏度，mPa·s		黏度损失，%
	来液	流量调节器	流量调节器
C272–SP10	14.8	14.4	1.4
C271–SP09		13.5	7.5
CD7–P10		14.2	2.7
CD7–P08		13.6	6.8
CD7–SP09		13.9	4.8
C272–SP10	14.2	13.2	1.5
C271–SP09		12.9	3.7
CD7–P10		12.5	6.7
CD7–P08		12.8	4.5
CD7–SP09		12.5	6.7
C272–SP10	14.5	14.0	0.7
C271–SP09		14.0	0.7
CD7–P10		13.9	1.4
CD7–P08		13.4	5.0
CD7–SP09		13.8	2.1

续表

井号	黏度，mPa·s		黏度损失，%
	来液	流量调节器	流量调节器
C272-SP10	15.7	14.5	4.6
C271-SP09		14.6	3.9
CD7-P10		14.7	3.3
CD7-P08		14.3	5.9
CD7-SP09		14.8	2.6
C272-SP10	16.5	14.6	8.2
C271-SP09		14.9	6.3
CD7-P10		14.8	6.9
CD7-P08		15.1	5.0
CD7-SP09		15.3	3.8
平均			4.3

六、碳酸钠（Na_2CO_3）分散配制装置

针对已建碱分散装置存在故障率高、粉尘大的问题，在室内研究的基础上，研发了碳酸钠分散配制装置。

1. 工艺流程

碳酸钠分散配制装置主要由干粉料罐、螺杆给料器、称重传感器、水泵、混合溶解罐、转输泵等组成。采用密闭上料装置将干粉加入储料斗，通过称重传感器，用螺杆给料器将干粉均匀连续送入混合溶解罐。配制水泵将配制水送入混合溶解罐，干粉在混合溶解罐内与配制水混合，经搅拌器搅拌使混合液充分溶解，然后用离心泵转输至碱液储罐中储存。碳酸钠分散配制装置流程如图 3-20 所示。

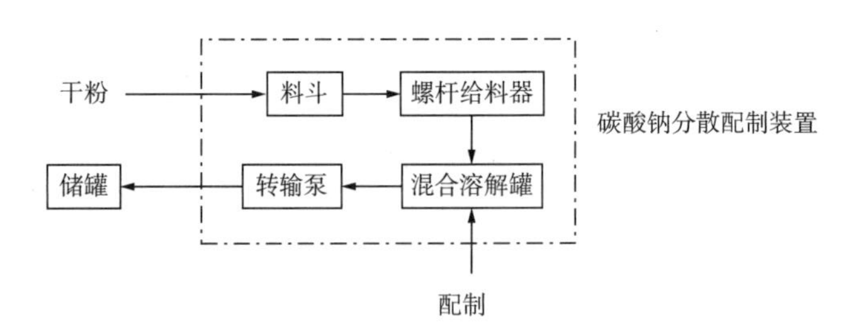

图 3-20 碳酸钠分散配制装置流程

2. 结构原理

根据碱液分散配制装置的功能要求，装置必须能够对干粉和水分别进行计量，并均匀混合。该装置由干粉供料系统、供水系统、混合溶解系统、溶液输送系统和自动控制系统等组成。

1）干粉供料系统

干粉供料系统一般由料斗、上料机、储料罐和计量供料器等组成。将干粉加入地面加料斗中，用上料机将干粉运送到储料罐内，通过变频电动机控制的螺杆给料器实现干粉均

匀连续地供料。变频电动机由系统主机控制运行频率。为防止加料过程中的扬尘现象，北三-6配注站的碱分散配制装置配备了密闭上料系统。

储料罐的底部侧壁设有振动器，其作用是在分散装置运行过程中使料斗产生振动，以保持干粉连续地流入螺杆给料器，从而保证干粉计量的准确性。

储料罐出口设有自动切断阀门。由于碱液配制车间仪表一般是气动控制，而且阀门只起到开关作用，不经常启动，所以选用气动闸阀。

干粉计量采用重量法，即利用称重传感器连续称量储料罐的重量，用计算机计算储料罐在计量时间段内的重量差，这个差值就是给料量；称重法计量方式的精度最高可达±0.5%。

2）供水系统

供水系统由水泵、电磁流量计和电动调节阀组成。系统主机对流量进行设定，通过电动阀调节预期流量进入水泵，水泵出口安装有流量计，反馈实际流量值，据此由系统调节电动阀开闭角，使水量达到并稳定在要求的流量上。

3）混合溶解系统

混合溶解系统主要由混合溶解罐、搅拌器和超声波液位计等部件组成。其作用是把干粉与水混合，并经搅拌，充分溶解，配制成目的浓度的溶液。

4）溶液输送系统

由于8%碱液的黏度不高，属于牛顿流体。碱液转输泵采用离心泵。

3. 技术特点

北三-6三元复合体系配注站的碳酸钠分散配制装置增设了密闭上料装置，避免了扬尘现象。干粉采用重量法计量，与体积法计量相比精度高。取消了水粉混合器，不易堵塞干粉进罐口。采用溶液配制装置配制碱液，工艺设备集成度高，自动化程度高，控制精度高，运行维护工作量小，工人工作强度小。图3-21为碳酸钠分散配制装置改进示意图。

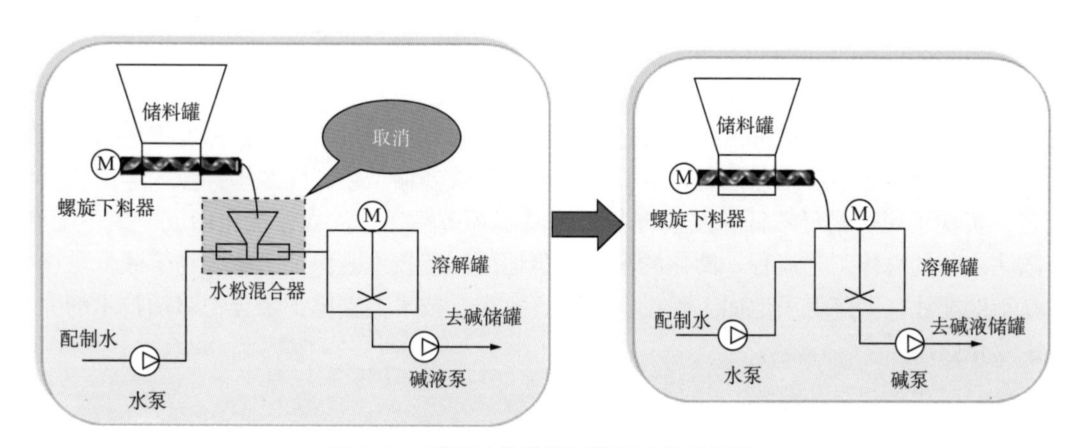

图3-21　碳酸钠分散配制装置改进示意图

4. 现场应用

北三-6三元复合体系配注站应用的碳酸钠分散配制装置，如图3-22所示，配制能力为80m^3/h，功率为30kW，工作压力为0.6MPa，设备质量为6.6t。

图 3-22　北三-6 三元复合体系配注站碳酸钠分散配制装置

图 3-23 为碱分散装置现场配制碳酸钠溶液的浓度曲线，额定配液浓度 12%。现场应用结果表明，碳酸钠分散配制装置的配制浓度误差为 2.37%。

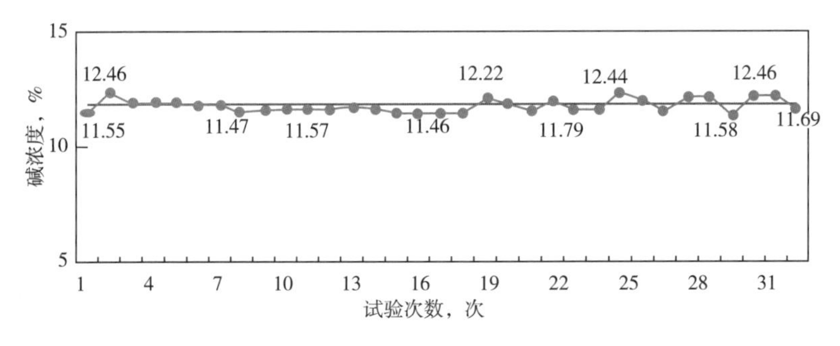

图 3-23　碱分散配制装置配制浓度曲线

第二节　聚合物配注工艺简化及优化技术

应用聚合物分散装置、熟化搅拌器和聚合物熟化储存合一配制工艺，实现聚合物干粉的大容量分散和快速搅拌溶解；通过大排量输送泵、母液过滤器、低黏度损失流量调节器、静态混合器等核心工艺设备，研发一管多站母液外输工艺、一泵多井注入等简化配注工艺，实现了聚合物母液低黏度损失与长距离多环节输送、注入，优化形成“集中配制、分散注入”的总体工艺流程。简化的聚合物驱地面工艺技术既保证了聚合物溶液低黏度损失高精度配注，又降低了地面工程投资和运行成本，技术上支撑了聚合物驱油技术的大规模工业化应用[17-19]。

一、聚合物母液配制工艺技术

根据聚合物的形态，聚合物配制工艺有干粉配制、乳液配制和胶板配制。最常用的是干粉配制工艺，通常所说的聚合物配制即指干粉配制。将聚合物干粉与低矿化度清水（或含油污水）混合，制成一定浓度的聚合物母液的过程，称为聚合物母液配制，习惯上称为聚合物配制。聚合物配制过程中，聚合物干粉在清水中完全溶解后所形成的高浓度水溶液，称为聚合物母液。聚合物配制过程包含分散、熟化、转输、储存、增压、过滤等工艺环节。

1. 聚合物干粉配制工艺

1）聚合物干粉配制工艺流程

典型的聚合物干粉配制工艺流程有长流程和短流程两种。

聚合物配制长流程是一个包括分散装置、熟化罐、转输螺杆泵、粗过滤器、精过滤器、储罐和外输螺杆泵等设备，流程比较长的工艺过程。清水罐中的低矿化度清水经离心泵升压、过滤，计量后进入分散装置，若需要应加杀菌剂。聚合物干粉加入分散装置的料斗内，计量后风送进入水粉混合器与清水混合，再进入混合罐进行分散初溶。然后，由螺杆泵输送至熟化罐，经过一定时间的搅拌熟化使聚合物干粉完全溶解后，通过转输螺杆泵经粗、精两级过滤器过滤转输至储罐储存。当注入站需要时，再经外输螺杆泵升压外输给注入站。聚合物配制长流程原理如图 3–24 所示。

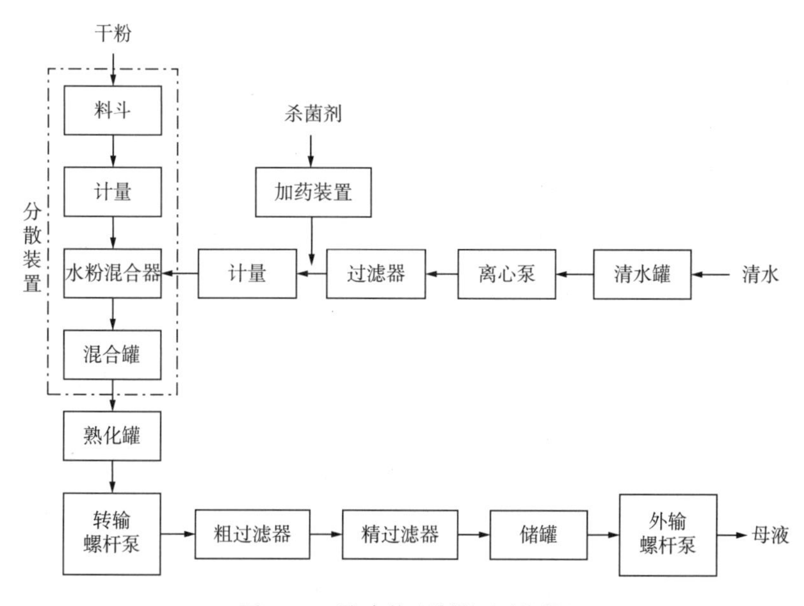

图 3–24　聚合物配制长流程原理

聚合物配制长流程工艺过程完整，分散、熟化各子系统可相对独立运行，工作可靠性较高，生产运行管理方便，能够较好地适应聚合物驱应用初期配制站的生产要求。但长流程中由于转输设备及储罐等工艺设施的存在，增加了中间环节，加大了黏度损失，控制系统相对复杂，占地面积大，投资高，运行费用较高。

聚合物配制短流程也称为“熟储合一”流程，是一个包括分散装置、熟化罐、外输螺杆泵、粗过滤器和精过滤器等设备，流程比较短的工艺过程。聚合物配制短流程是在长流程的基础上简化而来的，取消了储罐和转输螺杆泵，由熟化罐直接向外输泵供液。

清水罐中的低矿化度清水经离心泵升压、过滤，计量后进入分散装置，若需要应加杀菌剂。聚合物干粉加入分散装置的料斗内，计量后风送进入水粉混合器与清水混合，再进混合罐进行分散初溶。由螺杆泵送至熟化罐，经过一定时间的搅拌熟化使聚合物干粉完全溶解，然后进行储存。当注入站需要时，再经外输螺杆泵升压，经粗、精两级过滤器过滤后，外输给注入站。聚合物配制短流程原理如图 3–25 所示。

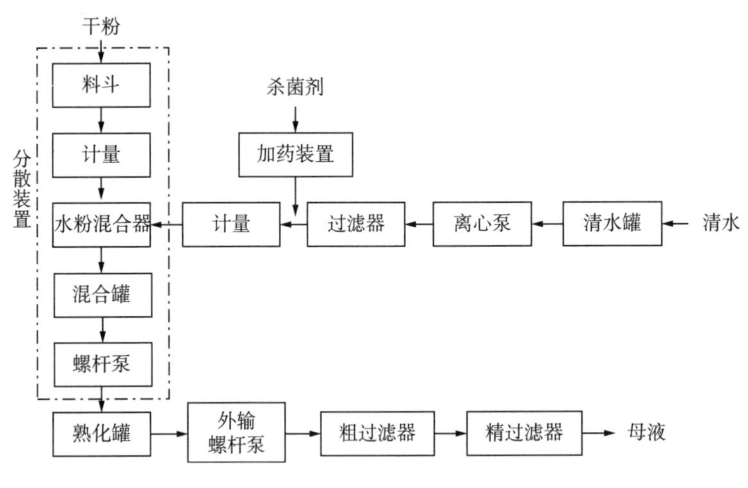

图 3–25　聚合物配制短流程原理

聚合物配制短流程简化了配制工艺，减少了中间环节，方便了管理，减少黏度损失2%左右。较长流程每座配制站减少多座储罐及多套转输螺杆泵，节省了运行耗电，降低了建设投资和运行费用，可降低投资 15%~20%。

需要注意的是，在生产过程中，应严格把控聚合物熟化和过滤环节，若聚合物熟化或母液过滤效果差，会出现未熟化胶粒堵塞井筒筛管的问题，最终使聚合物溶液注入压力虚高，甚至造成注入困难。

2）聚合物干粉的分散工艺

通过特定的工艺设备，实现聚合物干粉按一定比例与水混合的工艺过程，称为聚合物干粉分散工艺。干粉供料方式有如下 3 种：

（1）鼓风机—文丘里管的风送方式，即用鼓风机吹送压缩空气经文丘里管产生负压，抽吸干粉沿风力输送管道送入水粉混合器内的干粉供料方式。用风力输送干粉，可使干粉均匀分散，水粉混合时，水和干粉接触面积大，达到干粉迅速、完全地溶于水中的目的。

（2）水泵—射流器的直吸方式，即用离心泵为清水增压，清水经文丘里管喷射产生负压，直接抽吸干粉的方式。采用这种方式，水和干粉直接混合在一起进入混合罐。

（3）稳压泵—高能喷射器的稳压射流方式，同样是用离心泵为清水增压，清水经喷射器产生负压抽吸干粉。但在运行时，由稳压水泵控制喷射器，保证喷射器不受清水系统压力波动影响，产生足够稳定的真空吸入压力，将干粉吸进混合罐。

聚合物干粉经过分散装置按比例地与水混合，其单套处理能力必须适应配制站的规模。

3）聚合物母液的熟化工艺

聚合物干粉与水的混合液经搅拌、溶胀至完全溶解，溶液黏度达到稳定的过程称为熟化。熟化是聚合物在水中部分水解并充分溶解的化学变化和物理变化的综合过程。

常规聚合物配制站每个熟化系统设 $100m^3$ 熟化罐 5 座（运 4 备 1），3 套系统共计 15 座罐（运 12 备 3）。需要配套复杂的自控倒罐系统，投资较高，效率较低。

2004 年，开展了连续熟化工艺的研究应用。同样规模的配制站，每个连续熟化系统设 $100m^3$ 熟化罐 4 座（运 3 备 1），3 套系统共计 12 座罐（运 9 备 3）。不需要配套的自控倒罐系统。其原理流程如图 3–26 所示。

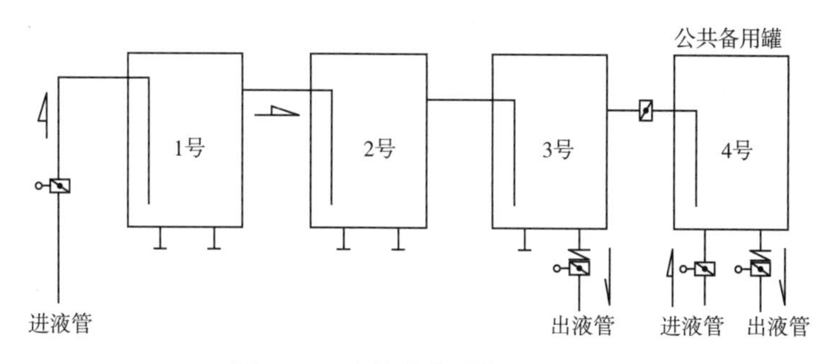

图 3–26　连续熟化系统原理流程

4）聚合物母液的过滤工艺

为避免堵塞地层，对聚合物溶液进行严格过滤是很必要的。聚合物驱油初期，采用 60 目粗滤器，因精滤器堵塞过快，将粗滤器加密到 100 目。后来又发现配制用清水中有细小悬浮物，加重了聚合物的过滤负荷，又增加了 10~50μm 清水过滤器。

为了减轻过滤器的负荷，大庆油田采用二级过滤技术，一级为粗滤，采用 100 目过滤器；二级为精滤，采用 25μm 过滤器。使用袋式过滤器。聚合物溶液在过滤过程中会受到剪切而降黏。但降黏程度则是由聚合物溶液浓度、流量、过滤器的孔径、过滤面积等诸多因素决定的。通过增大过滤器的面积，降低过滤器前后压差，使黏度损失不大于 1%，满足生产需要。

2. 胶板聚合物配制工艺

1）胶板聚合物配制工艺流程

胶板聚合物配制工艺流程就是将聚合物胶板破碎后，与低矿化度清水混合，经熟化、溶解，配制成一定浓度聚合物溶液的工艺过程。胶板聚合物配制工艺原理流程如图 3–27 所示。

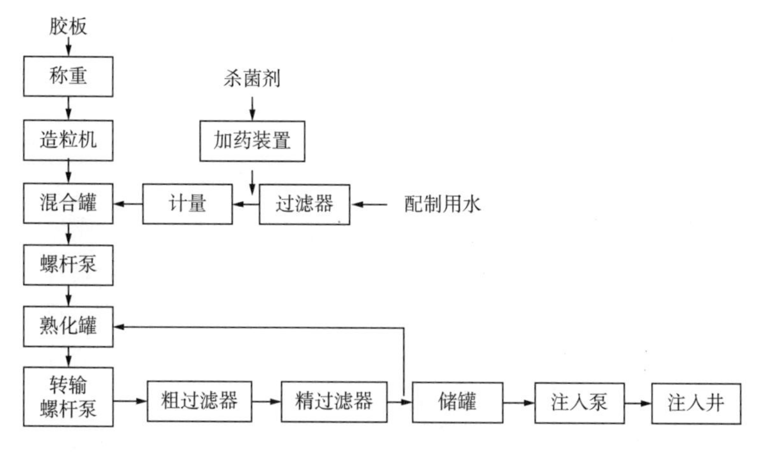

图 3–27　聚合物胶板配制工艺流程原理

胶板聚合物称重后，经造粒机破碎成一定直径的颗粒进入混合罐，加入适量的清水进行搅拌，而后用螺杆泵输至熟化罐。经过一定时间的搅拌熟化，使聚合物胶板完全溶解后，用转输螺杆泵经粗、精两级过滤器过滤转输至储罐储存。然后经注入泵升压，输送给注入井。

2）胶板聚合物的循环熟化工艺

由于胶板聚合物较难溶解，因此在熟化过程中设有循环熟化工艺。胶板聚合物溶解熟化好后，可以泵输经过滤器过滤进入储罐。若溶解熟化效果不好，可不进储罐，通过循环熟化工艺，再回到熟化罐循环熟化。

3. 乳液聚合物配制工艺

乳液聚合物配制工艺流程就是将聚合物乳液与低矿化度清水混合，经熟化、溶解，配制成一定浓度聚合物溶液的工艺过程。乳液聚合物配制工艺流程如图 3–28 所示。

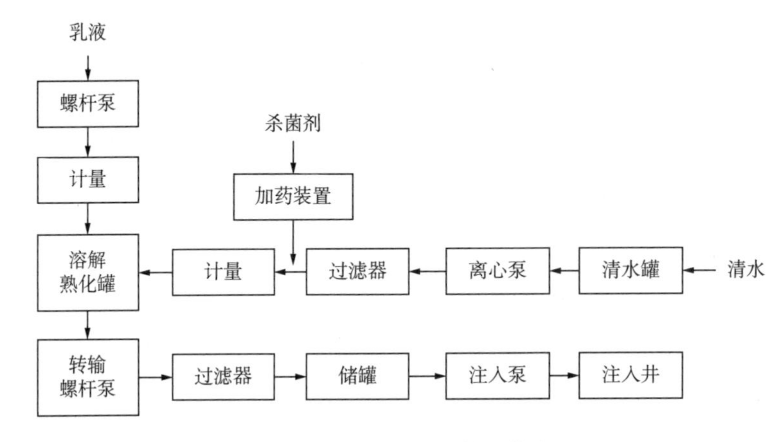

图 3–28　乳液聚合物配制工艺流程

清水罐中的低矿化度清水经离心泵升压、过滤，计量后进入溶解熟化罐，若需要应加杀菌剂。聚合物乳液经螺杆泵升压，计量后进入溶解熟化罐与清水混合，经过一定时间的搅拌熟化使聚合物乳液完全溶解后，用转输螺杆泵经过滤器过滤转输至储罐储存。然后经注入泵升压，输送给注入井。

二、聚合物溶液输送工艺技术

1. 聚合物配制站母液外输方案

聚合物母液从配制站外输给注入站有两种方案：一是单泵单站方案；二是一泵多站方案。

1）聚合物母液单泵单站输送工艺

从配制站到各注入站分别建一条母液输送管道，一台外输泵对一座注入站，另设公共备用泵。当注入站缓冲罐装满母液时，通过电话与配制站联系停泵。聚合物母液外输单泵单站方案的优点是一泵一站，压力能利用合理，计量准确，调度方便。只要配制站内的生产装置能够分配开，就可以为不同的注入站供不同分子量、不同浓度的母液。缺点是外输泵台数多，互相联络频繁，一般每天要启停泵两次以上，管理十分不便。

2）聚合物母液一泵多站输送工艺

配制站建设母液外输汇管，各外输泵出口管道和各注入站管道与汇管连接。配制站运行一台或若干台外输泵（设备用），保持一定外输压力，视汇管压力高低通过变频器控制泵排量，进注入站缓冲罐的母液由流量调节器根据液位高低自动控制。聚合物母液外输一泵多站方案的优点是用泵少，注入站与配制站的联络少，简化了外输工艺，节省了工程投资。缺点是同一汇管的各注入站只能供给同一种母液，去注入站的管道因距离不同存在一定的压力损失。

2. 聚合物母液管道输送工艺

玻璃钢管、钢骨架塑料复合管、不锈钢管、碳钢内防腐管等均可用于聚合物母液输送。为减少化学降解，聚合物母液管道应选用塑料、玻璃钢、不锈钢等化学性质稳定的材质，也可选用碳钢管，但必须采取可靠的内防腐措施；为减少机械剪切降解，在确定管径时，应保证聚合物母液的剪切速率在规定范围内。聚合物母液管道输送有单管单站和一管两站两种工艺。

1）聚合物母液输送单管单站工艺

聚合物母液输送单管单站工艺，即一条母液管道为一座注入站输液，母液管道和注入站一一对应。该工艺既可用于聚合物配制站母液外输的单泵单站方案，也可用于一泵多站方案。

聚合物母液输送单管单站工艺的优点是一管一站，对注入站供液灵活方便，只要配制站的生产装置能够分配开，就可以为整座注入站输送特殊分子量、特定浓度的聚合物母液。缺点是一座注入站一条母液管道，投资较高。聚合物母液单泵单管单站输送工艺流程如图 3-29 所示。

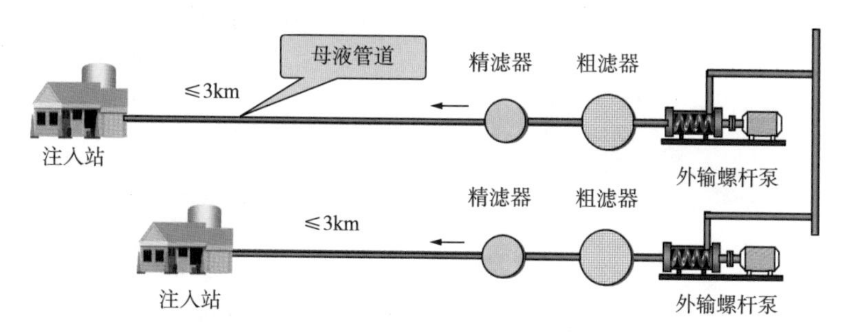

图 3-29 聚合物母液单泵单管单站输送工艺流程

2）聚合物母液输送一管两站工艺

聚合物母液输送一管两站工艺，即一条母液管道为两座注入站串联输液，在每座注入站安装流量调节器，自动调节、控制母液的进站液量，配制站母液外输泵通过变频器自动调节输量，实现闭环控制。其工艺流程如图 3-30 所示。

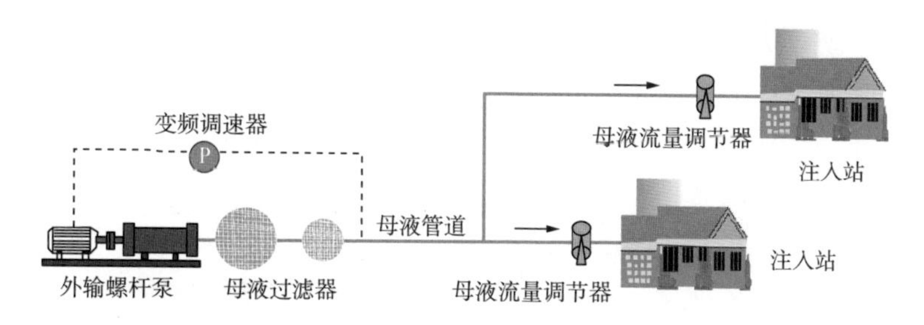

图 3-30 聚合物母液输送一管两站工艺流程示意图

聚合物母液输送一管两站工艺实现了注入站两两串联，减少了母液输送管道，节省了工程投资。但其缺点是不能为其中的单独一座注入站输送特殊分子量、特定浓度的聚合物母液。用一条母液管道串联两座注入站输送母液时，因为输送距离不同，离配制站较近的注入站所分流的母液流量较大，导致两座注入站母液量分配不均匀。距离远的注入站母液缓冲罐液位较低，而近距离的注入站缓冲罐已满，要求停输母液。当某座注入站缓冲罐输满时，将关闭进液，此时母液管道压力会升高。

三、聚合物溶液注入工艺技术

聚合物母液经过注聚泵加压计量后，进入高压注水管线，与注入的低矿化度水经静态混合器混合稀释注入井中。目前，主要有两种聚合物注入工艺流程：一种是单泵单井流程，另一种是一泵多井流程。

1. 单泵单井注入工艺

单泵单井注入工艺，即每口注入井独立配制注入泵升压母液，根据单井注入量的要求，调整单泵排量，之后按比例与水混合。该工艺的优点是每台泵与每口井的压力、流量匹配，流量及压力调节时无须大幅度节流，能量利用充分，单井配注方案容易调整；缺点是设备数量多，占地面积大，工程投资高，维护工作量大。单泵单井注入工艺流程如图 3–31 所示。

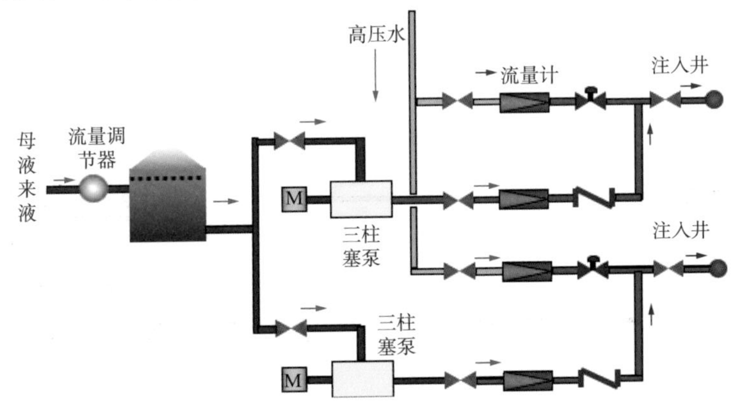

图 3–31　单泵单井注入工艺流程示意图

2. 一泵多井注入工艺

一泵多井注入工艺，由一台大排量注入泵给多口注入井供高压聚合物母液，泵出口安装流量调节器调控液量及压力，将高压聚合物母液对单井进行分配，然后与高压水混合稀释成低浓度聚合物目的液，送至注入井。该工艺的优点是设备数量少，占地面积小，流程简化，维护工作量少；缺点是全系统分为几个注入压力，流量调节存在一定压力损失，并增加了一定的黏度损失，单井流量调节相互干扰，增加了流量调节器的投资。一泵多井注入工艺流程如图 3–32 所示。

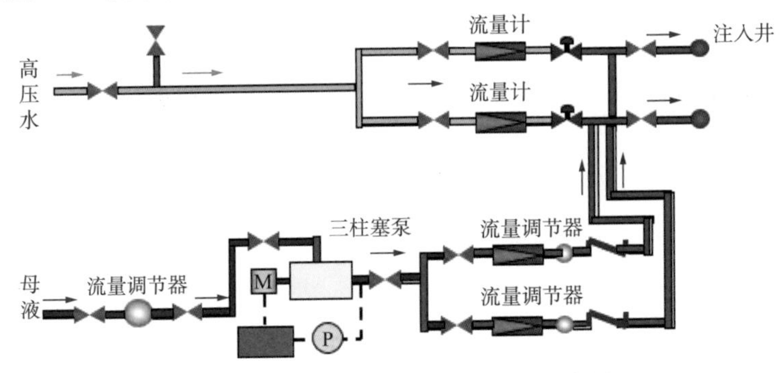

图 3–32　一泵多井注入工艺流程示意图

四、聚合物配注系统总体工艺流程

典型的聚合物配制注入系统工艺有两种：一种是“配注合一”的聚合物配制注入工艺；另一种是“集中配制、分散注入”的聚合物配制注入工艺。

1.“配注合一”的聚合物配制注入工艺

“配注合一”工艺，即聚合物配制部分和注入部分合建在一起的聚合物配制注入工艺。“配注合一”工艺，流程紧凑，即配即注，配注站聚合物分子量、注入浓度等注入方案调整灵活。缺点是不适用于大规模工业化应用，配制部分分散建设，单台设备处理量小，设备数量多，占地面积较大，投资较高。

1990 年建设初期，采用“配注合一”流程，如图 3–33 所示。该流程包括聚合物干粉的配制和聚合物水溶液的注入；该站不但有低压水系统，还有 16MPa 压力的高压水系统。聚合物干粉经配制达到充分溶解，一般浓度为 5000mg/L，用螺杆泵输至计量泵入口，经计量泵升压至 16MPa，与高压清水混合至地质设计浓度，大庆油田一般为 1000mg/L，经注入管道送至注入井，注入油层。本流程适用于大面积工业性试验。

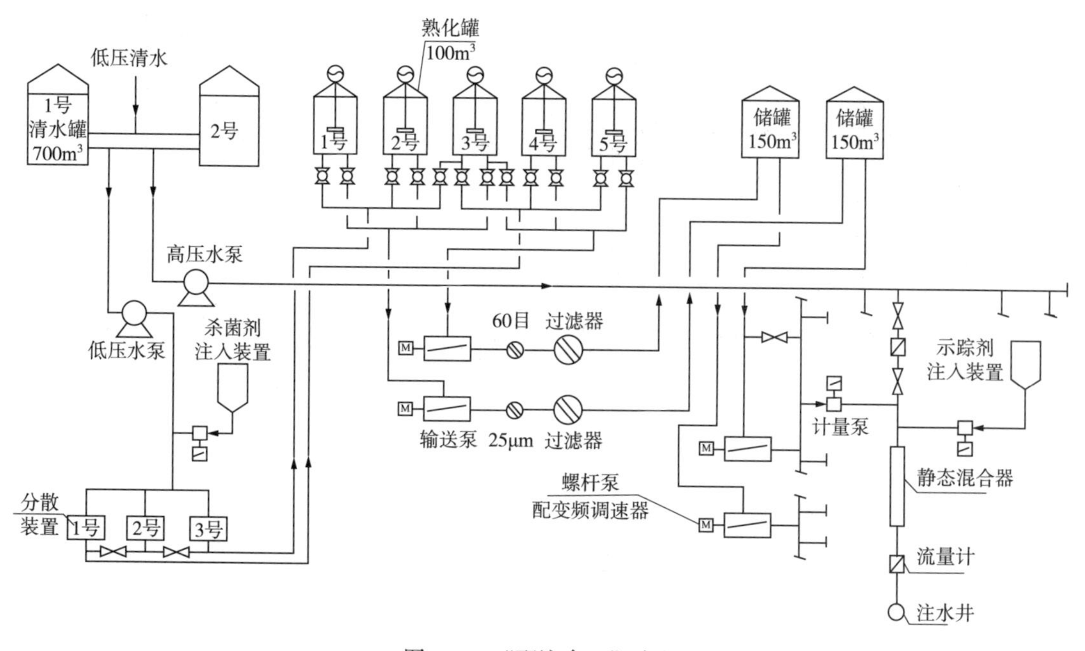

图 3–33 “配注合一”流程

2.“集中配制、分散注入”的聚合物配制注入工艺

“集中配制、分散注入”工艺，即集中建设规模较大的聚合物配制站，在其周围卫星式分散布建多座注入站，由配制站分别给各注入站供液的聚合物配制注入工艺。“集中配制、分散注入”的聚合物配制注入系统工艺适用于大规模工业化应用，一座配制站同时满足多座注入站的供液要求。配制部分集中建设，单台设备处理量大，设备总数少，工程投资低，而且也避免了油田开发区块周期性注聚合物带来的配制设备闲置或搬迁问题，保证了设备的长期使用，具有明显的技术经济效益。缺点是所辖注入站聚合物分子量、注入浓度等注入方案调整较困难。

1995 年，配制注入由合建改为分建。由于配制站工程寿命长，只要所在地区继续注入聚合物，配制站就可不停产，能够工作几十年。注入站 3~5 年即可完成任务，因此不能与配制站共建。一座配制站可供很多批注入站使用，注完一批，再换一批。为满足各站注入不同分子量聚合物的需要，优化配制站工艺，配制站可配制多种分子量聚合物母液，供注入站按需选用。“集中配制，分散注入”的聚合物个性化注入工艺流程如图 3–34 所示。

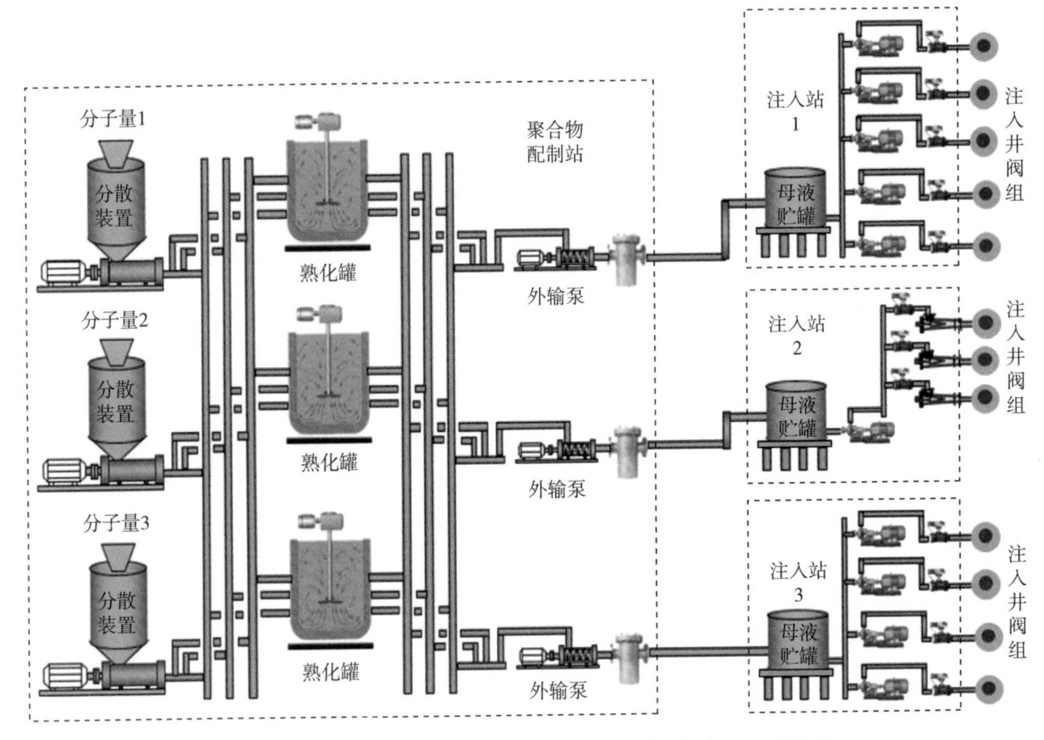

图 3–34 “集中配制，分散注入”聚合物个性化注入工艺流程

第三节 复合驱配注工艺简化及优化技术

在大量试验研究的基础上，根据化学剂的性质、化学剂之间的配伍性质以及复合体系流变特性的研究结果，研究出了三元复合驱配注技术。随着三元复合驱研究的不断深入和试验规模的不断扩大，地面配注工艺技术也在不断地研究创新和优化简化，先后研发出目的液配注技术、单泵单井单剂配注技术、“低压三元、高压二元”配注技术和“低压二元、高压二元”配注技术。这些三元复合驱注配技术的研发和不断优化改进，为三元复合驱试验的成功及工业化推广奠定了基础[20–22]。

一、目的液配注工艺

在先导试验阶段，根据注聚合物的成熟经验、新增化学剂的特性、开发试验的具体要求，开发了目的液配注流程，满足了检测合格后才能注入的开发要求。目的液配注工艺流程如图 3–35 所示。

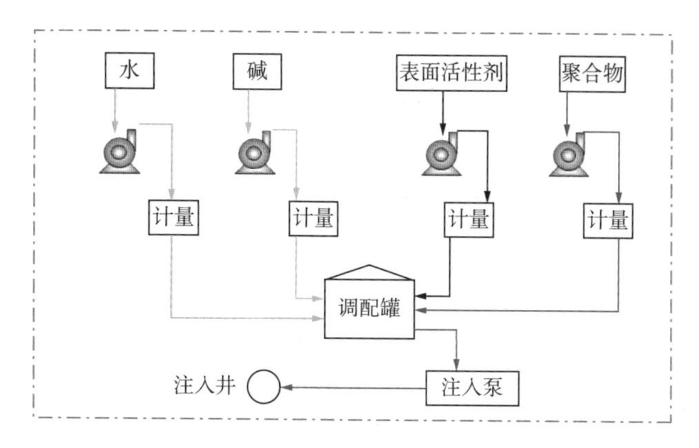

图 3–35　目的液配注工艺流程示意图

二、单泵单井单剂配注工艺

在工业性试验阶段，2005 年，根据聚合物浓度可调、表面活性剂浓度可调和碱浓度可调的个性化注入的要求，开发单泵单井单剂配注工艺。建设了南五区、北一区断东和北二西 3 个三元复合驱工业化试验区，满足了单井 3 种化学剂浓度都可调整的要求。单剂单泵单井配注工艺流程如图 3–36 所示。

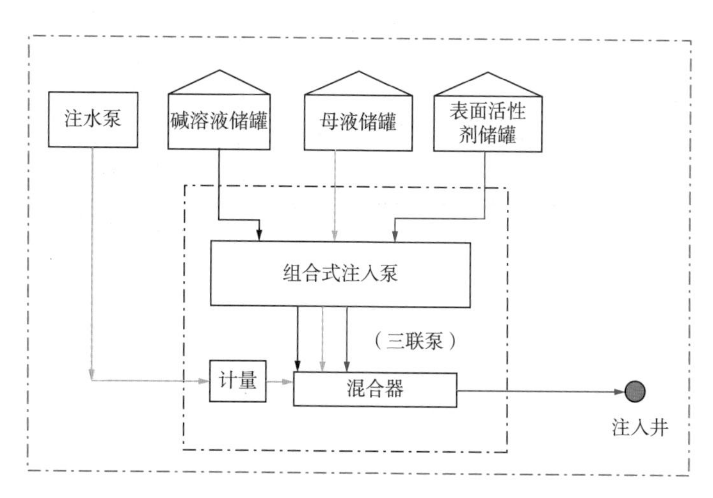

图 3–36　单剂单泵单井配注工艺流程示意图

三、"低压三（二）元、高压二元"配注工艺技术

1. 三元复合驱"低压三（二）元、高压二元"配注工艺技术的提出

根据开发方案提出的"聚合物浓度可调，碱和表面活性剂浓度不变"的个性化注入要求，在目的液和单泵单井单剂工艺的基础上，形成了三元复合驱"低压三元、高压二元"配注工艺。针对结垢严重区块，采用"低压二元、高压二元"配注工艺，满足了三元复合驱工业化推广应用的需要。工艺流程如图 3–37 和图 3–38 所示。

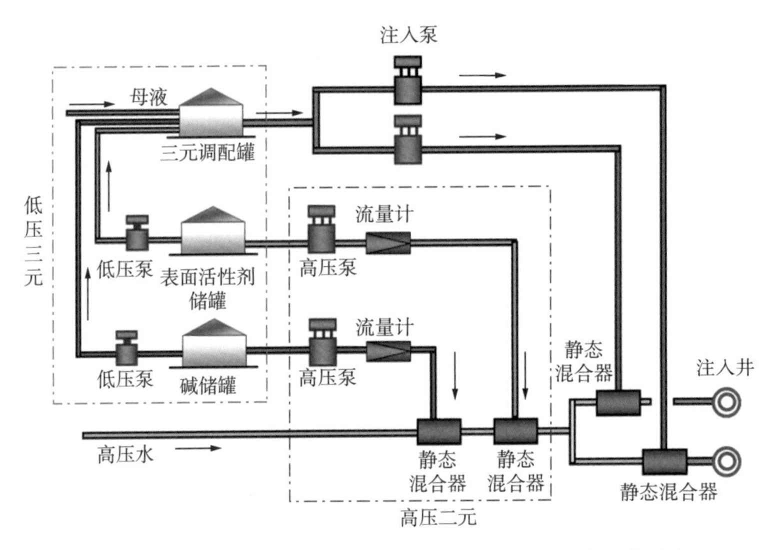

图 3-37　三元复合驱“低压三元、高压二元”配注工艺流程

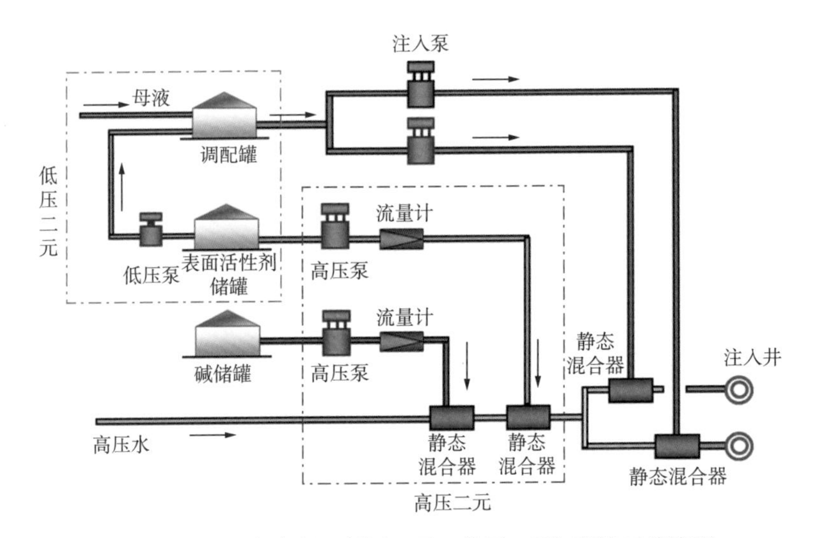

图 3-38　三元复合驱“低压二元、高压二元”配注工艺流程

北一区断西三元示范区两种配注工艺运行情况见表 3-7。

表 3-7　北一区断西三元示范区两种配注工艺运行情况

工艺		低压三元、高压二元	低压二元、高压二元
泵故障率，次 / 月		1.01	0.37
运行时率，%		91.5	96.7
井口指标合格率，%	注聚合物浓度	97.4	97.1
	注碱浓度	95.5	92.8
	注表面活性剂浓度	97.1	96.9
	界面张力	98.8	98.3

2.“低压三（二）元、高压二元”配注工艺应用

1）三元复合驱集中配制布局模式

三元配注系统历经三次大幅度简化，确定了大庆油田三元复合驱工业化推广应用“低压三（二）元、高压二元”配注工艺。随着工业化推广应用的需要，形成了两种“集中配制，分散注入”布局模式。

布局模式一：配制站提供低压二元母液，调配站提供高压二元水，如图 3-39 所示。

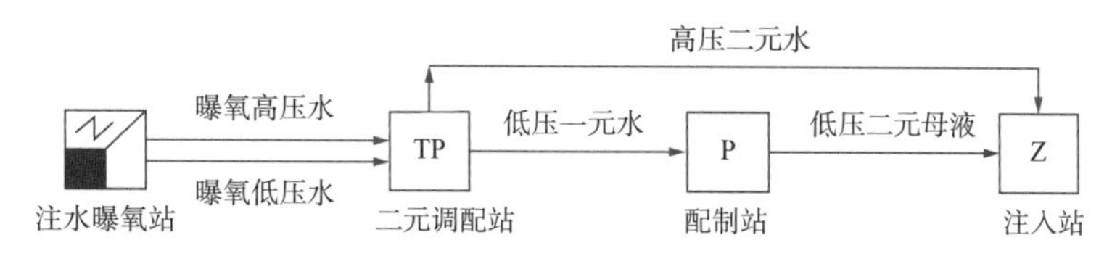

图 3-39 “集中配制”布局模式一

在聚合物配制站用含表面活性剂的水配制聚合物，集中配制成含表面活性剂目的浓度的低压二元母液。在低压水中加入表面活性剂，形成低压一元水，在配制站用其配制聚合物，集中配制低压二元液，再输送至各三元注入站。

布局模式二：低压二元母液和高压二元水均由调配站提供，如图 3-40 所示。

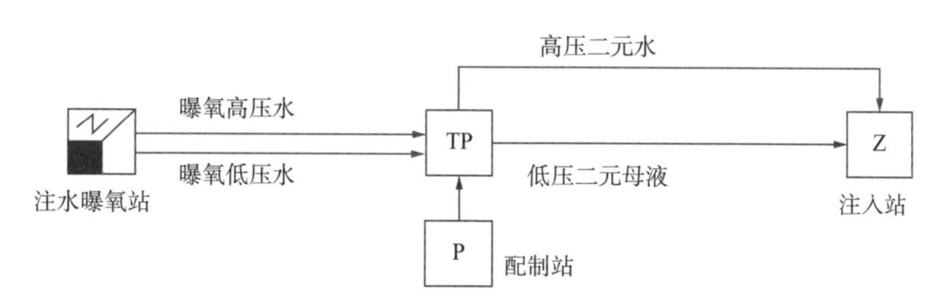

图 3-40 “集中配制”布局模式二

在调配站集中调配低压二元母液和高压二元水，分散输送至各注入站。在三元复合驱产能区块内选定一座配注站，在该站按全区量配制低压二元母液和高压二元水；其余注入站按聚合物注入工艺建设，注入站所需低压二元母液和高压二元水由调配站提供。

截至 2015 年底，建成集中配制“低压二元、高压二元”配注工艺的三元区块 10 个，三元注入站 48 座，注入井 2375 口（表 3-8）。除北一断西和杏三 – 四区采用模式二工艺以外，其余均采用模式一。

表 3-8 集中配制“低压二元、高压二元”配注工艺统计

采油厂	产能区块	注入站，座	工艺模式
采油一厂	北一区断西西块	2	模式二
	西区二类	6	模式一
	东区二类	5	模式一
	南一区东块	8	模式一
	北一二排东块	4	模式一
采油二厂	南四区东部	5	模式一

续表

采油厂	产能区块	注入站，座	工艺模式
采油三厂	北三东	1	模式一
	北二区东部	6	模式一
	北二区西部东块	5	模式一
采油四厂	杏三－四区东部	6	模式二

2）经济效益

以采油一厂东区二类三元产能区块为例，与分散建站模式相比，配注系统采用“集中配制”模式一，可节省建设投资 7932.9 万元；配注系统采用“集中配制”模式二，可节省建设投资 6770.5 万元（表 3–9）。

表 3–9　采油一厂东区二类三元配注工艺方案对比

项目	方案一	方案二	方案三
	“集中配制”模式一	“集中配制”模式二	分散建站
工程费用，万元	56645.3	57807.7	64578.2

2011—2015 年，大庆油田三元区块的配注系统均采用“集中配制、分散注入”集中建站模式，与“配注合一”的分散建站模式相比，节约建设投资共计 4.24 亿元。

第四章　聚合物驱采出液集输处理工艺技术

根据不同区块介质条件和工程生产实际，开发了聚合物驱采出液单独处理流程和稀释处理流程。单独处理流程灵活性高，能够适应大面积推广后实际生产情况的差异。稀释处理流程在聚合物驱采出液同水驱采出液混合后可降低聚合物浓度。开发了聚合物驱游离水脱除器和竖挂电极电脱水器，满足了聚合物驱产能工程设计建设和工业生产的需要[23]。

第一节　聚合物驱采出液特性

在聚合物驱油过程中，当油井产物含有聚合物时，称其为含聚合物采出液。由于采出液中含有聚合物，增加了水相黏度。外相黏度增加，油水乳状液呈水包油型的趋势更强，从而导致聚合物驱采出液乳化程度增强。采出液中聚合物的浓度和黏度随着聚合物溶液注入量的增加而增高，在后续水驱阶段逐渐降低[24]。

一、聚合物对油水界面膜强度的影响

应用膜强度分析仪研究了聚合物对人工培植的模拟采出液膜强度的影响。测定油水界面膜击穿电压 V 和膜电容 C，根据 $E=CV^2$ 计算出破点能 E，E 即为膜强度的定量表征值，E 值越大，膜强度越高。当聚合物浓度分别为 200mg/L 和 600mg/L 时，不同分子量的聚合物对界面膜强度的曲线如图 4-1 所示。

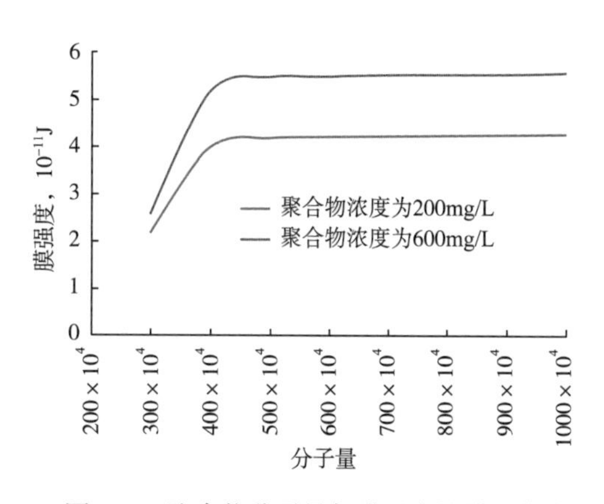

图 4-1　聚合物分子量与膜强度的关系曲线

试验表明，在聚合物浓度相同情况下，油水界面膜强度随着聚合物分子量和聚合物浓度的增加而增大，这说明由于聚合物的存在，乳状液的稳定性增强，给破乳带来了一定的困难。

二、聚合物对水包油型乳状液界面电性的影响

水包油体系油水界面电性，即水中油珠表面的电性可用 Zeta 电位来衡量，Zeta 电位的绝对值越大，油珠间的聚并难度也就越大。

室温下，聚合物分子量为 393×10^4，不同溶液浓度的 Zeta 电位测试结果如图 4-2 所示。试验结果表明，含聚合物体系 Zeta 电位值与不含聚合物体系相比负值增加。这一方面使油珠或颗粒间静电斥力增加难以聚并和絮凝；另一方面，聚合物的存在使得颗粒间空间位阻变大，聚并更困难，这是含聚合物体系难以处理的重要原因之一。

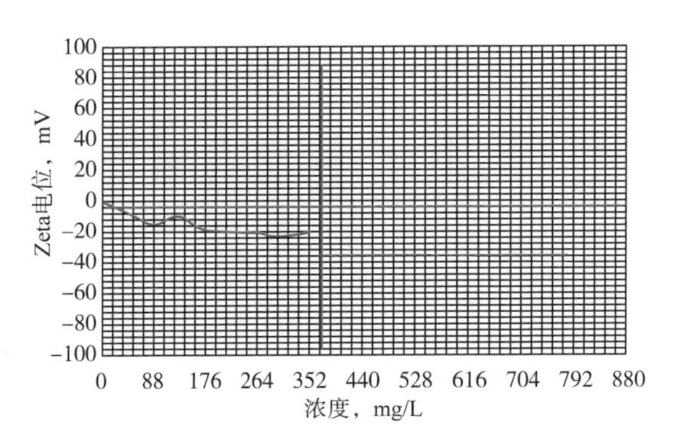

图 4–2　聚合物浓度与 Zeta 电位的关系曲线

三、含聚合物采出液的沉降分离特性

1. 采出液中聚合物含量及沉降时间对游离水脱除效果的影响

图 4–3 为不同聚合物含量的不同沉降时间的沉降效果曲线。试验油样为 Pt–5 井的产出液（聚合物含量为 286mg/L），对该油样添加一定量的聚合物后，进行了静置分层自然沉降测试。从图 4–3 可看出，在沉降时间相同的条件下，随着水中聚合物含量的增加，脱后污水含油量近似呈线性增加，并且这种增加趋势在沉降时间较短时尤为突出；随着沉降时间的增加，脱后污水含油量随水相中聚合物含量的增加而增加的趋势变小。

上述试验表明，采出液中含聚合物后，对高含水原油的沉降脱水有明显影响，由图 4–3 可看出，当聚合物含量为 420mg/L 左右时，沉降 40min 后污水含油量仍大于 1000mg/L，若在矿场动态条件下，要达到该指标所需的沉降时间会更长。

2. 破乳剂加药量对沉降脱水的影响

图 4–4 为不同油井产出液在不同加药量（SP–169）下的静置分层试验曲线。从图 4–4 中可以看出，随着破乳剂用量的增加，脱后污水含油量迅速下降，当破乳剂用量增加到一定值时，再增加用量就没有明显的效果了，即达到了临界用量。采出液中的聚合物含量不同，破乳剂的临界用量亦不同，从图中曲线 1 和曲线 2 的沉降规律看，聚合物含量分别为 225mg/L 和 106mg/L 时，破乳剂的临界用量分别为 50mg/L 和 30mg/L 左右。说明聚合物对破乳剂有一定干扰作用，这主要是聚合物大分子吸附破乳剂，使破乳剂的有效浓度下降造成的。要想提高脱水效率，加入适当的破乳剂是至关重要的。

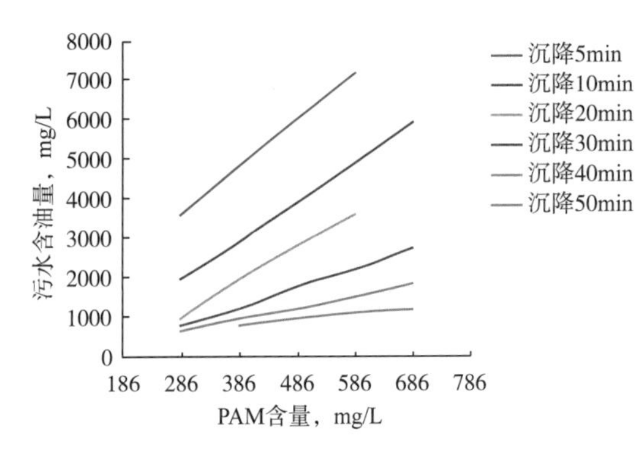

图 4–3　不同含量聚合物测得的沉降曲线

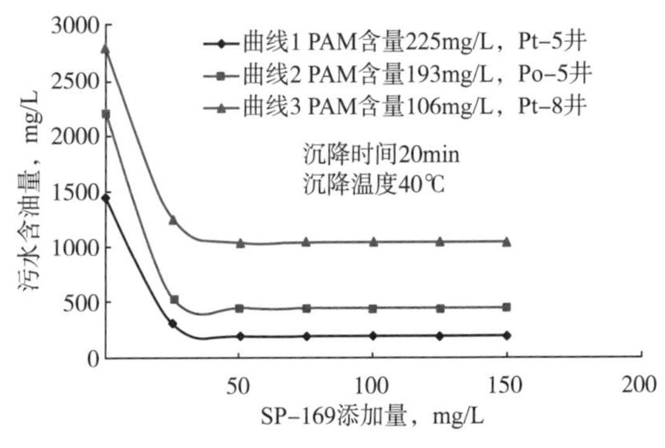

图 4–4　不同加药量对沉降效果的影响曲线

3. 沉降温度对脱水效果的影响

图 4–5 是在不同沉降温度下测得的静置分层沉降规律曲线，从中可以看出，提高沉降温度，沉降后污水含油量降低。这表明，提高沉降温度有利于提高沉降脱水的效率。

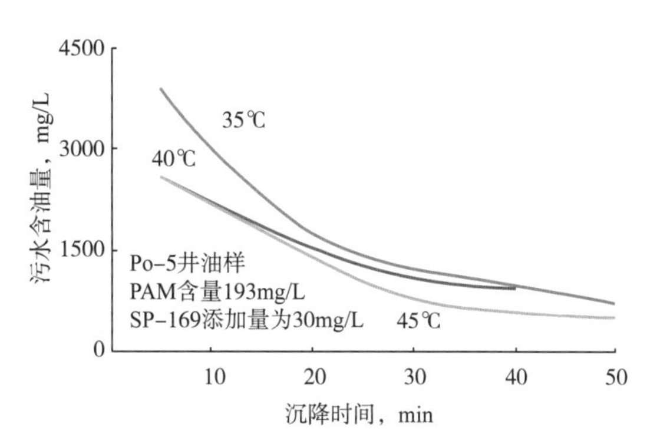

图 4–5　不同沉降温度的沉降曲线

另外，从图 4–5 中还可以看出：当沉降时间小于 20min 时，将脱水温度由 35℃升高到 40℃，对脱水效果的影响较大，随着沉降时间增加，升温的作用效果越来越小；而将脱水温度由 40℃升高到 45℃，在沉降时间小于 20min 条件下，对脱水效果的影响较小，而随沉降时间的增加，升温的作用效果越来越明显。究其原因，与界面膜特性以及吸附在界面膜上起稳定作用的物质（如胶质、沥青质、环烷酸等）的吸附与脱附的温度效应有关。

四、含聚合物采出液的电性质

1. 聚合物对油包水型乳状液导电特性的影响

当水中含有不同浓度聚合物后，其电导率有所上升，在电场中的导电特性也发生了变化。图 4–6 为空白样和不同聚合物含量样品在电场作用下的导电特性曲线，从图中可以看出，含聚合物乳状液与不含聚合物的原油乳状液，在同一电场强度下电流峰值不同，聚合物含量越多，电流峰值越大，并随着聚合物浓度的增加，达到电流峰值所需的时间相对延长，从而证明含水率、乳化程度相同的原油乳状液在同一温度、同一电场强度下，含有聚合物的原油乳状液比不含聚合物的乳状液电流大；在电场力的作用下，随着时间的延长，原油中的乳化水逐渐聚集成大水滴，实现油水分离，含水量逐渐下降，含聚合物与不含聚合物原油乳状液的漏电电流又趋于接近。

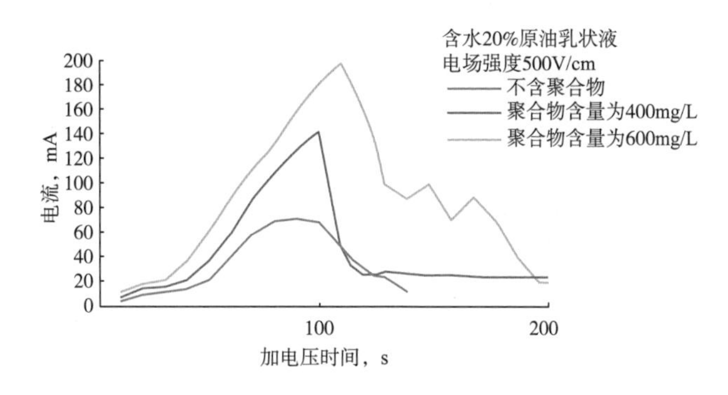

图 4–6　加电压时间与电流的变化关系曲线

2. 不同聚合物油包水型乳状液的静态电脱水特性

将含有不同聚合物浓度的原油乳状液分别置于恒定的直流电场中，来观察脱水的效果。分别对每组试样选定不同处理时间进行对比试验，并对加电压后的原油乳状液的含水情况进行分析。测试结果如图 4-7 所示，当原油乳状液含有聚合物后，在脱水时间相同的情况下，脱后油中含水量增加，脱水效果变差，说明在含聚合物条件下，水滴在电场中的聚结沉降速度下降。由此可见，采出液含聚合物使原油电脱水效果变差，耗电量增加，脱水费用也增加。

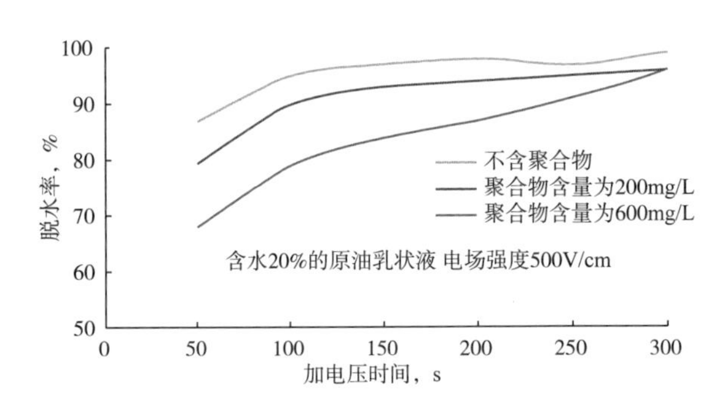

图 4-7　脱水率对比曲线（47℃）

第二节　聚合物驱采出液处理工艺

一、聚合物驱采出液处理系统总体规划原则

聚合物驱采出液处理系统，充分利用特高含水采油及聚合物驱采油产液量随聚合物浓度变化的特点，放大集油半径，降低供热负荷，缩短水驱阶段及聚合物低浓度阶段沉降时间，发挥填料聚结及化学破乳作用，改善采出液处理技术。并通过降低游离水脱除后油中含水率，减少进入电脱水的聚合物含量，充分利用已建原油脱水站能力，最大限度地减少采出系统投资规模和生产能耗。采出水处理后，近期应作为高渗透层注入水源，也可以作为聚合物注水的前置液。

二、聚合物驱采出液处理方案

聚合物驱采出液处理主要有两种方案：单独处理方案和稀释处理方案。

1. 聚合物驱采出液的单独处理方案

单独处理方案是聚合物驱采出液在油气集输、脱水和污水处理过程中基本自成系统单独进行处理的工艺方案。单独处理方案使聚合物驱采出液单独成系统，集中处理，不污染其他采出液；在现有工艺技术条件下，含聚合物采出水处理后接近高渗透层注水水质指标，对采出水单独处理，回注高渗透主力油层，可以保证低渗透油层注水系统的水质；设计采用的处理工艺和参数因受试验地区和条件的限制而有局限性，单独处理流程具有可调性和高度灵活性，能够适应大面积推广后实际生产情况的差异。

2. 聚合物驱采出液稀释处理方案

稀释处理方案是聚合物驱采出液进入已建处理系统，同水驱采出液混合，降低聚合物浓度后进行处理的方案。提出稀释方案主要有两个原因：一是可以适当利用已建系统能力，节省基建投资；二是根据试验情况，当聚合物浓度在 150mg/L 以下时，已建常规处理装置即可处理。但采用稀释处理方案会使大量含有聚合物的污水进入现有污水处理系统，可能将会对中低渗透层的注水造成不利影响。

三、聚合物驱原油脱水工艺

聚合物驱采出液的综合含水率一般高于转相点，属水为外相的复杂乳状液体系，聚合物驱采出液脱水适用两段处理工艺，即：在集输温度条件下释放出游离水，再升温含水原油进行电脱水处理。中转站来油经过游离水脱除器脱除游离水，含水小于30%的低含水油经加热炉加热到55℃，进入电脱水器脱水，污水去污水处理站。采出液处理两段脱水工艺流程如图4–8所示。

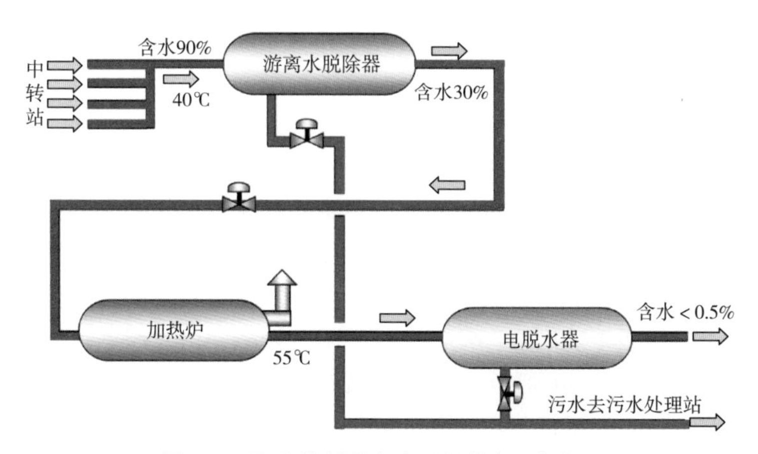

图4–8　聚合物驱采出液两段脱水工艺流程

聚合物驱采出液处理（稀释处理）总流程与水驱处理流程基本相同，只是从聚合物驱采出井经计量站、转油站到一段放水站及含聚合物污水处理这一段自成系统，从电脱水开始与水驱处理流程合并，不同之处有以下几点：

（1）集油系统基本采用不加热集输、两相分离计量。

（2）在转油站提前加破乳剂，管道破乳以改善油水分离条件。

（3）转油站、放水站和污水处理站均留有利用水驱系统采出液来稀释聚合物驱采出液的流程及接口。

（4）一段放水站、脱水站、污水处理站全部采用聚合物驱采出液处理工艺及设备。

（5）聚合物含油污水处理站向高渗透层注水站供水，也向聚合物驱注水站供前置液。

第三节　聚合物驱原油脱水设备

一、聚合物驱游离水脱除器

根据采出液的油水分离特性，从改进内部结构提高沉降效率入手，研制了具有浅池沉降和聚结脱水双重作用的新型游离水脱除器，改善了沉降过程的水力条件。其结构如图4–9所示。

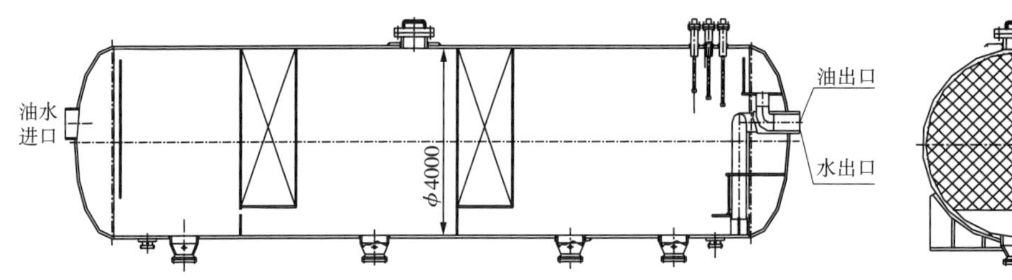

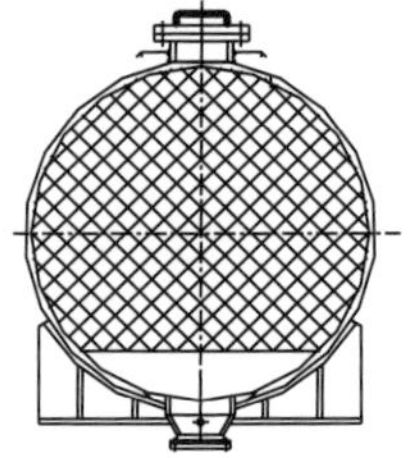

图 4-9 聚合物驱游离水脱除器结构示意图

新型高效游离水脱除器在结构上具有以下 4 个特点：

（1）进液口设进液分布器。该分布器为一圆形喇叭口结构，用于进液管开口进液，该结构能够使液流呈放射状布液，变径缓流，达到缓冲消能的目的。这样就形成了一个较平稳的沉降分离条件。

（2）初分离段设整流板。整流板是厚度为 6mm 的钢板，在近 $12m^2$ 钢板上均匀分布 200 余个 φ60mm 的小孔，来液流经整流板后流速再次减缓，起到调整液流的运动状态，使液流分布均匀，等速前进。减少液流的不均匀流动对油、水分离的影响。

（3）使用新型波纹板聚结器。根据设备处理能力及容器结构，采用两段 NP 型聚丙烯波纹板，当液体分层后流经一段波纹板填料时，油滴随着水相流动，同时由于浮力的作用而上浮。当其浮至波纹板下表面后，便与板面吸附、聚结，由此产生由油滴组成的沿平板壁而向上流动的流动膜。流动膜流至平板上端就升浮到容器顶部油层之中，从而完成分离过程。通过第一段波纹板的整流作用，形成较平稳的层流状态。层流的油水层经第二段波纹板填料，水层中余留的油滴经波纹板吸附，油滴直径增大而上浮，而油层中的游离水聚结成较大的水滴并在重力作用下下沉，使油水分离更加彻底，油水界面过渡段也相应变小。应用规整波纹板填料后，不仅便于管理，而且设备的处理能力和处理效果都有较大的提高。为了有效地防止沉淀物的产生、淤积、固化，对填料的材质与结构进行了研究，加入起润滑作用的 $CaCO_3$，同时加入抗老化剂，采用适当的比表面积，一方面起到防砂作用，提高油水分离效果，同时也延长了填料的使用寿命。

（4）改进收油、收水结构。减小了作为收油、收水装置的油室和水室，增大了脱除设备的有效处理空间，而且结构紧凑、合理。根据含水率较高的情况，采用较小的油室，设置高位置油室堰板，使油水界面控制在较高的位置上，节省处理空间、增大水相沉降面积，进而提高设备的处理能力。同时在出水口之前增设防砂挡板，便于清砂防砂。

图 4-10 是现场测得的不同沉降时间不同聚合物浓度条件下的试验曲线，从图中可以看出，在沉降时间相同、其他条件相近时，脱后污水含油量随聚合物浓度的增加呈明显的上升趋势，但在试验的整个聚合物浓度范围内，在沉降温度为 40~42℃、来液含水量不小于 69%、沉降时间为 20min 左右条件下，采用新研制的游离水脱除器处理，均能实现有效的处理，处理后污水含油量均能小于 3000mg/L，油中含水量小于 30%，试验的平均数据小于 23.4%。

用水驱的游离水脱除技术处理含聚合物采出液，与新开发的游离水脱除技术相比：当采出液中聚合物含量为 450mg/L 左右时，欲达到相同的脱水质量，污水含油量小于 2000mg/L，采用新开发的技术，脱水温度可以从 45℃降至 40℃，沉降时间可从 40min 降至 20min，且破乳剂用量可节省 30%~40%。

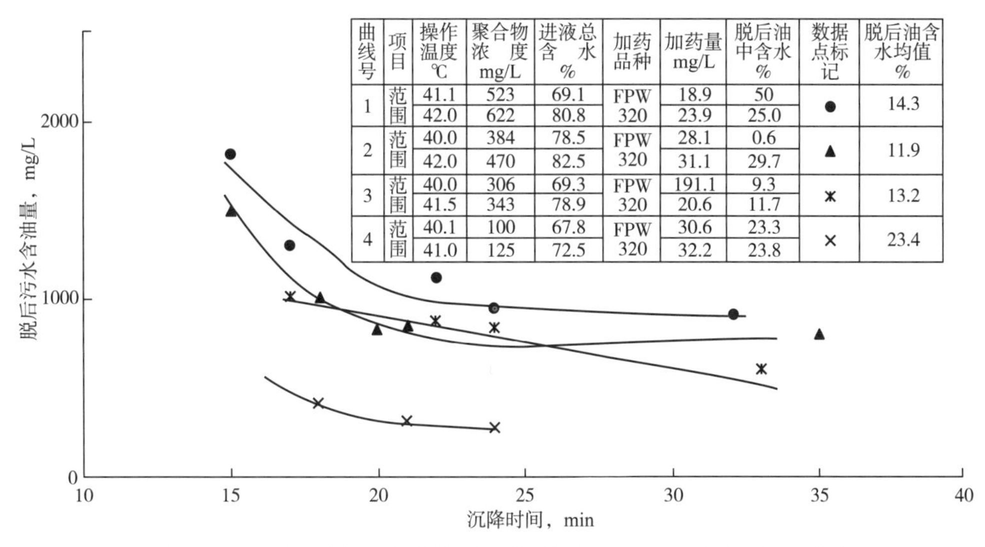

曲线号	项目	操作温度 ℃	聚合物浓度 mg/L	进液总含水 %	加药品种	加药量 mg/L	脱后油中含水 %	数据点标记	脱后油含水均值 %
1	范围	41.1	523	69.1	FPW	18.9	50	●	14.3
		42.0	622	80.8	320	23.9	25.0		
2	范围	40.0	384	78.5	FPW	28.1	0.6	▲	11.9
		42.0	470	82.5	320	31.1	29.7		
3	范围	40.0	306	69.3	FPW	191.1	9.3	✱	13.2
		41.5	343	78.9	320	20.6	11.7		
4	范围	40.1	100	67.8	FPW	30.6	23.3	×	23.4
		41.0	125	72.5	320	32.2	23.8		

图 4-10　不同聚合物浓度条件下沉降时间与脱后污水含油量关系曲线

聚合物驱游离水脱除器与新研制的破乳剂 FPW320 配套应用后取得了令人满意的处理效果。与常规处理相比，处理温度降低 5℃，沉降效率提高 1 倍，能耗降低 40%，一段脱水基建投资降低 20%左右。

二、聚合物驱电脱水器

大庆油田常规平挂网状电极电脱水器的电极一般为 4 层（图 4–11），电极间形成 3 个电场，电场力方向与重力沉降方向平行，其电场强度从下至上逐步增强。竖挂电极电脱水器电极是由钢板等距竖挂组成的（图 4–12），竖挂电极电脱水器的板状电极间形成 1 个电场，电极间向下的边缘形成了由下至上电场强度逐渐增大的弧形电场，竖挂电极的脱水电场呈水平方向分布（图 4–12），处于电极间电场内的原油乳化所受的电场力方向与重力方向垂直，加大了原油中乳化水滴的聚并机会。此外，在同一电压下运行时，竖挂板状电极、平挂网状电极极间最高脱水电场强度相等，但平均电场强度竖挂板状电极是平挂网状电极的 1.5 倍以上，因此，在同一最高电场强度下运行的原油电脱水器，采用竖挂板状电极会增加原油中乳化水在电场内的破乳能力，使得竖挂板状电极比平挂网状电极更适合含聚合物原油乳化液的处理[25]。

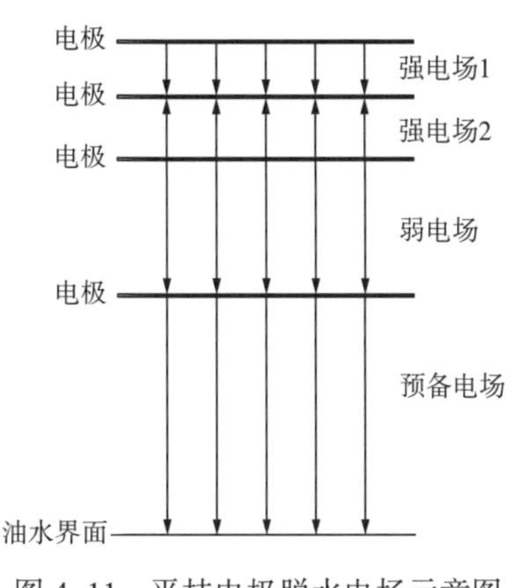

图 4–11　平挂电极脱水电场示意图

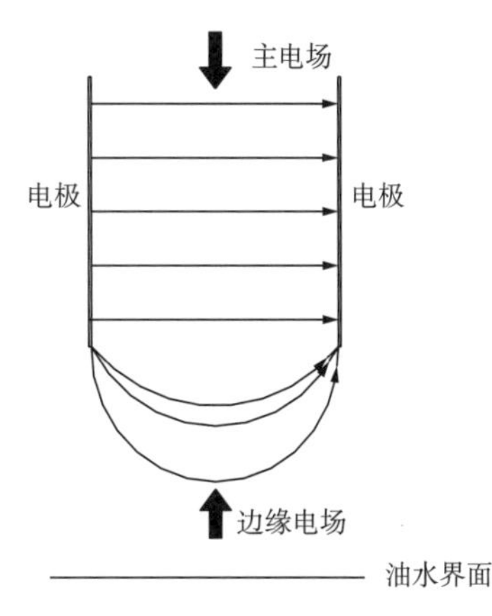

图 4–12　竖挂电极脱水电场示意图

在聚合物驱采出液处理实际生产运行中，出现了脱水电流由 20~30A 骤增至 50~70A，并经常有高压串至测水电极，烧坏电器设备的现象。针对这个问题，在对聚合物驱采出液乳化水滴特性进行系统的分析发现：由于乳化水滴含聚合物后具有一定的弹性，使得电力线方向与重力沉降方向平行的平挂电极电脱水器运行不够稳定，脱水效率有所下降，进而造成上述现象发生。如采用电力线方向与重力沉降方向垂直的竖挂电极电脱水器，就可能解决这一问题。

水平电场为原油中乳化水聚结创造了条件，而竖挂电极又为脱水电场的提高创造了条件。因此，理论和实践都说明，采用竖挂电极供电的交直流复合电脱水器对聚合物驱采出原油的电脱水有更强的适应能力。竖挂电极电脱水器如图 4–13 所示。

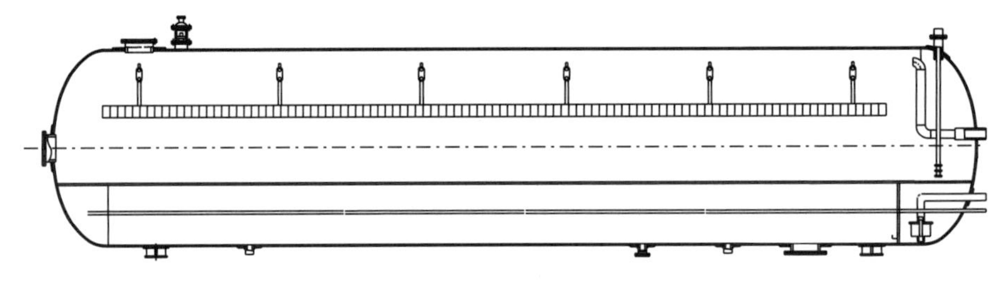

图 4–13　竖挂电极电脱水器示意图

采用竖挂电极供电的交直流复合电脱水器，与平挂电极相比处理量提高了 30% 左右，脱水电流为 17A，对聚合物驱采出原油的电脱水有更强的适应能力。与水平电极交直流复合电脱水器相比，投资节省 30%。

第五章 聚合物驱采出污水处理工艺技术

20 世纪 90 年代，大庆油田开始应用聚合物驱油技术，开发方式已经由早期的注水开发方式发展到现在的注水和注聚合物驱油并存的开发方式，但同时也产生了大量的聚合物驱采出水。聚合物驱采出水处理技术就是采用物理设备和化学方法处理聚合物驱采出水，使油水高效分离、去除污水中杂质，实现处理后采出水达标回注，防止环境污染的处理工艺技术[26-27]。

第一节 聚合物驱采出污水特性

大庆油田由于聚合物驱油技术的大规模推广，目前采油一厂、采油二厂、采油三厂、采油四厂和采油六厂水驱采出水处理站处理液全部见聚合物。采出水中含有聚合物后，导致采出水的水质特性发生变化。

（1）污水黏度增加：由 0.60~0.7mPa・s 上升到 1.0mPa・s 以上。

（2）油珠颗粒变细小：粒径中值由水驱 35μm 左右降到 10μm 左右。

（3）污水 Zeta 电位增大：由 −2.0~−3.0mV 上升到 −20.0mV 以上。

（4）油珠浮升速度降低：浮升速度变成了水驱的 1/10 左右；随着聚合物含量的增加，油珠浮升速度变慢，也就是油珠难以聚并成大颗粒很快上浮，污水中的油珠多以小颗粒乳化油状态存在，难以去除。

（5）悬浮固体粒径变得细小：粒径中值由水驱 5~10μm，降到 1~4μm。

（6）悬浮固体呈悬浮状态：见聚合物后含油污水中的悬浮固体经过不同时间沉降后，在不同高度所取水样中的含量变化不大，说明含油污水中的悬浮固体颗粒更为细小，难以沉降，基本呈现悬浮状态。

污水黏度增加，降低了油珠浮升速度，油珠颗粒变得细小，乳化程度增高，难以聚并；悬浮固体颗粒稳定性增强，沉降特性变差，在水中呈悬浮状态；综合作用的结果是原油、悬浮固体乳化严重，形成稳定的胶体体系沉降分离困难，进一步增加了含油污水的处理难度。

第二节 聚合物驱采出污水处理工艺

一、“两级沉降 + 一级压力过滤”处理工艺

1993 年，在室内初步实验的基础上，根据水驱含油污水处理站的经验，在采油一厂聚北一建立了大庆油田第一座聚合物驱含油污水处理站，采用的流程为两级沉降、一级压力单层石英砂单向过滤，总沉降时间为 24h，滤罐的滤速为 8m/h（图 5−1）。通过现场测试，在 1997 年以后建设的聚合物采出水处理站，仍然采用“自然沉降 + 混凝沉降 + 压力

过滤”的三段处理工艺。所不同的是，污水在沉降罐内的停留时间进行了调整，一次沉降罐为 10.3h，二次沉降罐为 5.2h；过滤仍采用单层石英砂滤罐，滤速为 8.0m/h；处理后水质标准也放宽为含油量不大于 30mg/L，悬浮物浓度不大于 30mg/L，粒径中值为 5μm。

1999 年，大庆油田设计院根据已建的聚合物含油污水处理站多年的实际运行情况和对喇 360 及聚北十三聚合物驱含油污水处理站的现场实际测试，提出将一次沉降罐的停留时间由 10.3h 变成 8.0h，二次沉降罐的停留时间由 5.2h 变成 4.0h，即总停留时间由 15.5h 降为 12h。2005 年，含聚合物注水水质标准修订为含油量不大于 20mg/L，悬浮物浓度不大于 20mg/L，粒径中值为 5μm。由于重力式单阀滤罐不适应水驱见聚合物含油污水的水质要求，从 1999 年至 2006 年底，共有 47 座含油污水处理站由重力式单阀滤罐改造为压力式滤罐。

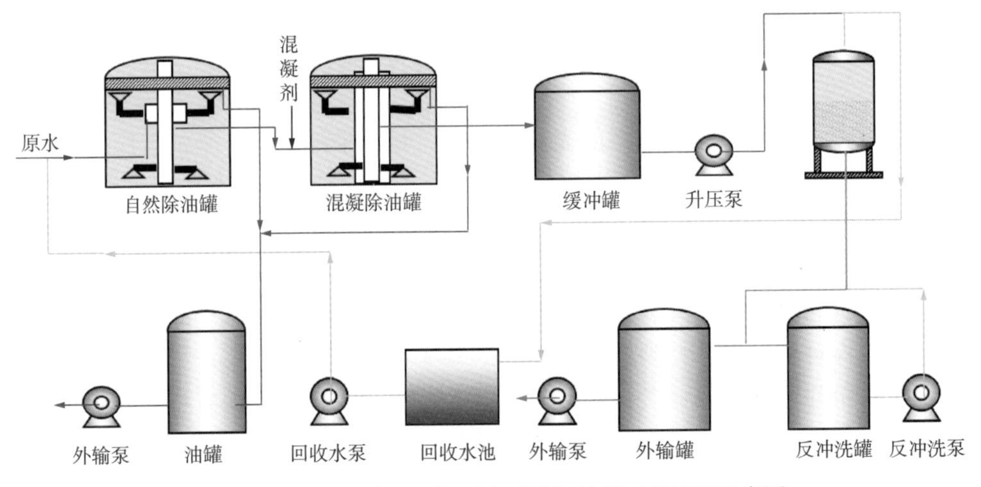

图 5-1 “两级沉降 + 一级压力过滤”处理工艺流程示意图

在采油六厂喇 360 聚合物污水站开展现场试验，将一次沉降罐的停留时间由 10.3h 降为 8.0h，二次沉降罐的停留时间由 5.2h 降为 4.0h，即总停留时间由 15.5h 降为 12h，试验结果见表 5-1。

表 5-1 喇 360 聚合物污水处理站含油量试验数据

时间	外输水量 m^3/d	反洗水量 m^3/d	处理水量 m^3/d	沉降时间，h			聚合物浓度 mg/L	原水 mg/L	含油量，mg/L		反冲洗周期 h
				一次沉降罐	二次沉降罐	合计			一次沉降罐出水	二次沉降罐出水	
9 月 14 日	24040	1221	25261	8.1	3.7	11.8	357	590	60	33	48
9 月 15 日	23718	1221	24939	8.2	3.7	11.9	439	770	53	38	48

从表 5-1 可以看出，在沉降时间为 12h，聚合物浓度为 357~439mg/L，平均为 398mg/L，原水含油量为 590~770mg/L 条件下，一次沉降罐出水含油量为 53~60mg/L，二次沉降罐出水含油量为 33~38mg/L，达到 100mg/L 以下的过滤要求。

采用“两级沉降 + 一级压力过滤”流程工艺技术参数为：一次沉降罐停留时间为 8.0h，二次沉降罐停留时间为 4.0h；单层石英砂滤罐，滤速为 8.0m/h。该工艺适应水质范围广，操作简便，耐冲击负荷，但占地面积大、基建投资高。

二、“横向流聚结沉降 + 两级压力过滤”处理工艺

1997 年和 1999 年横向流含油污水除油器分别在采油一厂中 110 试验站及采油六厂喇 360 聚合物含油污水处理试验站进行了现场试验，2000 年在采油五厂杏 13–1 聚合物驱含油污水处理站产能建设中，应用了压力式横向流含油污水聚结除油器和两级双层滤料压力过滤器。“横向流聚结沉降 + 两级压力过滤”处理工艺流程如图 5–2 所示。

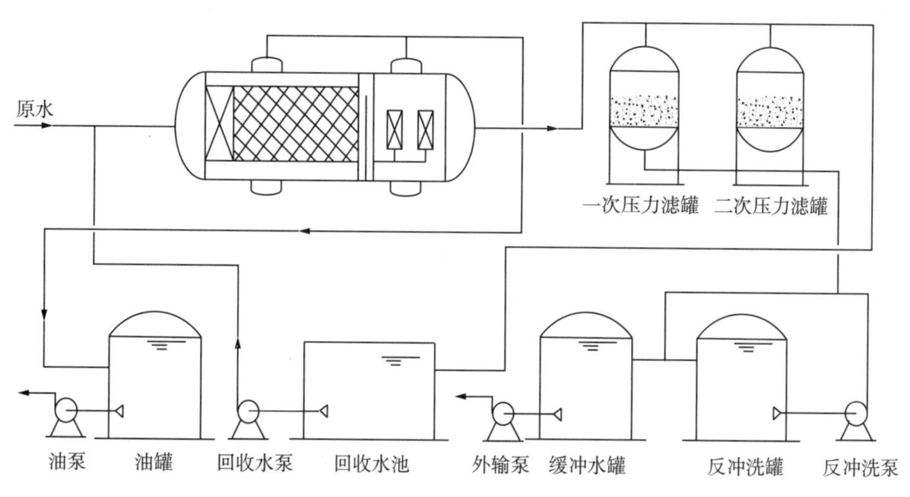

图 5–2　“横向流聚结沉降 + 两级压力过滤”处理工艺流程示意图

横向流聚结除油器单体除油试验是在满负荷（100m³/h）、有效停留时间为 1h、在聚合物浓度为 381.7~518.4mg/L，黏度为 0.88~0.91mPa · s 条件下进行的，其除油试验结果见表 5–2。

表 5–2　横向流聚结除油器满负荷、高聚合物浓度时的除油试验结果

序号	进水含油量 mg/L	出水含油量 mg/L	序号	进水含油量 mg/L	出水含油量 mg/L	序号	进水含油量 mg/L	出水含油量 mg/L
1	363	133	13	343	157	25	743	174
2	608	187	14	439	196	26	499	182
3	480	79	15	1100	230	27	1100	180
4	780	190	16	1000	200	28	1300	180
5	1300	200	17	1300	210	29	1500	220
6	1500	160	18	740	110	30	890	210
7	1500	160	19	1500	190	31	1600	180
8	3100	230	20	9400	200	32	1000	200
9	550	210	21	690	130	33	1400	100
10	3300	86	22	3800	150	34	1600	120
11	1200	150	23	1200	160	35	800	150
12	1500	240	24	2100	260	36	1700	230

注：原水平均含油量为 1537.2mg/L；横向流出水平均含油量为 176.78mg/L，平均除油率为 89%。

由表 5-2 可以看出，在聚合物浓度为 381.7~518.4mg/L，平均为 440mg/L，黏度为 0.88~0.91mPa・s 条件下，进水平均含油量为 1537.2mg/L，经横向流聚结除油器处理后其出水平均含油量为 176.78mg/L，出水含油量不大于 200mg/L，平均除油率为 89%。

“横向流聚结沉降 + 两级压力过滤”处理工艺技术参数为：横向流停留时间为 2.0h；一次过滤滤速为 12m/h，二次过滤滤速为 8m/h；横向流两级过滤处理工艺体积小、停留时间短，节省占地，节省基建投资和运行费用。但对聚合物浓度含量高的采出水处理效果较差，不耐冲击负荷。

第三节　聚合物驱污水处理设备

一、污水沉降罐

沉降罐是油田上应用最广泛的除油沉降设备。聚合物驱含油污水处理站基本应用的是沉降罐。

沉降罐具有结构简单、工艺成熟、操作简单、耐冲击负荷、处理效果稳定、占地面积小优点。

沉降罐是常压的圆柱形钢制容器，内部包括进水管路、中心柱、配水管路、配水喇叭口组、集水喇叭口组、集水管路、出水系统及排油、排泥系统等（图 5-3、图 5-4）。罐外设置各种必要的管道和阀门等。

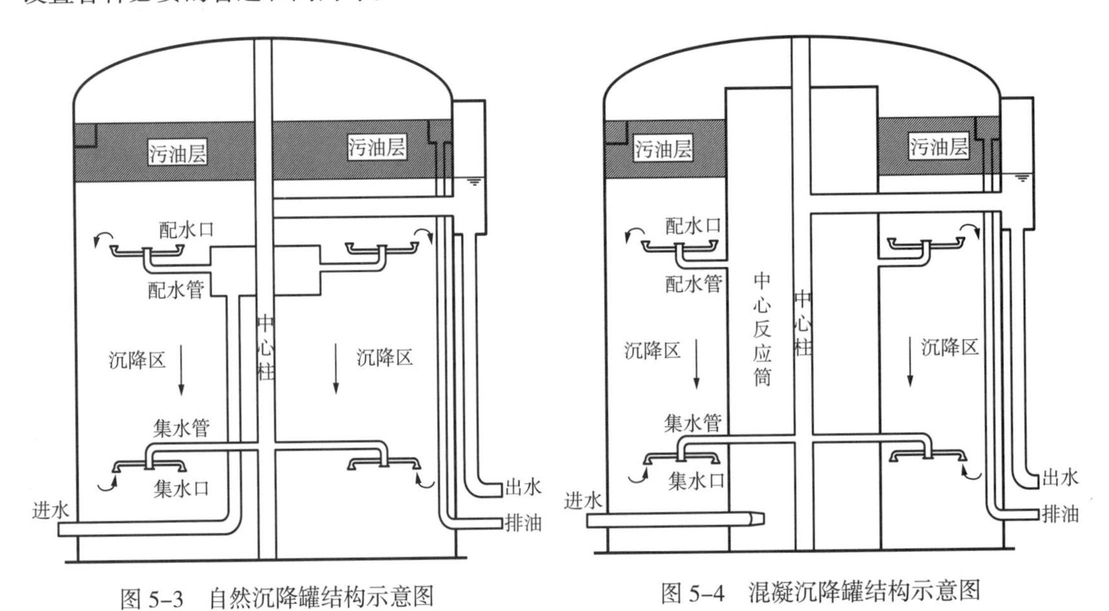

图 5-3　自然沉降罐结构示意图　　　　图 5-4　混凝沉降罐结构示意图

1. 沉降罐的基本原理

由原油脱水系统排出的含油污水经进水管流入罐内中心筒（混凝除油时为旋流反应筒），经配水管流入沉降区。水中粒径较大的油粒在油水相对密度差的作用下首先上浮至油层，粒径较小的油粒随水向下流动。在此过程中，一部分小油粒由于自身在静水中上浮速度不同及水流速度梯度的推动，不断碰撞聚结成大油粒而上浮，无上浮能力的部分小油粒随水进入集水管，经出水系统流出除油罐。

油田含油污水处理多年统计资料表明，若除油罐进水中含油量不超过 5000mg/L，自然除油的去除率可达 95% 以上；混凝除油的出水含油量不超过 100mg/L，油去除率可高达 98% 以上。

1）上向流速度推动浮升过程

除油罐配水管向上开口。当水从管口以一定的速度出流后，由于水流的惯性作用，其流线如图 5-5 所示。对任何一条选定的流线都可以找出点 A，A 点的流速方向是水平的，A 点以前的水流具有垂直向上的分速度，A 点以后的水流转为向下流动。从管口截面出发的每一条流线上的点 A，在空间都具有不同的位置，要找出在配水管流出的整个水流由向上流动转为向下流动的分界面是困难的。为了研究方便，可人为规定以通过管口的水平面为界，平面以上称为上向流区，平面以下称为下向流区。显然，由于立式除油罐内水流方向的变化，使水中油粒的浮升过程与平流式隔油池有明显不同。在上向流区，油粒除了因自身的上浮力（因油水相对密度差所致）所获得的在静水中的上浮速度外，还受水流向上垂直分速度 $v_{上}$的推动。

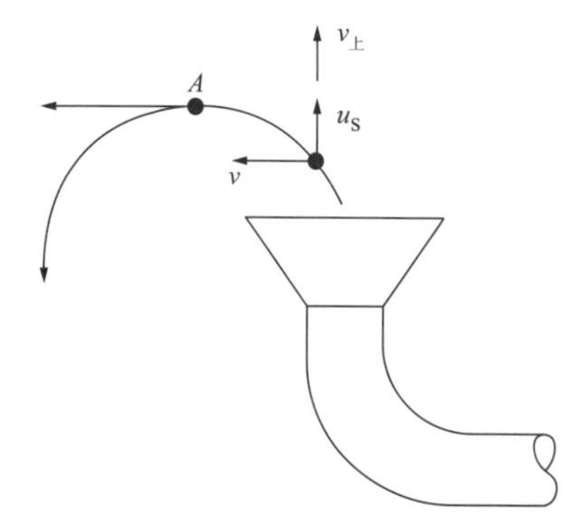

图 5-5　油粒在配水管出口上向流区运动速度分解示意图

因此，油粒在上向流区的实际上浮速度 u'_s 由式（5-1）表示：

$$u'_s = u_s + v_{上} \tag{5-1}$$

式中　u'_s——油粒在动水中的实际上浮速度；

u_s——油粒在静水中的上浮速度，其由斯托克斯公式确定；

$v_{上}$——上向流区水流向上垂直分速度。

由式（5-1）可知，上向流区油粒的浮升速度比在静水中快得多。

在立式除油罐中，油层厚度一般控制在 1.5~2.0m，油粒上浮的终点为油层底面。配水管口与油层底面的距离目前控制为不大于 0.2m，所以油粒浮升的距离很短，在水流向上垂直分速度 $v_{上}$的推动下能很快上浮至油层。一般认为，水中的浮油及分散油中颗粒较大的油粒在上向流区被除去。

既然水流向上垂直分速度有推动油粒迅速上浮的作用，那么是否可随意加大水从管口的出流速度，以增加 $v_{上}$值来提高上向流区的除油效率，事实并非完全如此。分析认为，具有一定速度的水流也具有夹带油粒转入下向流区的作用。一般来说，水流速度越大，夹带能力越强，转入下向流区的油粒颗粒越大，数量越多。水流速度与被夹带油粒的颗粒直径有何关系，控制多大的管口出流速度，既有利于推动油粒的上浮过程，又具有较小的夹带油粒的能力，深入地研究这些问题，使尽可能多的油粒在上向流区被除去，对提高立式除油罐的整体除油效率具有重要意义。

2）对流碰撞聚结过程

在下向流区，油粒的实际上浮速度 u_s'' 由下式表示：

$$u_s'' = u_s - v_{下} \quad (5\text{–}2)$$

式中 u_s'' ——下向流区油粒在动水中的实际上浮速度；

$v_{下}$——水的下向流速。

进入下向流区的油粒可分为 $u_s''>0$ 与 $u_s''\leqslant 0$ 两种。前者是由管口配出水流夹带而转入下向流区的，对于这种 $u_s''>0$ 的油粒，由式（5–2）可知，$u_s>v_{下}$，靠其在动水中的上浮能力是可以除去的。对于 $u_s''\leqslant 0$ 的油粒，如果假定不存在油粒间的碰撞聚结，其中 $u_s''=0$ 者可长时间悬浮于水中，$u_s''<0$ 者必然会被水流带出除油罐。但实际上随水流出除油罐的油粒只是少数，绝大部分在除油罐中被除去，原因是油粒存在着 u_s，使其在罐内滞留的时间远比水在地内流动的时间长。在此过程中，由于油粒之间存在着 u_s 的差异及水流速度梯度的推动，不断地进行碰撞聚结，由小油粒变成大油粒，那些变大的油粒具备了 $u_s''>0$ 的条件时，便可在动水中上浮除去。

在下向流区，因碰撞聚结而直径变大的上浮油粒与被水流夹带进入下向流区向下移动的油粒间，始终存在着对流碰撞聚结过程。这种过程对小颗粒的聚结十分有利。对流碰撞聚结的效率取决于对流油粒的密度，密度越大，则碰撞聚结机会越多，效率越高。在配水管口以下一段高度内，由于上浮油粒与下移油粒对流密度大，因此碰撞聚结的效率很高。但随着高度的不断下移，水中含油量不断减少，油粒密度不断降低，碰撞聚结的机会越来越少，水中油的去除率也越来越低。

3）油层过滤过程

在现有的立式除油罐中，若其运行水量远小于设计水量，且采用管式出水或固定堰出水时，油层厚度比设计油层厚度要大得多。此时，配水管口淹没在油层内，水中大量的油粒在油层过滤作用下被除去。油层过滤作用十分明显，距配水管口下管口下 1.0m 以上高度内的去除率可达 90%。

2. 设计运行参数

停留时间是指污水在沉降罐内的有效停留时间。在立式除油罐中，因油粒的浮升方向与水流方向相反，在罐横截面积一定时，池深越大，油粒在罐中滞留的时间越长，油粒中碰撞聚结的机会越多。因此，因 u_s 的差异推动油粒聚结与池深成正比。而水流速度梯度推动油粒间碰撞聚结，在罐横截面积不变时与池深无关。很明显，在立式除油罐中不存在因 u_s 差异与水流速度梯度推动油粒聚结二者影响抵消问题。这就是说，立式除油罐满足于一定的液面负荷率时，其除油效率与池深成正比，即立式除油罐具有较大的池深，可以提高总的除油效率。但是，实践表明，池深的增加并不与除油效率的增加成正比，满足于一定的除油效率时，过多地增加池深是不可取的。池深增加，罐体容积增大，也就意味着停留时间延长。

油田上常用的处理聚合物驱含油污水的沉降罐设计停留时间一般为：自然沉降罐 8h；混凝沉降罐 4h。

二、过滤器

石英砂压力过滤罐是油田上应用比较广泛的过滤设备之一。聚合物驱含油污水处理站全部应用的是石英砂压力过滤罐。

与单阀过滤罐相比，石英砂压力过滤罐具有结构简单、预制容易、施工方便、维护管理简单、滤速高、处理效果好等优点。

压力过滤罐是密闭的圆柱形钢制容器，内部装有滤料及进水和排水系统。罐外设置各种必要的管道和阀门等。它是在压力下进行工作的。进水用泵直接打入，滤后水压力较高，可送到用水装置或水塔中，在油田含油污水处理中滤后水一般进入清水罐，再用泵提送至污水站较远的注水站。

1. 石英砂压力过滤罐的基本原理

石英砂压力过滤罐在正常工作时，水从上部进入过滤罐，通过石英砂滤层去除杂质后，净化水经底部集水系统出水，处理后的净化水一大部分外输到注水站，一小部分到反冲洗水罐，作为滤罐反冲洗用水。反冲洗时，用反冲洗水泵从反冲洗水罐吸水，加压后从过滤罐的底部反向对滤料进行冲洗，通过水流的搅动、冲洗以及滤料之间的摩擦，使将滤料层（石英砂）截留的杂质从滤料上脱离，并随水流排至回收水池，达到滤料再生的目的。石英砂压力过滤罐的构造如图 5-6 所示。

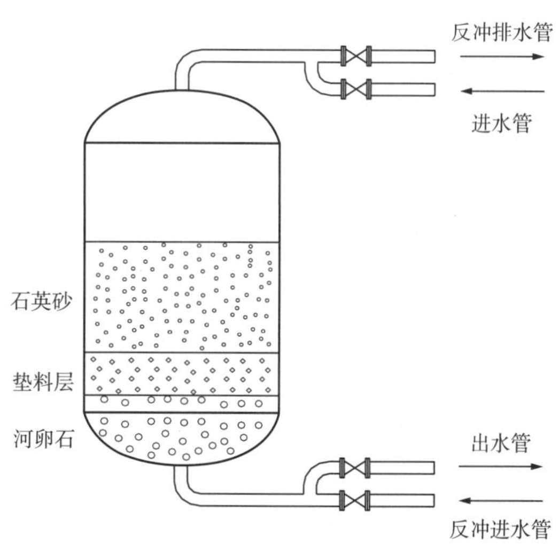

图 5-6　石英砂压力过滤罐的构造简图

2. 设计运行参数

石英砂压力过滤罐的设计运行参数包括过滤速度、滤料的组成、反冲洗强度、反冲洗周期和反冲洗时间。

1）过滤速度

石英砂压力过滤罐属于正向过滤器，存在滤层纳污能力小和滤速低两个缺点，主要原因是滤料在反冲洗后进行了水力级配，石英砂粒径从上向下逐渐增大，则滤料之间的孔隙也由小变大。而过滤截留悬浮物的过程应该是上边粒径大的滤料先截留大颗粒的悬浮物下边粒径小的滤料再逐渐截留小颗粒的悬浮物，这样全滤层都有纳污能力，因此滤速可以提高。而正向石英砂过滤器正好和上述相反，即粒径小的石英砂在上边，粒径大的石英砂在下边，这样在过滤过程中被截留的悬浮物都集中在滤料表层，即出现了所谓的“表面过滤现象”。有资料报道，石英砂滤料由截留悬浮物引起的表层 7cm 内的水头损失占整个滤层水头损失的 92%，下部 90% 的滤层基本没有发挥出过滤作用。因此，单层滤料正向过滤器滤速不高。

油田上常用的石英砂压力过滤罐的设计滤速一般为：处理聚合物驱含油污水 8m/h。

2）滤料的组成

石英砂压力过滤罐的滤料规格见表 5-3。

表 5-3 石英砂压力过滤罐的滤料规格

滤层名称	滤料名称	滤料规格，mm	填装高度，mm
滤料层	石英砂	0.5~1.2	700~800
垫料层	石英砂	1~2	100
	石英砂	2~4	100
	石英砂	4~8	100
	石英砂	8~16	100
	石英砂	16~32	至配水管管顶上面 100

3）反冲洗强度

过滤器进行反冲洗时，单位面积上所通过的反冲洗流量称为反冲洗强度。对于石英砂过滤器来讲，反冲洗强度的控制要求非常严格，如果强度过低，滤料不能悬浮和膨胀，使滤料层冲洗不干净。反冲洗强度过大，滤料之间的摩擦机会减少，也冲不干净，而且滤料会流失。

反冲洗强度应根据各种滤料的相对密度、粒径级配等参数计算后再通过现场试验确定。目前，油田上石英砂压力过滤器的反冲洗强度一般为 15L/（$s \cdot m^2$）。

4）反冲洗周期

严格意义上讲，石英砂压力过滤器的反冲洗周期，应该根据进水水质的变化而变化，油田上处理含油污水时，一般为 24h。

5）反冲洗时间

石英砂压力过滤器的反冲洗时间，应根据进水水质情况、粒料的纳污情况以及滤料的污染情况而随时调整，一般设计反冲洗时间为 10~15min。

三、沉降罐加气浮技术

由于含油污水含有聚合物后性质发生改变，黏度增加，油水乳化程度高，油珠颗粒细小难以聚并，含油污水中悬浮固体颗粒含量多且细小，在水中呈悬浮状态，导致油、水、悬浮固体之间分离更加困难，造成已建重力式沉降罐的分离效果变差、处理效率降低、水质达标困难。针对该生产实际问题，研究在沉降罐中增加气浮设施，通过对已建含油污水处理设备的改造和完善，有效提高沉降段的处理效率，以便改善最终回注水水质。

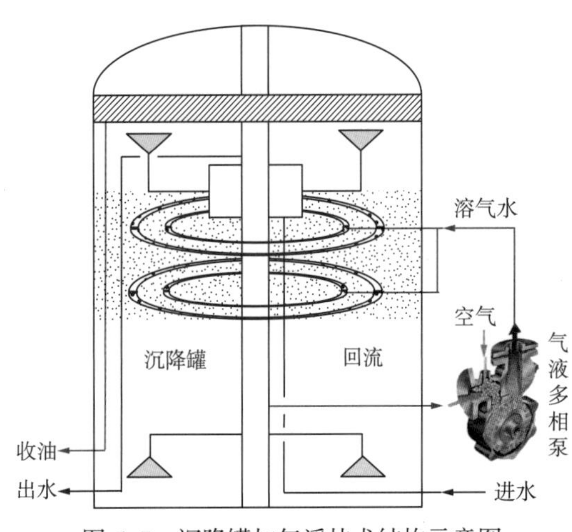

图 5-7 沉降罐加气浮技术结构示意图

2004 年在采油四厂杏十二联合站开展沉降罐加气浮技术现场小型试验，2008 年在采油二厂南Ⅱ－Ⅰ联合站开展大型现场试验，2010 年在采油三厂和采油六厂开展工业化推广应用。沉降罐加气浮技术结构如图 5-7 所示。

自然沉降与沉降罐加气浮技术相比：自然沉降罐污水中小油珠只能依靠重力作用浮

升分离，油珠粒径细小，碰撞后结合成大油珠的概率低；由于聚合物存在污水黏度增加，油珠浮升速度慢。

沉降罐增加气浮设施后，由于微气泡的扰动，颗粒碰撞概率增加；微气泡与小油珠结合形成新型颗粒，颗粒尺寸变大，颗粒之间相互聚并能力增强；微气泡携带小油珠上浮，借助微气泡的浮力颗粒浮升速率增加，沉降时间缩短，提高了分离效果。含油、悬浮固体去除率提高 20% 以上。

在回流比为 20%~30%、溶气量为 8%~10% 条件下，实施沉降罐加气浮技术，与不加气浮沉降罐相比，处理后出水含油去除率提高 20% 以上，悬浮固体去除率提高 20% 以上。沉降罐加气浮技术既利用了沉降罐的工艺简单、耐冲击负荷的特点，同时又增加气浮设施提高了沉降罐的分离效率，是结合沉降罐结构进行的技术改造，实现了两者的有机结合。

第六章　三元复合驱采出液的稳定机制和处理药剂

由于三元复合体系中含有碱、表面活性剂和聚合物及其碱与油藏水、油藏矿物的作用产物，三元复合驱较水驱和聚合物驱采出液的成分复杂，导致其乳状液结构、油水体相性质、油水界面性质和相分离特性发生了显著变化。针对三元复合驱采出液脱水困难，处理后回注三元复合驱采出水含油量和悬浮固体含量达标困难的问题，在系统研究三元复合驱采出液和采出水性质及稳定机制的基础上，研发和应用了三元复合驱采出液消泡剂，对O/W型三元复合驱采出液兼有反相破乳和正相破乳双重功能的破乳剂，以及可有效抑制三元复合驱采出液水相中碱土金属碳酸盐和非晶质二氧化硅微粒析出的水质稳定剂[28-29]。

第一节　三元复合驱采出液的存在形态

三元复合驱采出液在静置沉降过程中分为乳化油层、游离水层和O/W型油水过渡层三部分，其中O/W型油水过渡层不稳定，受轻微扰动后就会发生膨胀。

利用光学显微镜观测了杏二中试验区3口油井采出液中油层和试验站脱水泵出口处的采出液短时间静置分层后的乳化状态（图6-1），并测定了采出液乳化油中的水滴粒径分布统计数据（表6-1）。同时，给出了杏二中试验区邻近区块水驱采出液（杏201转油站外输液）短时间静置分层后油层的显微镜照片（图6-2），以及乳化油中的水滴粒径分布统计数据（表6-2）。

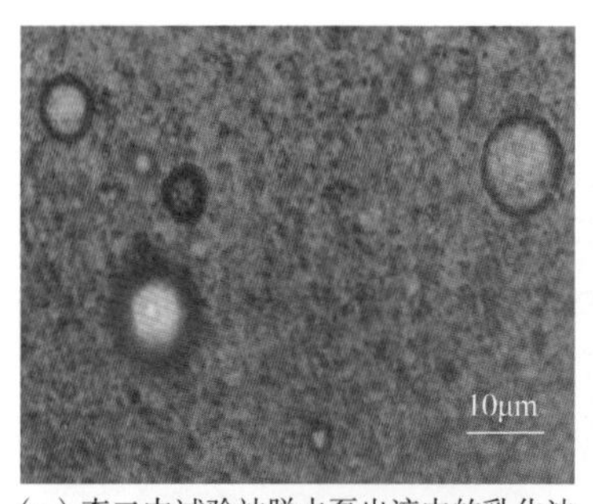

（a）杏二中试验站脱水泵出液中的乳化油

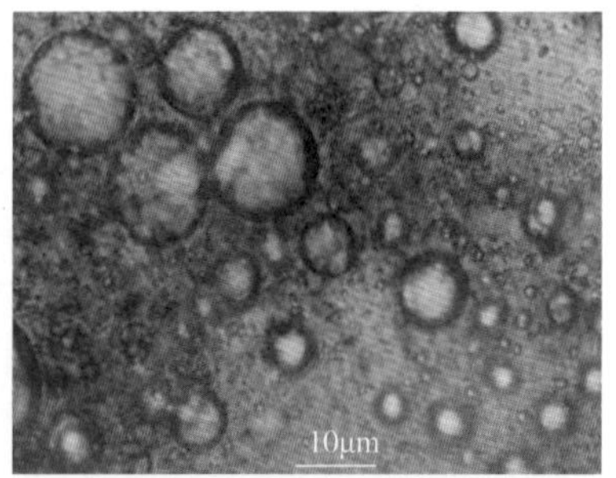

（b）杏2-1-检29井采出液中的乳化油

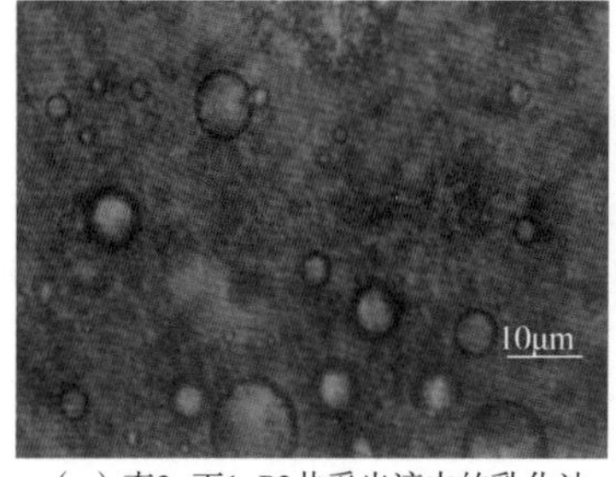

（c）杏2-丁1-P2井采出液中的乳化油

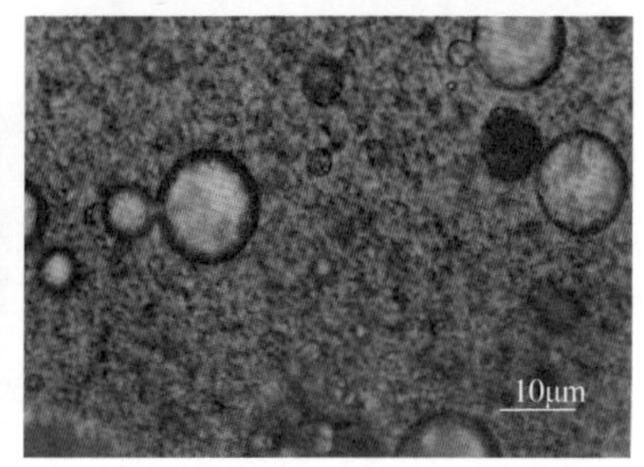

（d）杏2-丁2-P4井采出液中的乳化油

图6-1　杏二中试验区三元复合驱采出液相分离过程油层的显微镜照片

由图 6–1 和表 6–1 可见，杏二中烷基苯磺酸盐表面活性剂三元复合驱采出液静置沉降过程中油层中的乳化水多数是以粒径为 5~30μm 的水滴形式存在的。

表 6–1　杏二中试验区三元复合驱采出液相分离过程油层中水滴的粒径分布统计

累计体积分数，%	水滴粒径，μm			
	杏二中试验站 脱水泵出液	杏 2–1– 检 29 井 采出液	杏 2– 丁 1–P2 井 采出液	杏 2– 丁 2–P4 井 采出液
≤ 10	9.2	7.3	9.4	7.0
≤ 20	11.8	9.5	12.3	9.7
≤ 30	14.0	11.0	17.0	10.8
≤ 40	14.5	12.5	18.4	12.1
≤ 50	16.2	13	21.1	13.2
≤ 60	18.6	14.4	24.2	13.9
≤ 70	21.0	15.1	26.0	17.0
≤ 80	23.2	16.1	27.5	20.7
≤ 90	26.8	20.8	29.0	21.2
≤ 100	28.2	21	30.6	21.9

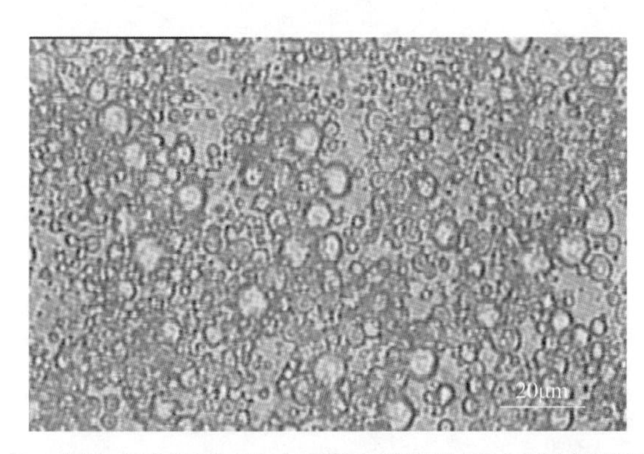

图 6–2　杏二中试验区邻近区块水驱采出液相分离过程油层的显微镜照片

表 6–2　杏二中试验区邻近区块杏 201 转油站水驱采出液相分离过程油层中水滴的粒径分布统计

累计体积分数，%	水滴粒径，μm	累计体积分数，%	水滴粒径，μm
≤ 10	2.4	≤ 60	6.0
≤ 20	3.0	≤ 70	6.6
≤ 30	3.7	≤ 80	7.0
≤ 40	4.5	≤ 90	7.3
≤ 50	5.3	≤ 100	8.6

由图 6–2 和表 6–2 可见，杏二中试验区邻近区块水驱采出液静置沉降过程油层中的乳化水多数是以粒径为 2~7 μm 的水滴形式存在的。对比表 6–1 和表 6–2 中的水滴粒径分布

数据可见，三元复合驱采出液相分离过程油层中的水滴尺寸远大于水驱采出液。

取自杏二中试验区3口采出井的采出液和取自杏二中试验站脱水泵出口处的该区块综合采出液，经过2h静置分层后水层中悬浮颗粒物的粒径分布见表6-3，同时给出杏二中试验站脱水泵出液中游离水的显微镜照片（图6-3），杏二中试验区邻近区块水驱采出液（杏201转油站外输液）短时间静置分层后水层的显微镜照片（图6-4），以及水层中油滴粒径分布统计数据（表6-4）。

由图6-3可见，杏二中试验区三元复合驱采出液静置沉降过程水相中的悬浮颗粒物主要是油珠。采出液静置沉降过程水层中的悬浮颗粒物多数是以粒径为1~10μm的油珠形式存在的，其中粒径小于1μm的胶态颗粒物的体积占颗粒物总体积的10%~20%。而杏二中试验区邻近区块水驱采出液静置沉降过程水相中的悬浮颗粒物多数是粒径为4~12μm的油珠。

对比油珠粒径分布数据可见，三元复合驱采出液相分离过程水层中的油珠尺寸远小于水驱采出液。

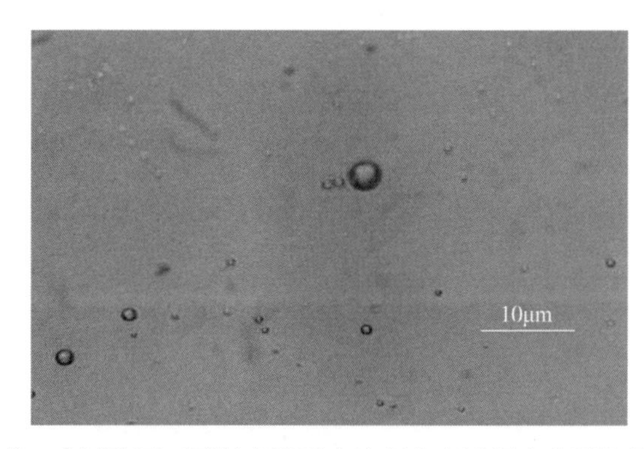

图6-3　杏二中试验区三元复合驱采出液相分离过程中水层的显微镜照片

表6-3　杏二中三元复合驱采出液相分离过程水层中悬浮颗粒物的粒径分布统计

累计体积分数，%	悬浮颗粒物粒径，μm			
	杏二中试验站脱水泵出液	杏2-1-检29井采出液	杏2-丁1-P2井采出液	杏2-丁2-P4井采出液
≤10	0.94	0.92	0.92	0.85
≤20	1.4	1.3	1.2	1.2
≤30	1.8	1.7	1.5	1.6
≤40	2.2	2.0	1.9	2.1
≤50	2.8	2.4	2.2	2.6
≤60	3.6	2.8	2.7	3.4
≤70	4.7	3.4	3.1	4.5
≤80	6.8	4.4	3.6	6.1
≤90	9.0	6.0	4.4	7.7
≤100	15	10	8.0	12

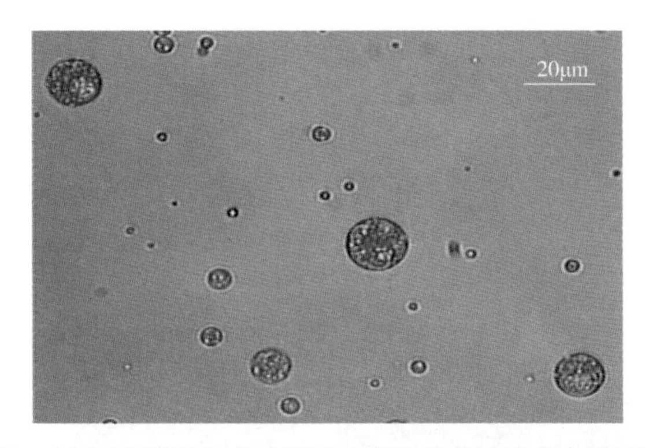

图 6–4　杏二中试验区邻近区块水驱采出液相分离过程中水层的显微镜照片

表 6–4　杏二中试验区邻近区块水驱采出液相分离过程水层中悬浮颗粒物的粒径分布测试曲线

累计体积分数，%	悬浮颗粒物粒径，μm	累计体积分数，%	悬浮颗粒物粒径，μm
≤ 10	3.7	≤ 60	10
≤ 20	5.1	≤ 70	11
≤ 30	6.1	≤ 80	12
≤ 40	7.0	≤ 90	12
≤ 50	8.3	≤ 100	13

杏二中试验站脱水泵出液游离水中纳米尺度粒子的动态光散射测试曲线如图 6–5 所示，冷冻蚀刻—透射电子显微镜照片如图 6–6 所示。

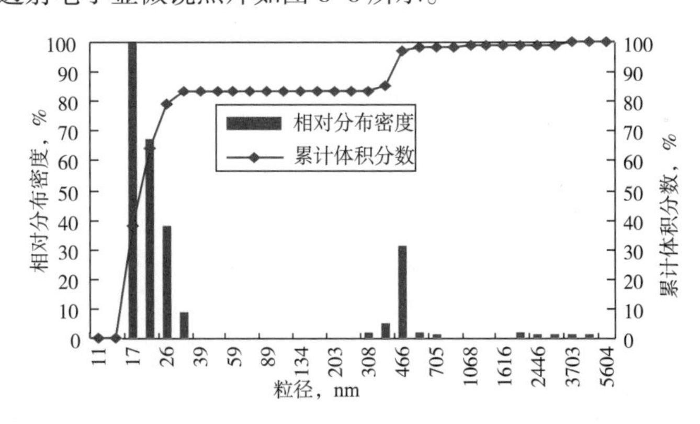

图 6–5　杏二中试验站脱水泵出液游离水中纳米尺度粒子的动态光散射粒径测试曲线

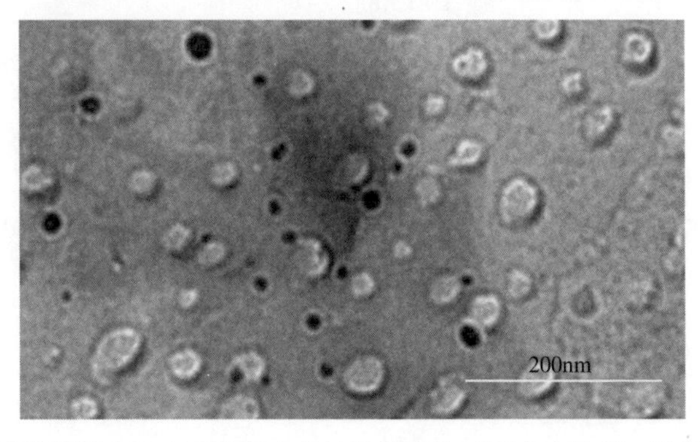

图 6–6　杏二中试验站脱水泵出液游离水中纳米尺度粒子的冷冻蚀刻—透射电子显微镜照片

由图 6–5 可见，杏二中试验区三元复合驱采出液水相中含有大量粒径为 17~32nm 的纳米粒子。考虑到原子力显微镜对水平距离的分辨率误差大，纳米粒子的实际尺寸应该远低于 100nm，而更接近于 10nm。由图 6–6 可见，杏二中试验区三元复合驱采出液水相中含有大量粒径为 9~44nm 的纳米粒子，其中部分粒径为 17~44nm 的粒子可被蒸馏水冲洗掉，为部分水解聚丙烯酰胺，而另一些粒径为 9~30nm 的纳米粒子不能被蒸馏水冲洗掉，为非水溶性的纳米尺度固体颗粒物。

杏二中试验区三元复合驱采出液静置过程中形成的 O/W 型中间层的显微镜照片和其中油珠的粒径分布测试曲线分别如图 6–7 和图 6–8 所示。

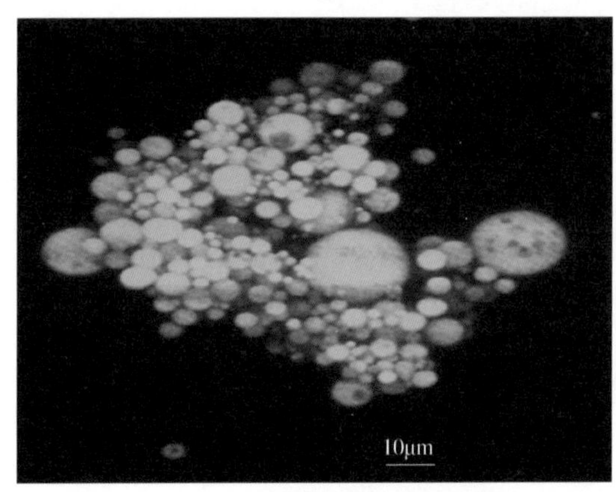

（a）激光共聚焦显微镜照片

（b）光学显微镜照片

图 6–7　杏二中试验区三元复合驱采出液静置过程中形成的 O/W 型中间层的显微镜照片

由图 6–7 和图 6–8 可见，杏二中试验区三元复合驱采出液静置过程中形成的 O/W 型油水过渡层中含有大量聚集而未聚并的油珠，为油珠的次稳态聚集体，表明在油珠表面上存在阻止其相互聚并的屏障；油水过渡层中的油珠粒径主要分布在 1~5μm 的范围内，较杏二中试验区三元复合驱采出液静置沉降 2h 时水层中油珠的粒径要小。

图 6–9 中部的黑色区域是 3 个聚集在一起的油珠在冷冻蚀刻过程中形成的铂—碳复型，由于原油不溶于水，经过蒸馏水多次清洗后的复型表面上仍覆有一层油膜。从覆盖油膜区域的图像可以看出，在 O/W 型油水过渡层中的油珠表面上吸附有一些可被蒸馏水冲洗掉的粒径在 20nm 左右的纳米粒子。

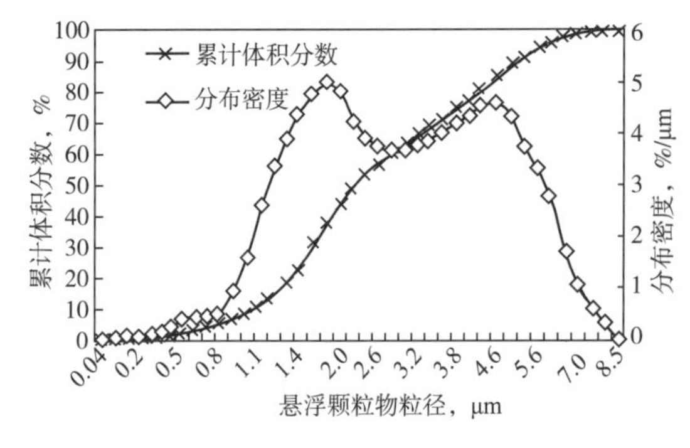

图 6–8　三元复合驱采出液静置过程中形成的 O/W 型油水过渡层中油珠粒径分布测试曲线

图 6–9　三元复合驱采出液相分离过程中形成 O/W 型油水过渡层冷冻蚀刻—透射电镜照片

第二节　三元复合驱采出液的性质

一、复合驱采出液的成分

大庆油田杏二中试验区三元复合驱采出原油的蜡、胶质、沥青质含量及酸值与相同层位水驱区块采出原油之间差别不大（表 6–5），而三元复合驱采出原油的机械杂质含量比水驱高几倍；三元复合驱采出原油中的钡、钠及硅元素的含量比水驱原油有大幅度提高，但由于其含量均在 50mg/L 以下，不会对原油的性质以及油水乳化和分离有关的性质有影响。同时，也进行了杏二中试验区三元复合驱采出水与相同层位水驱区块采出水的成分和部分物性对比，见表 6–6。

表 6–5　杏二中试验区三元复合驱采出原油与相同区块水驱采出原油的成分对比

油样标识	杏一联	杏二中试验站	杏 2–1– 检 29 井	杏 2– 丁 1–P2 井	杏 2–丁 2 –P4 井
采出方式	水驱	三元复合驱	三元复合驱	三元复合驱	三元复合驱
胶质含量，%	12.6	9.7	10.6	11.1	10.6
沥青质含量，%	0.52	0.66	0.35	0.43	0.67
蜡含量，%	27.9	29.6	32.6	28.6	31.0
酸值（以 KOH 计）mg/g	0.03	0.03	0.04	0.04	0.04
机械杂质，%	0.04	0.16	0.18	0.13	0.16
Ba，mg/L	0.12	0.64	0.82	0.51	0.64
Ca，mg/L	2.78	2.08	2.60	2.34	1.36
Cu，mg/L	0.20	0.30	0.38	0.24	0.17
Fe，mg/L	1.22	1.94	3.81	0.81	2.83
Mg，mg/L	0.53	0.45	0.54	0.73	0.23
Na，mg/L	6.21	14.8	45.4	24.3	38.7
Ni，mg/L	2.66	2.99	2.58	2.63	2.35
Sr，mg/L	0.03	0.76	0.03	0.03	未检出
V，mg/L	未检出	1.62	0.00	未检出	未检出
P，mg/L	未检出	0.25	0.00	未检出	未检出
Si，mg/L	1.60	3.01	2.98	1.84	4.01

由表 6–5 可见，三元复合驱采出水与水驱采出水的主要差别表现为其中含有部分水解聚丙烯酰胺、烷基苯磺酸盐型表面活性剂，pH 值、Na^+ 含量、黏度和硅含量高。除此以外，三元复合驱采出水中的 SO_4^{2-}、S、Cl^- 含量高于水驱采出水，而 Ba^{2+}、Ca^{2+}、Mg^{2+}、K^+ 的含量则低于水驱采出水。三元复合驱采出水与水驱采出水成分和部分物性的差别，一方面直接来源于三元复合驱注入液中添加的 NaOH、烷基苯磺酸盐表面活性剂、部分水解聚丙烯酰胺及其中的未分离副产物，如三元复合驱采出水黏度和 pH 值高分别是由注入的聚

合物和 NaOH 造成的，而三元复合驱采出水中高含量的 SO_4^{2-} 则一部分来源于烷基苯磺酸盐表面活性剂合成过程中的副产物硫酸盐；同时，三元复合驱采出水与水驱采出水成分和部分物性的差别也来源于三元复合驱注入液与油藏岩石矿物之间的溶蚀和离子交换作用，以及采出水中各种成分不兼容导致的沉淀反应，如三元复合驱采出水中高含量的硅主要是注入液中的 NaOH 溶蚀油藏矿物的结果。

对比表 6-6 中杏二中试验站和杏 2- 丁 1-P2 井三元复合驱采出水中采用钼硅酸比色法测试的活性硅和采用电感耦合等离子发射光谱法（ICP）测定的总硅数据可见，这两个水样中的硅只有少部分是以游离的（偏）硅酸根或硅酸的形式存在，而大部分硅以缩聚物非晶质二氧化硅的形式存在。

表 6-6　杏二中试验区三元复合驱采出水与相同区块水驱采出水的成分对比

水样	杏一联	杏二中试验站	杏 2-1- 检 29 井	杏 2-丁 1-P2 井	杏 2-丁 2 - P4 井
采出方式	水驱	三元复合驱	三元复合驱	三元复合驱	三元复合驱
B，mg/L	5.2	3.3	2.1	2.1	2.0
Ba，mg/L	25.5	26.8	3.3	17.5	5.0
Ca，mg/L	19.9	18.2	2.3	11.6	3.4
Fe，mg/L	0.39	0.4	0.2	0.2	0.2
K，mg/L	11.3	7.5	5.3	2.5	5.8
Mg，mg/L	5.4	5.2	0.3	3.1	0.6
Na，mg/L	2050	2318	2866	2033	2327
S，mg/L	11.1	19.9	49.4	23.8	39.9
Si（活性），mg/L	16.0	69.1	>789	70.3	>468
Si（总），mg/L	18.6	389	789	305	468
Sr，mg/L	3.0	2.3	0.3	1.3	0.5
SO_4^{2-}，mg/L	14.4	56.4	173	38.9	124
Cl^-，mg/L	1189	1418	1832	1150	1670
Al，mg/L	0.6	0.2	0.9	0.5	0.1
Mn，mg/L	0	0.4	0	0	0
CO_3^{2-}，mg/L	91.8	675.0	4964	718	4588
HCO_3^-，mg/L	2178	2563	0	3046	0
OH^-，mg/L	0	0	398	0	97.2
pH 值	8.6	9.1	11.7	9.3	11.0
表面活性剂，mg/L	0	20.4	143	22.9	125
聚丙烯酰胺，mg/L	21.1	93.4	671	156	456
视黏度①，mPa·s	1.0	1.9	5.9	3.5	5.3

①温度为 40℃，剪切速率为 $10s^{-1}$。

由表 6-6 中杏二中试验站综合采出水的分析数据采用 DownHole Sat™ 软件计算得到该水样在不同温度下各种矿物瞬时过饱和量，见表 6-7。

表 6-7　杏二中试验站三元复合驱采出水在不同温度下各种矿物的瞬时过饱和量

矿物名称	瞬时过饱和量，mg/L						
	30℃	40℃	50℃	60℃	70℃	80℃	90℃
二氧化硅	153	51	–55	–163	–266	–359	–445
硫酸钡	38	37	36	35	34	32	30
碳酸钡	33	33	33	33	33	33	33
碳酸钙	8.3	7.6	7.3	7.2	7.5	7.9	8.6
碳酸锶	3.2	3.2	3.2	3.2	3.2	3.1	3.0
碳酸镁	1.4	1.5	1.7	1.8	2.0	2.2	2.3
硅酸镁	1.2	1.8	2.1	2.3	2.6	2.8	2.8

由表 6-7 可见，杏二中试验站综合采出水存在严重的过饱和现象，其中过饱和量大于 1mg/L 的矿物依次为二氧化硅、硫酸钡、碳酸钡、碳酸钙、碳酸锶、碳酸镁和硅酸镁，表明杏二中试验区综合采出液中不仅含有采出液从油藏中携带出的黏土等矿物颗粒及岩石碎屑，还可能含有上述新生的矿物颗粒；上述矿物中碳酸钙的过饱和量随温度升高先降低后增加，碳酸镁和硅酸镁的过饱和量随温度升高而增大，其余矿物的过饱和量均随温度升高而下降。

从杏二中试验站脱水泵出液游离水中分离出的悬浮固体颗粒的扫描电子显微镜（以下简称扫描电镜）照片如图 6-10 所示。由图 6-10 可见，杏二中试验区综合三元复合驱采出液相分离过程水层中既含有粒径大于 1μm 的悬浮固体颗粒，也含有粒径为 110~360nm 的胶体微粒，其中胶体微粒的主要成分为碳酸钙和碳酸钡。

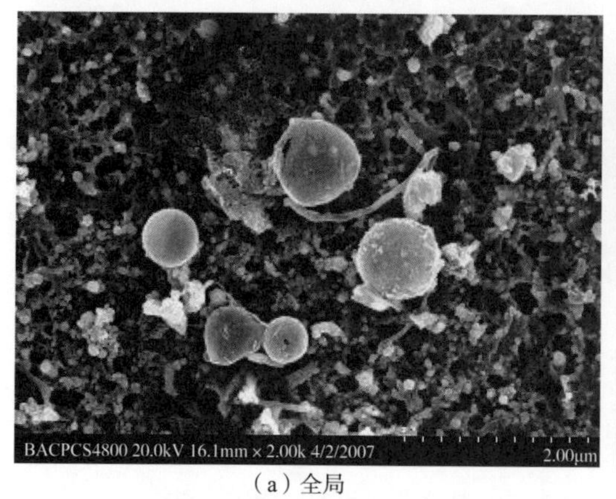

（a）全局

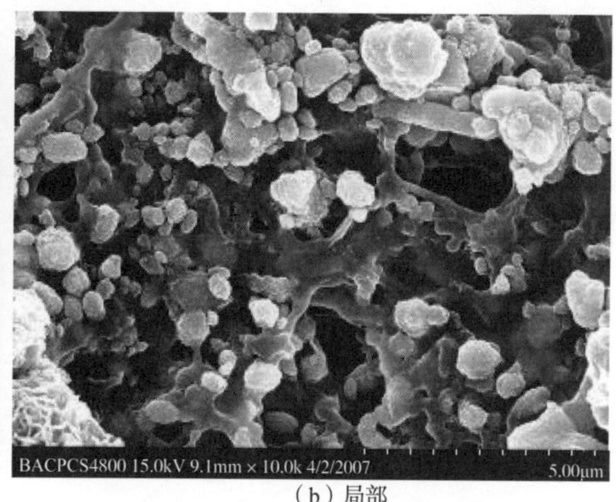

（b）局部

图 6-10　杏二中试验站脱水泵出液游离水中游离悬浮固体的扫描电镜照片和能谱

从杏二中试验站脱水泵出液静置沉降过程中油水层之间的 O/W 型油水过渡层（油珠的次稳态聚集体）中分离出的机械杂质的傅里叶变换红外光谱测试曲线、扫描电镜照片及部分典型机械杂质颗粒物的能谱测试曲线如图 6-11 所示。由图 6-11 可见，杏二中试验站脱水泵出液静置沉降过程油水层之间的 O/W 型油水过渡层中的机械杂质中主要含有硅酸盐、二氧化硅、碳酸盐和少量部分水解聚丙烯酰胺。由能谱测试曲线可见，从油水过渡层中分离出的机械杂质的主要元素为钡、钙、硅、镁、钠、碳和氧，结合红外光谱测试结果，可确定出其中的主要成分为碳酸钡、碳酸钙、硅酸镁和非晶质二氧化硅。

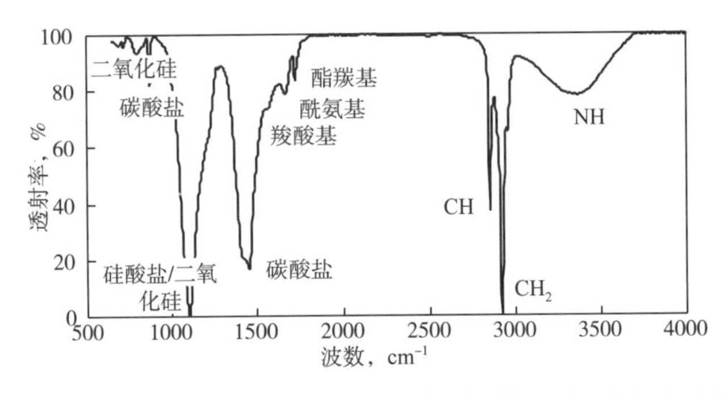

图 6-11　O/W 型油水过渡层中分离出的机械杂质的傅里叶变换红外光谱测试曲线

由图 6-12 中的扫描电镜照片可见，杏二中试验站脱水泵出液静置沉降过程中油水层之间的 O/W 型油水过渡层中机械杂质的形态和尺寸各异，有规则多面体状、球状、椭球壳状、棒状和纤维丝状，部分颗粒物聚集和黏结在一起形成了不规则的大颗粒，其中背散射图像中的亮颗粒主要为碳酸钙和碳酸钡，暗颗粒主要是非晶质二氧化硅和硅酸镁；机械杂质中碳酸盐颗粒物的粒径主要分布在 0.3~1.1μm 范围内，而硅酸盐和非晶质二氧化硅颗粒物的粒径主要分布在 0.3~1.3μm 范围内。

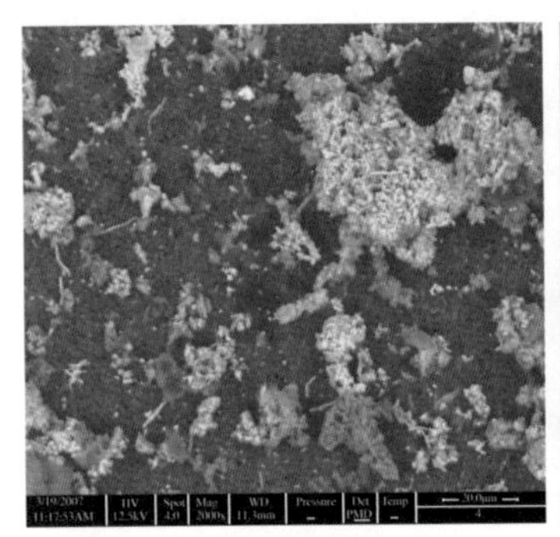

（a）滤膜上颗粒物的背散射图

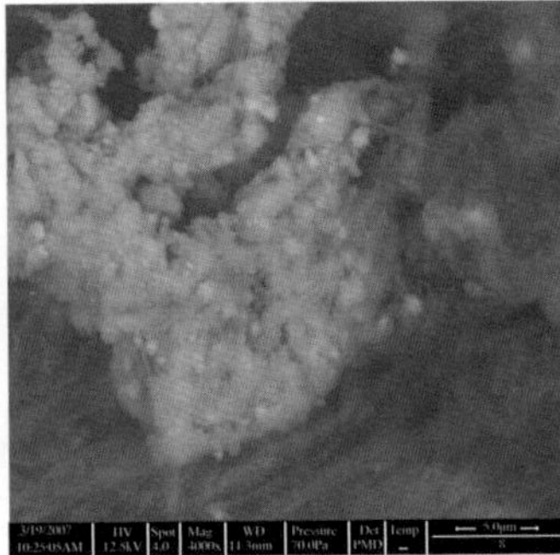

（b）碳酸盐颗粒

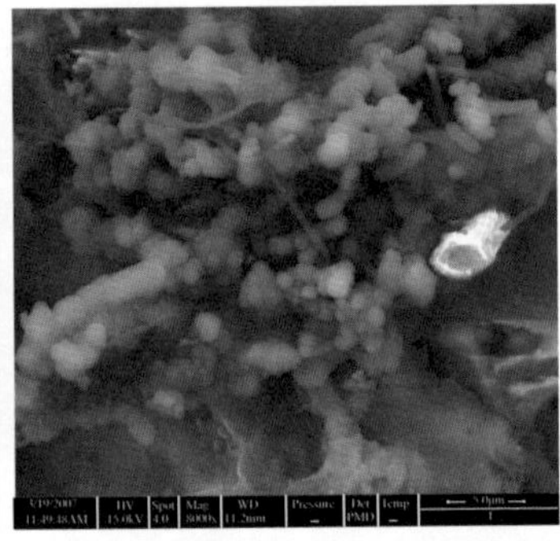

（c）非晶质二氧化硅和硅酸盐颗粒物

图 6-12　O/W 型油水过渡层中分离出的机械杂质的扫描电镜照片

二、复合驱采出液的油水体相性质

杏二中试验区三元复合驱采出原油与相同区块水驱采出原油的黏度对比见表 6-8。

表 6-8　杏二中试验区三元复合驱采出原油与相同区块水驱采出原油的黏度对比

油样	驱油方式	黏度①，mPa·s				
		40℃	45℃	50℃	55℃	60℃
杏一联	水驱	36.3	30.7	22.7	15.7	13.3
杏二中	三元复合驱	37.1	31.2	25.1	21.0	18.6

①剪切速率为 $10s^{-1}$。

由表 6–8 可见，杏二中试验区三元复合驱采出原油的黏度比相同区块水驱采出原油黏度有一定程度的增加，但增大幅度不大。

杏二中试验区强碱体系三元复合驱采出水与相同区块水驱采出水的黏度对比见表 6–9。由表 6–9 可见，杏二中试验区三元复合驱采出水的黏度比相同区块水驱采出水的黏度有大幅度提高，且聚合物含量越高黏度越大。

表 6–9　杏二中试验区三元复合驱采出水与相同区块水驱采出水的黏度对比

水样标识	杏一联	杏二中试验站	杏 2–1– 检 29 井	杏 2– 丁 1–P2 井	杏 2– 丁 2 – P4 井
采出方式	水驱	三元复合驱	三元复合驱	三元复合驱	三元复合驱
pH 值	8.6	9.1	11.7	9.3	11.0
表面活性剂，mg/L	0	20.4	143	22.9	125
聚合物，mg/L	21.1	93.4	671	156	456
视黏度①，mPa・s	1.0	1.9	5.9	3.5	5.3

①温度为 40℃，剪切速率为 $10s^{-1}$。

大庆油田杏二中试验区综合三元复合驱采出液油水界面性质测试数据见表 6–10。由表 6–10 可见，杏二中试验区综合三元复合驱采出液油水扩散双电层的 Zeta 电位为 –34mV，表明油珠之间存在明显的静电排斥力，对油珠之间的聚集和聚并有显著的阻碍作用；在油水界面寿命小于 63.9s 的情况下，杏二中试验区综合三元复合驱采出液的动态界面张力随界面寿命增大而降低。

表 6–10　杏二中试验区综合采出液的油水界面性质

动态界面张力		平衡界面张力，mN/m	Zeta 电位，mV
界面寿命，s	界面张力，mN/m	7.6	–34
16.3	10.1		
28.6	8.8		
63.9	7.9		

根据三元复合驱采出液特性的测试结果和分析，可总结出三元复合驱采出液与水驱采出液相比的主要特性如下：

（1）油水乳化程度高，油珠粒径小，油水分离速率低；

（2）油水界面张力低，负电性强；

（3）水相黏度大；

（4）采出液水相中含有碱、表面活性剂和聚合物，硅含量高，部分采出液水相过饱和；

（5）部分油珠之间聚并困难，静置沉降过程中在油水层之间出现 O/W 型中间层；

（6）导电性强，脱水电流大；

（7）携砂量大，易在分离设备中形成淤积物，造成流道堵塞和电极短路；

（8）分离采出水中含油量和悬浮固体含量高，去除困难。

三、复合驱采出液相分离特性的影响因素

1. 驱油剂对模拟采出液乳化程度和稳定性的影响

1）试验材料和方法

碱、表面活性剂和聚合物对模拟 O/W 型采出液乳化程度和油水分离特性影响评价试验中所用的介质包括油样、水样、碱、表面活性剂和聚合物。

油样：大庆油田采油四厂杏二中试验站外输原油、杏一联合站外输原油。

水样：根据大庆油田杏二中试验区三元复合驱油井水驱阶段采出液中游离水分析数据配制的人工水样，其配方见表 6–11。

表 6–11　人工模拟水样配方

成分	质量分数，%	成分	质量分数，%
NaCl	0.1244	Na_2CO_3	0.0356
$NaHCO_3$	0.3011	$CaCl_2$	0.0077
Na_2SO_4	0.0054		

碱：固体氢氧化钠，分析纯。

表面活性剂：主要活性成分为重烷基苯磺酸钠，大庆东昊投资有限公司产品，名义有效物含量为 50%，为大庆油田杏二中试验区三元复合驱注入表面活性剂。

聚合物：北京新恒聚公司高分子抗盐聚合物产品，其分子量和水解度分别为 2500×10^4 和 25.5%，为大庆油田杏二中试验区三元复合驱注入聚合物。

碱、表面活性剂和聚合物的加量均按水相计。

碱、表面活性剂和聚合物对模拟 O/W 型采出液乳化程度影响评价试验步骤包括：（1）在容量为 450mL 的玻璃配方瓶中加入 400mL 去离子水样后置于水温为 40℃的水浴中；（2）在容量为 160mL 的具盖玻璃配方瓶中配制 70g 模拟水样后手振 50 次；（3）向配方瓶中加入 30g 油样后将配方瓶置于水温为 40℃的水浴中静置；（4）1h 后将配方瓶从水浴中取出，将其中的油水样倒入容量为 100mL 的量筒中，置于 POLYTRON　PT3000 型均化仪上，在 20000r/min 的转速下乳化 2min；（5）用可调移液器从量筒中部抽取约 0.5mL 模拟采出液加到容量为 450mL 的玻璃配方瓶中的去离子水中（预先在水浴中加热到 40℃）后，将配方瓶手振 50 次；（6）将配方瓶中的水样倒入激光粒度测试仪的样品槽中测试油珠粒径分布。

碱、表面活性剂和聚合物对模拟 O/W 型采出液油水分离特性影响评价试验步骤包括：（1）用人工水样配制浓度为 1600mg/L 的聚合物溶液，浓度为 3.2%（商品 6.4%）的表面活性剂水溶液，浓度为 16%的 NaOH 水溶液；（2）在容量为 500mL 的玻璃广口瓶中配制具有一定碱、表面活性剂和聚合物含量的模拟采出水样 320g 后加入 80g 油样；（3）将盛有油水样的广口瓶置于 40℃烘箱中预平衡 24h；（4）将广口瓶中的油水样倒入 POLYTRON PT3000 型均化仪的三叶形乳化杯中，置于均化仪上在 20000r/min 下乳化 2min；（5）在两个容量为 160mL 的玻璃配方瓶中倒入乳化杯中的油水样各 100mL 后置于水温为 40℃的水浴中静置沉降；（6）3h 后将配方瓶从水浴中取出，先上下颠倒两次，静置 2min 后用注射

器抽底水约 50mL 测含油量，记作乳化油量；(7) 用注射器将两配方瓶中的底水和油水过渡层全部抽出后，将油样合并到一个配方瓶中，手振 100 次使油样混合均匀，从配方瓶中倒出 20~50g 油样测试其水含量。

2）驱油剂对模拟 O/W 型采出液乳化程度的影响

碱、表面活性剂和聚合物对含水率为 80% 的 O/W 型模拟采出液油珠粒径的影响见图 6-13 至图 6-15 和表 6-12 至表 6-14。

由图 6-13 和表 6-12 可见，在不投加聚合物的情况下，从 50% 体积粒径的数值看，油水乳化程度随碱加量增大而加重，油珠粒径分布随碱加量增大先变窄后变宽，即小油珠的分布密度和大油珠的分布密度同时增大；在有聚合物情况下，油珠粒径随碱加量增大而减小，且油珠粒径分布随碱加量增大变窄。

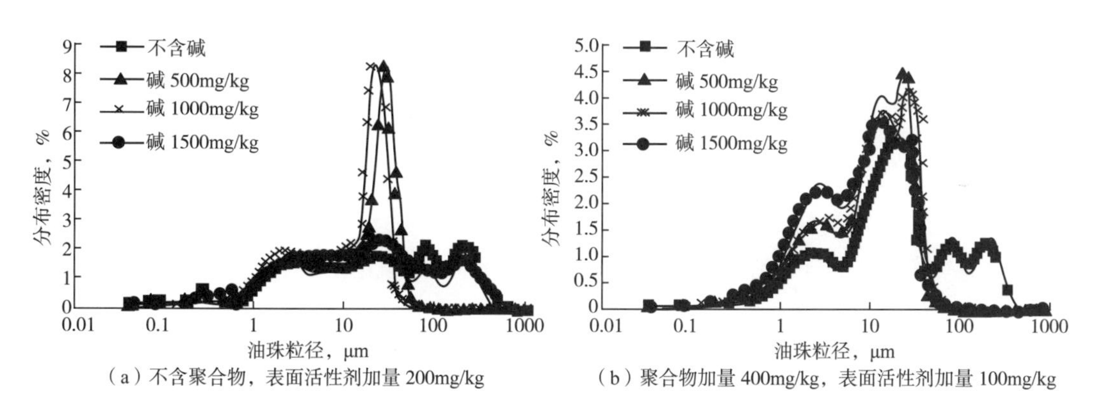

图 6-13　碱对 O/W 型模拟采出液乳化程度的影响

表 6-12　碱对 O/W 型模拟采出液乳化程度的影响

聚合物含量 mg/kg	表面活性剂加量 mg/kg	碱加量 mg/kg	油珠粒径，μm		
			10%（体积分数）	50%（体积分数）	90%（体积分数）
0	200	0	1.36	24.79	196.41
0	200	500	1.63	18.81	35.83
0	200	1000	1.43	15.84	27.9
0	200	1500	0.97	14.11	181.55
400	100	0	1.52	17.07	140.99
400	100	500	1.48	11.75	29.38
400	100	1000	1.59	12.34	34.16
400	100	1500	1.51	9.33	32.09

由图 6-14 和表 6-13 可见，O/W 型三元复合驱油采出液的油珠粒径随表面活性剂加量增大而减小。

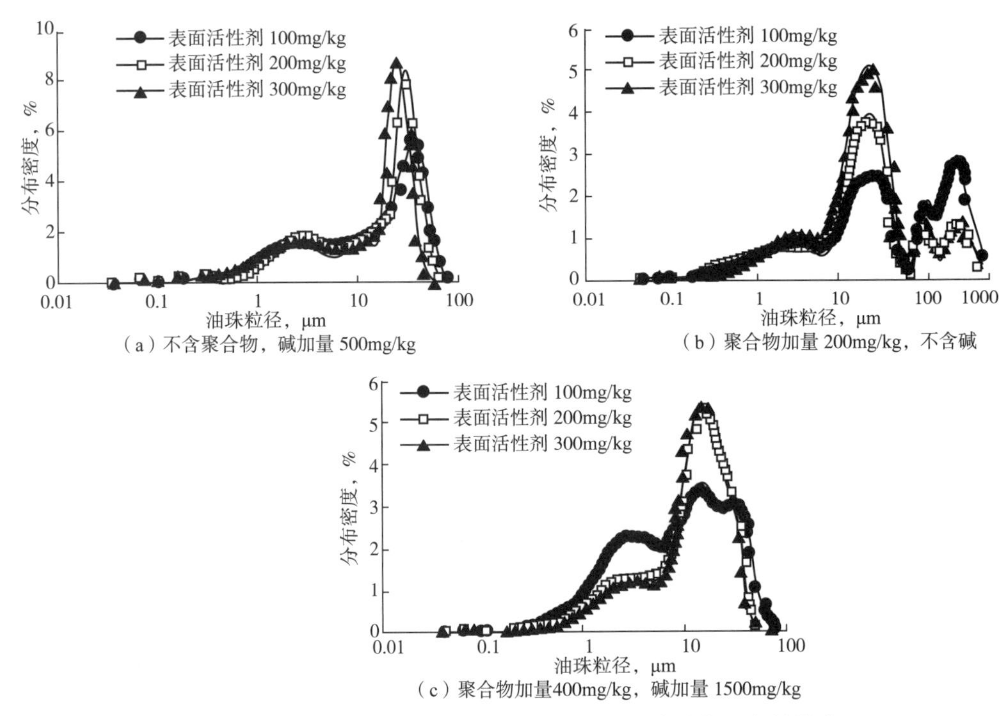

（a）不含聚合物，碱加量 500mg/kg
（b）聚合物加量 200mg/kg，不含碱
（c）聚合物加量400mg/kg，碱加量 1500mg/kg

图 6–14　表面活性剂对 O/W 型模拟采出液油水乳化程度的影响

表 6–13　表面活性剂对 O/W 型模拟采出液油水乳化程度的影响

聚合物含量 mg/kg	表面活性剂加量 mg/kg	碱加量 mg/kg	油珠粒径，μm		
			10%（体积分数）	50%（体积分数）	90%（体积分数）
200	100	0	1.91	24.16	223.8
200	200	0	1.90	17.76	157.15
200	300	0	1.65	14.14	30.79
400	100	1500	1.51	9.33	32.09
400	200	1500	1.64	11.76	25.93
400	300	1500	1.48	11.39	25.27

由图 6–15 和表 6–14 可见，聚合物的加入使模拟 O/W 型三元复合驱采出液中的油珠粒径变小，油水乳化加重，同时也使油珠粒径分布变窄。

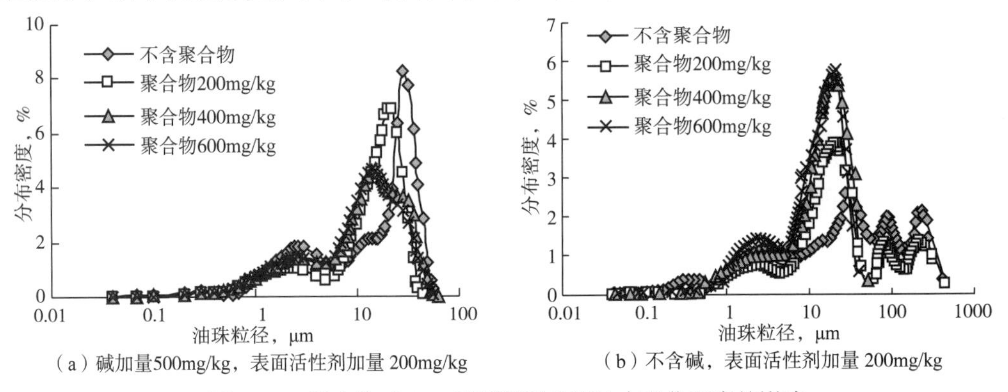

（a）碱加量500mg/kg，表面活性剂加量 200mg/kg
（b）不含碱，表面活性剂加量 200mg/kg

图 6–15　聚合物对 O/W 型模拟采出液油水乳化程度的影响

表 6-14　聚合物对 O/W 型采出液油水乳化程度的影响

聚合物含量 mg/kg	表面活性剂加量 mg/kg	碱加量 mg/kg	油珠粒径，μm		
			10%（体积分数）	50%（体积分数）	90%（体积分数）
0	200	0	1.36	24.79	196.41
200	200	0	1.9	17.76	157.15
400	200	0	1.65	13.71	27.33
600	200	0	1.56	11.59	23.79
0	200	500	1.63	18.81	35.83
200	200	500	1.58	14.67	26.3
400	200	500	1.50	11.32	27.88
600	200	500	1.50	11.26	28.38

3）驱油剂对模拟 O/W 型采出液油水分离特性的影响

碱、表面活性剂和聚合物对 O/W 型模拟采出液油水分离特性的影响如图 6-16 和图 6-17 所示。

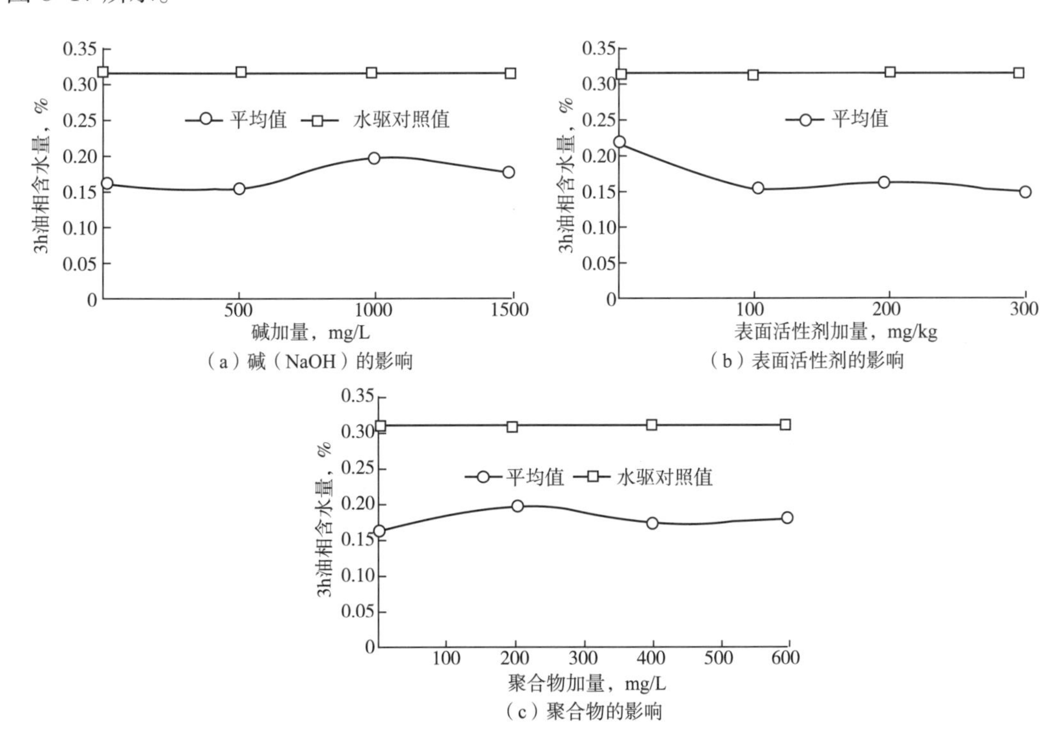

图 6-16　碱、表面活性剂和聚合物对模拟 O/W 型模拟采出液静置沉降 3h 后油相含水量的影响

由图 6-16 可见，3 种驱油剂对 O/W 型模拟采出液残余油相含水量的综合影响趋势为：（1）碱对油相含水量有增大作用，其中碱加量为 1000mg/kg 附近的影响最大；（2）表面活性剂对油相含水量有降低作用；（3）聚合物对油相含水量的影响不显著。但从测试数据与模拟水驱采出液油相含水量的对比可见，三元复合驱采出液静置分层后的油相含水量从总体趋势上讲明显低于水驱采出液。

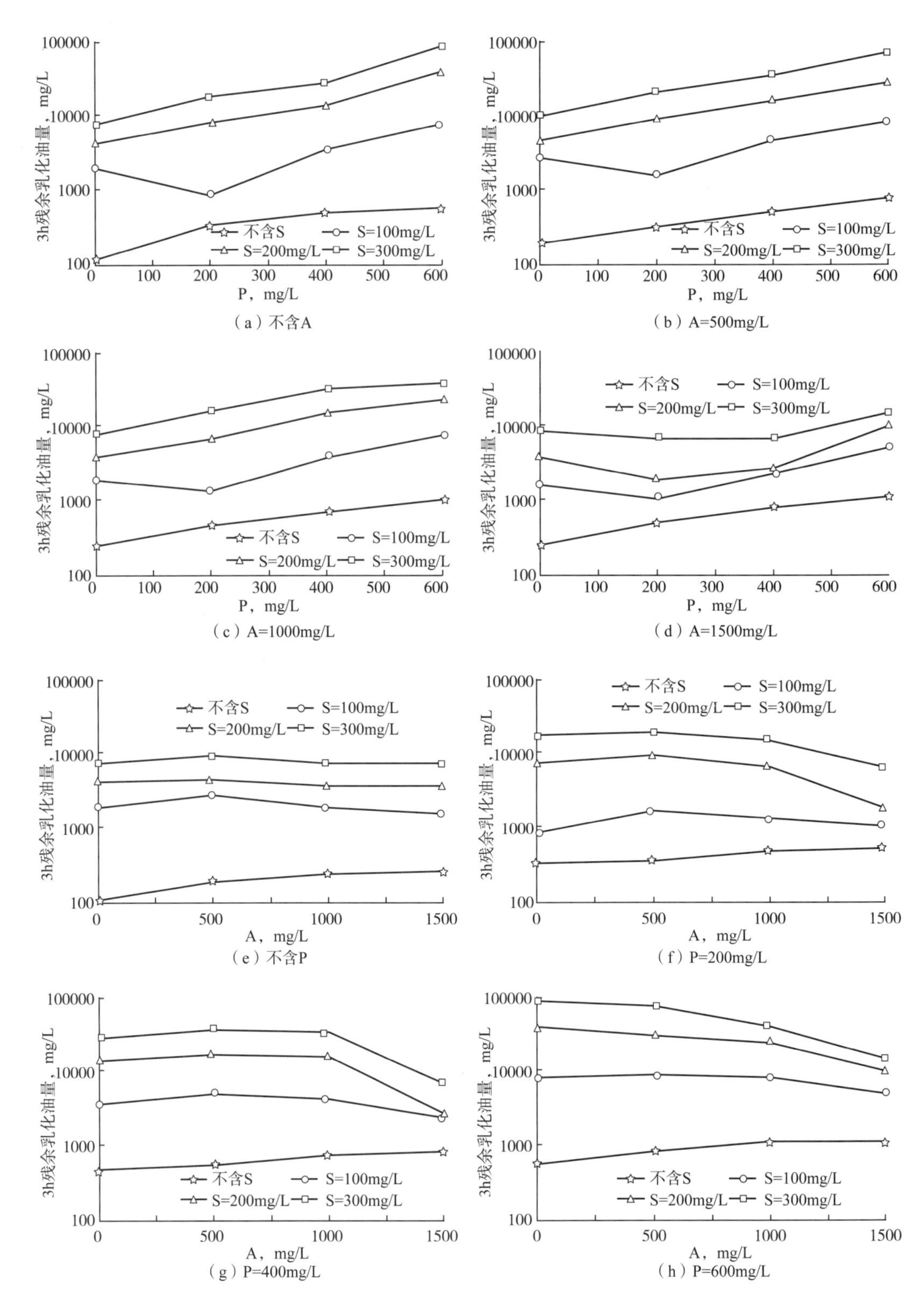

（a）不含A

（b）A=500mg/L

（c）A=1000mg/L

（d）A=1500mg/L

（e）不含P

（f）P=200mg/L

（g）P=400mg/L

（h）P=600mg/L

图 6-17 碱、表面活性剂和聚合物对 O/W 型模拟采出液静置沉降 3h 后水相含油量的影响

A，S，P 分别代表 NaOH、表面活性剂和聚合物

由图 6–17 可见，3 种驱油剂对模拟采出液残余乳化油量影响的显著性顺序从大到小依次为表面活性剂（S）、聚合物（P）和碱（A）；残余乳化油量随表面活性剂加量增大而增大；不含表面活性剂情况下，残余乳化油量随聚合物加量增大而增大；低表面活性剂（S ≈ 100mg/L）和高碱加量（A ≈ 1500mg/L）情况下，残余乳化油量随聚合物加量增加先降低后增大；表面活性剂加量为 200~300mg/L 和碱加量不大于 1000mg/L 的情况下，残余乳化油量随聚合物加量增大而增大；不含表面活性剂情况下，残余乳化油量随碱加量增大而增大；含表面活性剂和聚合物加量不大于 400mg/L 的情况下，残余乳化油量随碱加量增大先增加后降低；含表面活性剂和聚合物加量≈ 600mg/L 的情况下，残余乳化油量随碱加量增大而降低。

2. 剪切强度对模拟采出液乳化程度和稳定性的影响

剪切强度对模拟采出液乳化程度和油水分离特性的影响评价试验中所用的介质与碱、表面活性剂和聚合物对模拟 O/W 型采出液乳化程度和油水分离特性影响评价试验中所用的介质相同，除乳化过程中均化仪的转速不同外，其他试验步骤均相同。

剪切强度对 O/W 型模拟三元复合驱采出液油珠粒径分布的影响见图 6–18 和表 6–15。由图 6–18 和表 6–15 可见，随剪切强度（搅拌转速）增大，油珠粒径减小，油水乳化程度增大。

表 6–15　剪切强度对 O/W 型模拟三元复合驱采出液油水乳化程度的影响

均化仪转速，r/min	油珠粒径，μm		
	10%（体积分数）	50%（体积分数）	90%（体积分数）
10000	1.31	20.56	189.06
15000	1.45	9.36	36.58
20000	1.42	8.48	33.34

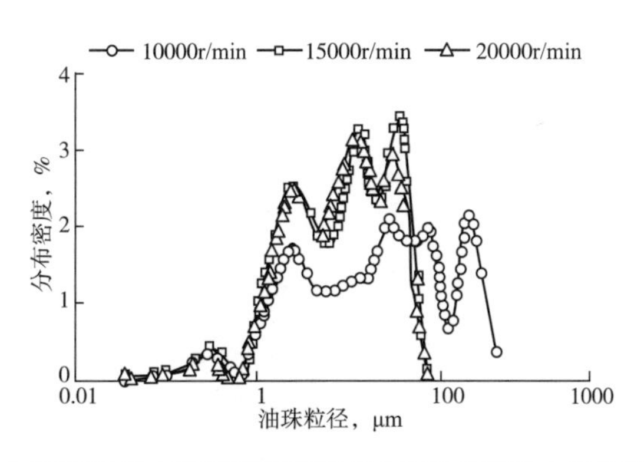

图 6–18　剪切强度对 O/W 型模拟三元复合驱采出液油水乳化程度的影响

表 6–16　剪切强度对 O/W 型三元复合驱采出液油水分离特性的影响

均化仪转速，r/min	5000	10000	15000	20000
1h 水相乳化油量，mg/L	1546	4625	35253	37642
1h 油相水含量，%	4.0	3.0	2.2	0.9

注：沉降温度为 40℃，乳化时间为 2min。

表 6-16 中给出了剪切强度对重新乳化的大庆油田杏二中试验区杏 2- 丁 2-P4 井三元复合驱采出液油水分离特性的测试结果。由表 6-16 可见，模拟三元复合驱采出液经过 1h 静置沉降后的油相含水量随剪切强度增大而明显降低，同时模拟采出液经过 1h 静置沉降后的水相残余乳化油量则随剪切强度增大而大幅度上升，尤其是在均化仪转速从 10000r/min 上升到 15000r/min 的过程中水相乳化油量由 4625mg/L 突跃到 35253mg/L，升幅达到了 6.62 倍。上述现象表明，三元复合驱采出液集输和处理过程中应尽量避免采出液的地面二次乳化。

表 6-17 中给出了 2005 年 5 月 30 日杏二中试验站不同工艺阶段采出液（破乳剂加药量为 50mg/L）的静置分离特性。对比离心脱水泵进出液经过 0.5h 静置沉降后的水相乳化油量可见，从油气分离器出来的采出液经过离心泵的剪切后，油珠之间的聚并难度显著增大，其水相乳化油量由泵前的 2056mg/L 上升到 18386mg/L，增大了 7.9 倍。与 0.5h 静置沉降的效果相似，脱水泵出液经过 4h 静置沉降后的水相乳化油量仍远大于脱水泵进液的水相乳化油量。

表 6-17　杏二中试验站采出液经离心泵剪切前后在 40℃下静置分离特性的对比

静置沉降时间，h	介质	水相含油量，mg/L	
		悬浮	乳化
0.5	脱水泵进液	590	2056
	脱水泵出液	475	18386
4	脱水泵进液	326	546
	脱水泵出液	120	4367

3. 三元复合驱采出液中新生矿物微粒对模拟采出液油水分离特性的影响

2006 年 12 月 29 日，杏二中试验站油气分离器出液中的游离水经 0.45μm 滤膜过滤所得的滤液在 40℃下静置 72h 后水样变得浑浊，用 0.45μm 滤膜再次过滤得到的滤膜截留物的扫描电镜照片和能谱测试数据分别见图 6-19 和表 6-18。

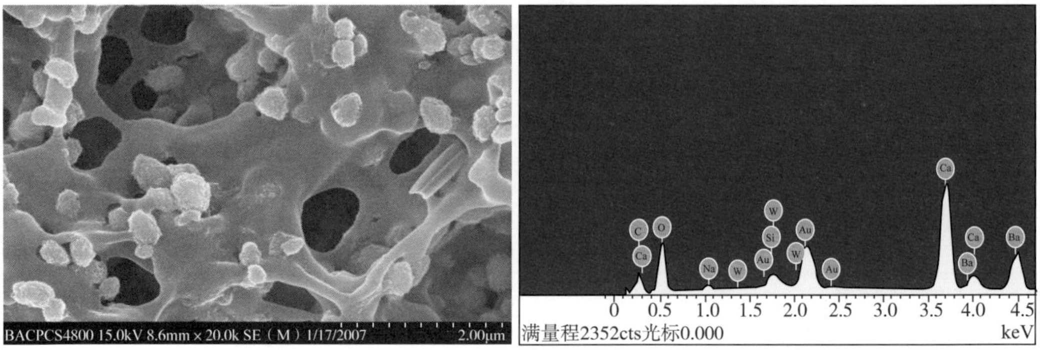

（a）扫描电镜照片

（b）能谱

图 6-19　杏二中试验站采出水中析出颗粒物的扫描电镜照片和能谱曲线

表 6-18　杏二中试验站采出水中析出颗粒物的能谱测试数据

元素	质量分数，%	原子数百分比，%
C	14.55	29.74
O	33.37	51.21
Na	0.82	0.88
Si	0.84	0.73
Ca	19.56	11.98
Ba	29.50	5.27
W	1.37	0.18

由图 6-19 和表 6-18 可见，杏二中试验站三元复合驱采出水在老化过程中析出的可被 0.45μm 滤膜截留的颗粒物主要是尺寸在 300nm 左右，形状近似椭球形的钙、钡混合碳酸盐。

人工制备的纳米尺度椭球形碳酸盐颗粒物在油珠表面上的吸附情况如图 6-20 所示。人工制备的纳米尺度椭球形碳酸盐颗粒物的聚集体如图 6-21 所示。人工制备的纳米尺度椭球形碳酸盐颗粒物对 O/W 型模拟采出液油水分离特性的影响见表 6-19。

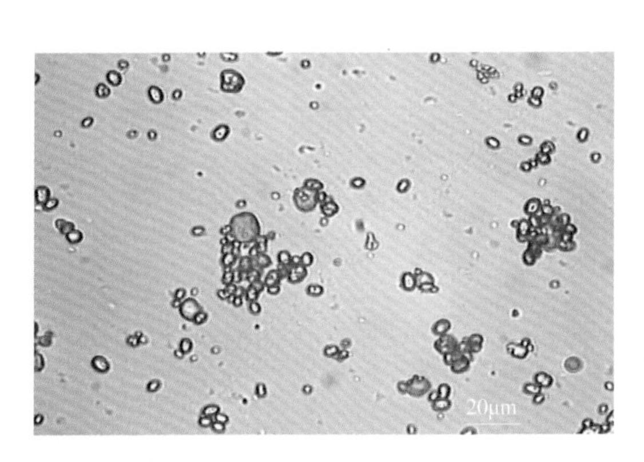

图 6-20　人工制备的纳米尺度椭球形碳酸盐颗粒物在油珠表面上的吸附情况

模拟采出水的 pH 值为 9.1，表面活性剂和聚合物含量分别为 20.4mg/L 和 93.4mg/L

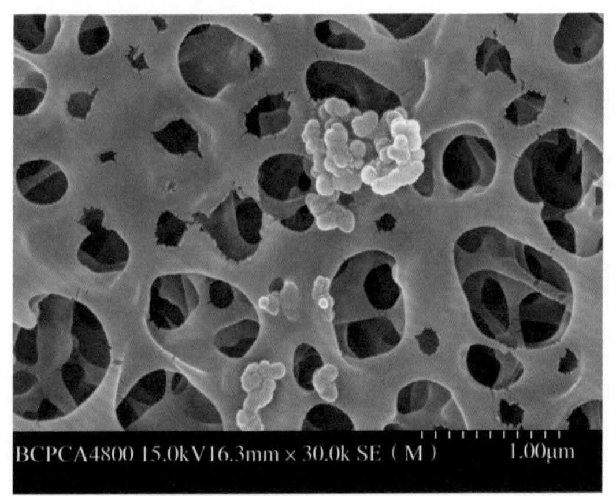

图 6-21　人工制备的纳米尺度椭球形碳酸盐颗粒物的聚集体

由图 6-20 可见，椭球形碳酸盐颗粒物可吸附在油水界面上对油水乳状液的稳定性产生影响。由表 6-19 可见，不同尺寸的椭球形碳酸盐颗粒物对 O/W 型模拟三元复合驱采出液油水分离特性的影响截然不同，尽管两者对油水的润湿性相近，但由于大尺寸的颗粒物表面上可同时吸附多个油珠，其表面可为油珠间相互聚并提供更多的机会，不但对油水乳状液没有稳定作用，还可降低油水乳状液的稳定性；而多个纳米尺度的小颗粒吸附在油水界面上所形成的屏障则可使油水乳状液的稳定性显著增强；颗粒物对油水乳状液的稳定性起增强还是减弱作用，主要取决于颗粒物与油珠的相对尺寸和相对数量。

表 6–19　人工制备的纳米尺度椭球形碳酸盐颗粒物对 O/W 型模拟采出液油水分离特性的影响

颗粒物	无颗粒物	全部新生碳酸盐颗粒物	只有纳米颗粒物
水相乳化油量，mg/L	31651	10179	86218

注：模拟采出液水相 pH 值为 9.1，表面活性剂和聚合物含量分别为 20.4mg/L 和 93.4mg/L。

4. 三元复合驱注入液与油藏油砂反应产物及其对模拟采出液稳定性的影响

模拟杏二中试验区三元复合驱注入液浸泡杏二中试验区杏 2–1– 检 29 井油砂前后的水质变化情况见表 6–20。

表 6–20　模拟三元复合驱注入液浸泡油砂前后的水质变化情况

测试项目	三元复合驱配注用采出水	三元复合驱配注水中投加 1%NaOH		三元复合驱配注水中投加 1%NaOH 和 0.2% 表面活性剂	
		60℃下老化后	60℃下浸泡油砂后	60℃下老化后	60℃下浸泡油砂后
Al，mg/L	0.60	0.60	0.91	0.79	1.86
B，mg/L	5.2	7.1	5.8	7.5	5.8
Ba，mg/L	25.5	0.4	0.6	0.4	1.5
Ca，mg/L	19.9	0.0	0.0	0.0	0.0
Fe，mg/L	0.39	0.17	0.36	0.24	0.93
K，mg/L	11.3	18.7	13.0	23.9	13.4
Mg，mg/L	5.4	0.0	0.1	0.1	0.1
S，mg/L	11.1	7.4	43.0	71.1	220.6
Si，mg/L	18.6	30.6	2435	46.4	1949
Sr，mg/L	3.0	0.1	0.3	0.2	0.4
SO_4^{2-}，mg/L	14.4	0.0	238	84.4	214
Cl^-，mg/L	1189	1386	1413	1370	1916
pH 值	8.6	13.2	12.7	13.1	12.4
表面活性剂，mg/L	0	0	0	2731	2341

由表 6–20 可见，杏二中试验区三元复合驱配注用的采出水中投加 1%NaOH 会使其中的大部分碱土金属离子发生沉淀而被除去；三元复合驱注入液与油砂长时间接触后，其中的总硅含量、总硫含量、氯离子含量和硫酸根含量均显著增大，而以总硅含量的变化为最大。此外，还可以看出，在注入水中投加表面活性剂可以显著降低油砂

中硅的浸出量。

上述水样用配注水样稀释10倍后与原油乳化制备的O/W型模拟采出液的油水分离特性见表6–21。由表6–21可见，用含有油砂浸出物的模拟三元复合驱注入液与水驱采出水的混合水制备的O/W型模拟采出液，经过24h静置沉降后的水相含油量远高于不含油砂浸出物的模拟三元复合驱注入液与水驱采出水的混合水制备的模拟采出液，表明油砂浸出物在采出水中过饱和所产生的新生矿物颗粒是三元复合驱采出液油水乳状液的一个重要稳定因素。

表6–21 油砂浸出物对O/W型模拟采出液油水分离特性的影响

测试项目	三元复合驱配注用采出水	三元复合驱配注水中投加1%NaOH		三元复合驱配注水中投加1%NaOH和0.2%表面活性剂	
		60℃下老化后	60℃下浸泡油砂后	60℃下老化后	60℃下浸泡油砂后
24h水相残余乳化油量，mg/L	140	218	1084	250	851
24h油相水含量，%	35.2	12.9	17.1	17.1	10.7

综合三元复合驱采出液的主要特性、驱油剂和剪切作用对模拟采出液油水乳化程度和分离特性的影响、机械杂质对模拟采出液油水分离特性的影响，可确定三元复合驱采出液分离特性的影响因素主要包括：

（1）三元复合驱采出液中的碱、表面活性剂和聚合物。

（2）三元复合驱采出液在井筒和地面设施中所受的剪切作用。

（3）三元复合驱采出液中具有界面活性的机械杂质，其中包括从油藏中采出的岩石碎屑和黏土颗粒，从三元复合驱采出液中析出的碳酸盐和非晶质二氧化硅等新生矿物微粒，硫化亚铁颗粒等腐蚀产物，还包括重晶石等钻完井和油井作业污染物。

5. 驱油剂对三元复合驱采出液水相视黏度的影响

碱、表面活性剂和聚合物对模拟采出水视黏度的影响如图6–22所示。由图6–22可见，三元复合驱采出液水相视黏度主要取决于其中聚合物的含量，并随着聚合物含量的增大而增大；含量为0~1500mg/L的碱对采出液水相视黏度有降低作用，但不显著；含量为0~300mg/L的表面活性剂对采出液水相的视黏度无显著影响。

6. 驱油剂对油水平衡界面张力的影响

聚合物、碱和表面活性剂对油水平衡界面张力的影响如图6–23所示。由图6–23可见，三元复合驱采出液油水界面张力主要取决于其中的碱含量和表面活性剂含量，油水平衡界面张力随碱和表面活性剂加量增大而降低。其中：表面活性剂加量在0~100mg/L范围内，油水平衡界面张力随表面活性剂加量增大的降低幅度最大；而在表面活性剂加量大于100mg/L的情况下，油水平衡界面张力随表面活性剂加量增大只有小幅度降低，表明三元复合驱采出液水相中表面活性剂的临界胶束浓度为100mg/L左右。在未投加碱的情况下，油水平衡界面张力随聚合物加量增大略有降低，在投加碱和表面活性剂的情况下，聚合物对油水平衡界面张力的影响不显著。

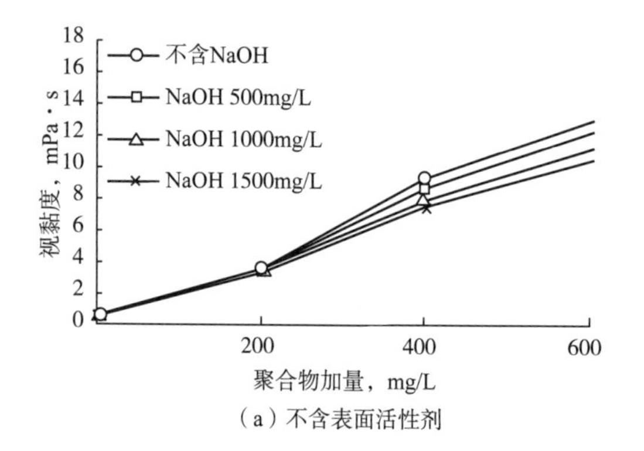

（a）不含表面活性剂

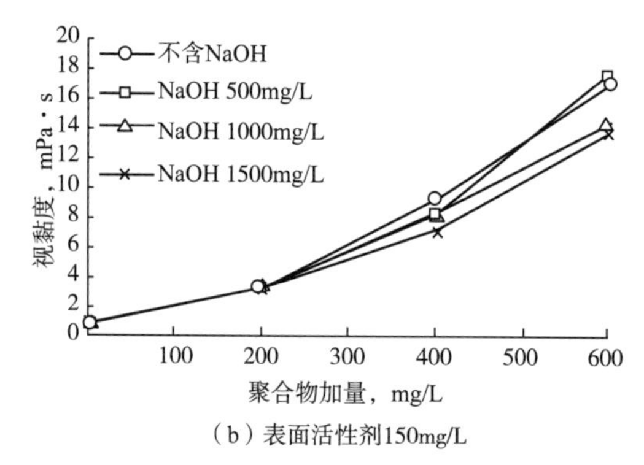

（b）表面活性剂150mg/L

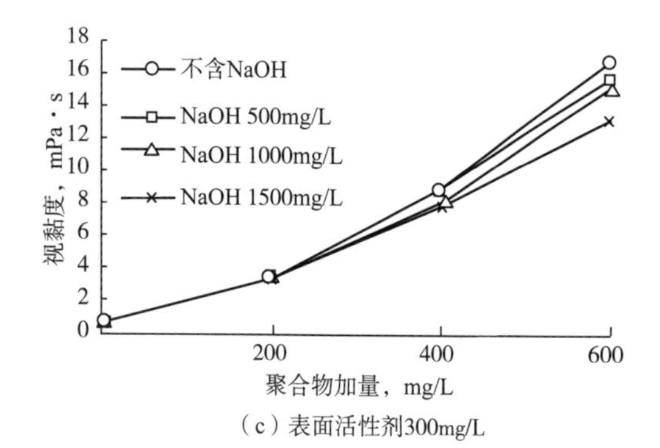

（c）表面活性剂300mg/L

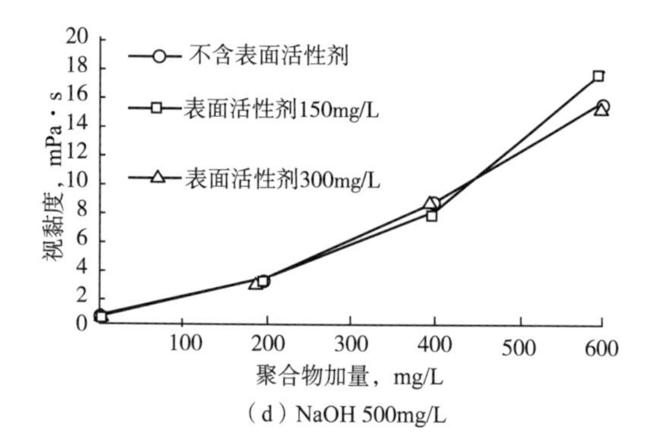

（d）NaOH 500mg/L

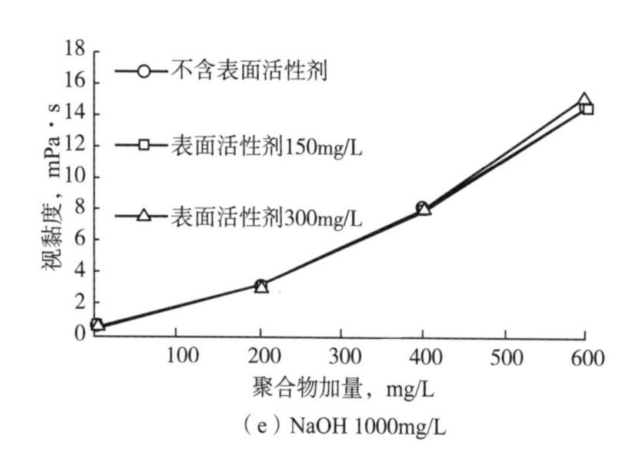

（e）NaOH 1000mg/L

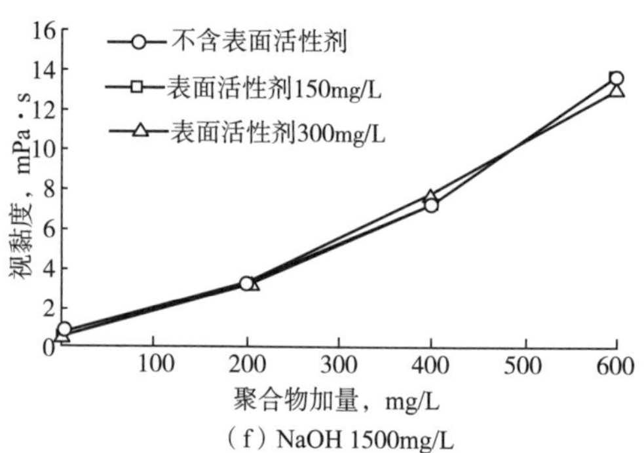

（f）NaOH 1500mg/L

图 6-22 碱、表面活性剂和聚合物对模拟采出水黏度的影响

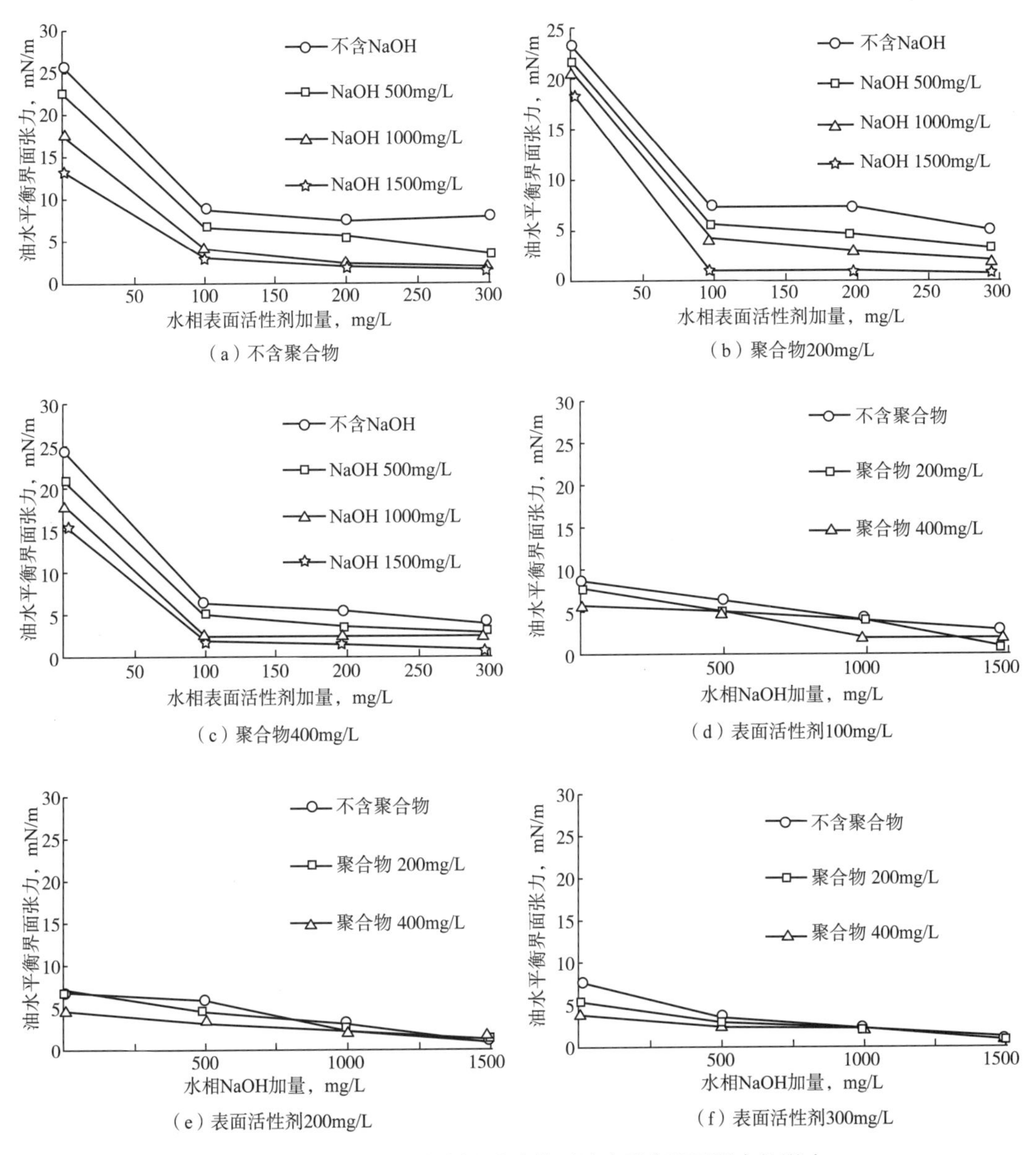

图 6–23　碱、表面活性剂和聚合物对油水平衡界面张力的影响

7. 驱油剂对油水动态界面张力的影响

模拟三元复合驱采出液油水动态界面张力测试数据如图 6–24 所示。由图 6–24 可见，三元复合驱采出液的动态界面张力随界面寿命延长而降低；油水动态界面张力随碱和表面活性剂加量的增大而降低。其中：表面活性剂加量在 0~100mg/L 范围内，油水动态界面随表面活性剂加量增大的降低幅度最大；而在表面活性剂加量大于 100mg/L 的情况下，油水动态界面张力随表面活性剂加量增大只有小幅度降低。在投加表面活性剂的情况下，油水动态界面张力主要取决于表面活性剂的加量，碱和聚合物的影响不显著；在未投加碱和表面活性剂的情况下，油水动态界面张力随聚合物加量增大而降低；而在投加碱和表面活性剂的情况下，聚合物对油水动态界面张力的影响不显著。

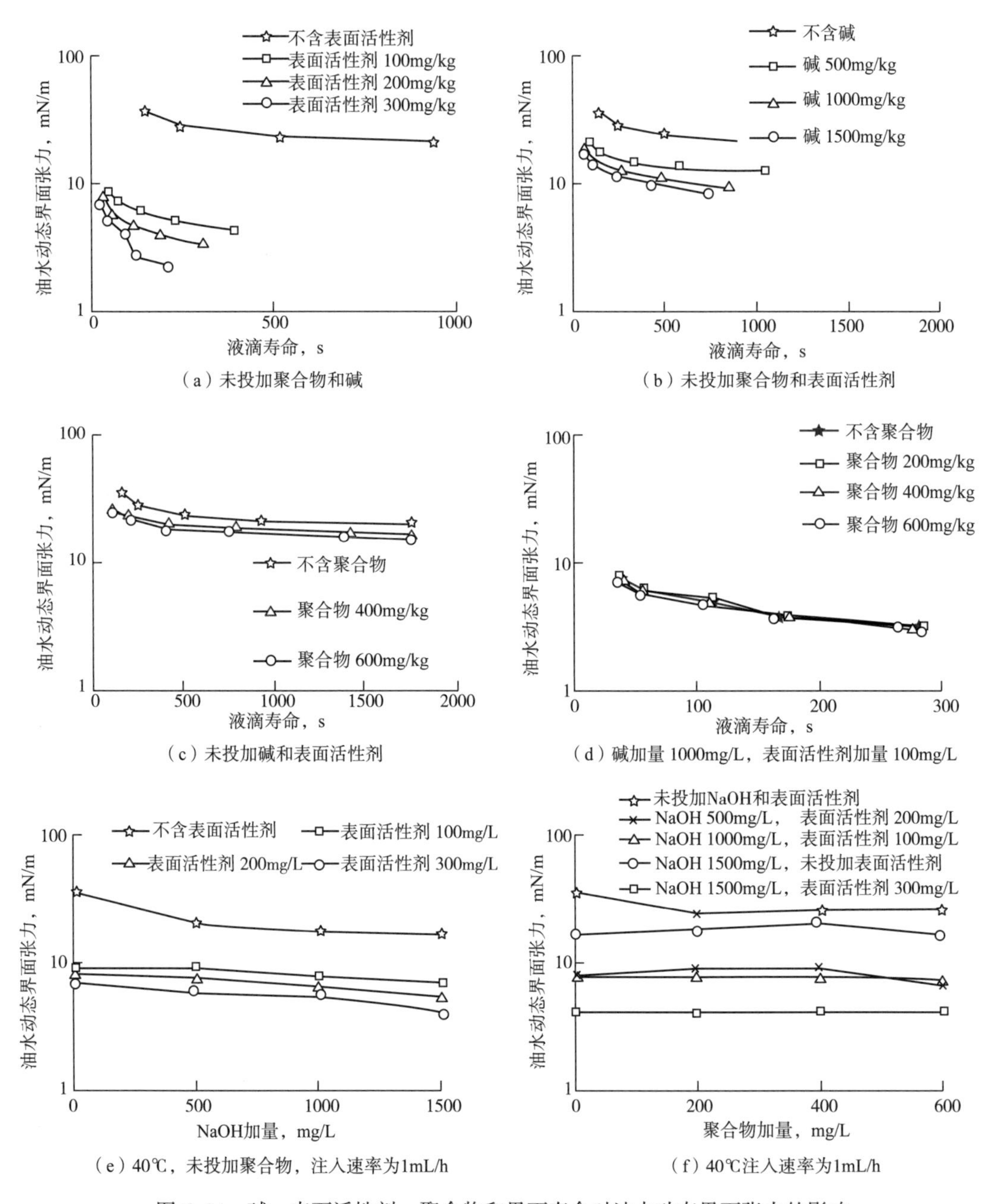

图 6-24 碱、表面活性剂、聚合物和界面寿命对油水动态界面张力的影响

8. 驱油剂对油水界面扩散双电层 Zeta 电位的影响

碱和表面活性剂对油水界面扩散双电层 Zeta 电位的影响如图 6-25 所示。由图 6-25 可见，模拟采出液油水界面扩散双电层 Zeta 电位均为负值，表明油珠表面均带有过剩的负电荷；油水界面扩散双电层 Zeta 电位随碱加量增大的变化规律均为先降低后升高，即低加量的碱使油水界面扩散双电层 Zeta 电位降低，油珠表面的过剩负电荷密度增大，高加量的碱使油水界面扩散双电层 Zeta 电位升高，油珠表面的过剩负电荷密度减小；油水界面扩散双电层 Zeta 电位随表面活性剂加量增大而下降。

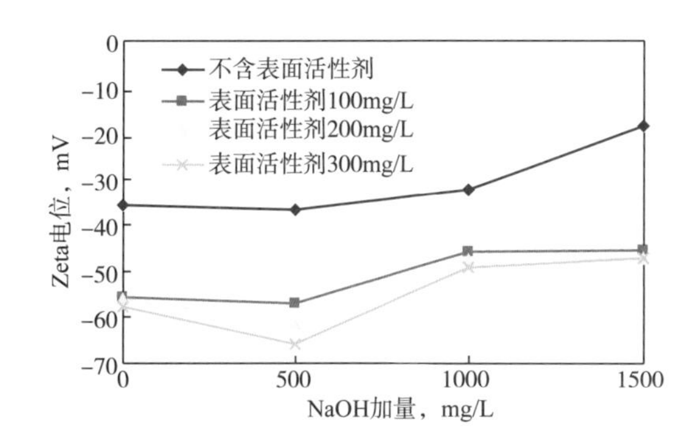

图 6-25　碱、表面活性剂和聚合物对油水界面扩散双电层 Zeta 电位的影响

第三节　三元复合驱采出液处理药剂

一、三元复合驱采出液破乳剂

根据 O/W 型三元复合驱采出液最主要的两个稳定机制——固体颗粒稳定机制和高乳化程度稳定机制，三元复合驱采出液破乳剂配方构成中应同时包含大分子量高支化度的改性聚醚，以及可使油水界面上吸附的胶态和纳米尺度的颗粒物润湿性发生反转进入水相的润湿性改变成分。同时，由于 O/W 型三元复合驱采出液与采出水属于同样的乳状液类型，三元复合驱采出液破乳剂应该兼有反相破乳剂的清水作用和低含水乳化原油脱水双重作用，即在三元复合驱采出液处理过程中加入合适破乳剂的情况下，采出水处理应不再需要投加反相破乳剂等除油剂。

由于三元复合驱采出液静置沉降过程中 O/W 型油水过渡层的出现，采用常规破乳剂评价方法中抽底水测定含油量的方法评价破乳剂清水效果。由于没有综合考虑油水过渡层中聚集而没有聚并的油珠，筛选出的破乳剂在现场应用中往往出现油水不分离的现象，其原因是现场采出液油水分离为动态过程，如果油珠之间不能相互聚并，就不会形成不稳定的次稳态聚集体，而表现出油珠不能上浮而实现油水分离。为此，定义了水相乳化油量的新概念和测定方法：水相乳化油是指水相中尚未聚并的处于乳化状态原油的总含量，不仅包括悬浮在水相中相互独立的油滴，还包括油水界面处油水层之间聚集而未聚并的油滴。测定方法为采出液静置沉降后在抽底水测定含油量前先将其上下颠倒以释放出油水过渡层中的油珠，这样抽底水测定的含油量更接近现场采出液动态过程中分离采出水的含油量。

按上述原则，采用水相乳化油量和油相水含量作为评价破乳剂对三元复合驱采出液破乳效果的指标，通过大量药剂筛选和复配试验，研制出 SP 系列三元复合驱采出液破乳剂，其中 SP1003 适用于表面活性剂含量不大于 30mg/L 的三元复合驱采出液，SP1009 和 SP1010 适用于表面活性剂含量高于 30mg/L 的三元复合驱采出液。

破乳剂 SP1003 对杏二中试验站三元复合驱采出液的破乳效果见表 6-22。破乳剂 SP1003 对杏二中试验区低驱油剂含量三元复合驱采出液具有良好的油水分离特性，在加药量为 20mg/L 的情况下，可使脱水泵出液经过 30min 40℃静置沉降后的水相悬浮油量和乳化油量，由不加药情况下的 917mg/L 和 16032mg/L 分别下降到 203mg/L 和 532mg/L，并使油相水含量由 26% 下降到 1.1%。对比 SP1003 和现场试验前杏二中试验站在用破乳剂的清水效果可见，在加药量相同的情况下，前者的水相悬浮油量和乳化油量分别比后者降低了 56.2% 和 66.0%。

表 6-22　SP1003 对杏二中试验站脱水泵出液的油水分离效果

药剂名称	加药量，mg/L	水相含油量，mg/L		油相水含量，%
		悬浮	乳化	
空白	0	917	16032	26
在用破乳剂	20	463	1563	1.5
SP1003	20	203	532	1.1

注：采出液水相 pH 值，表面活性剂含量和聚合物含量分别为 9.21mg/L、25mg/L 和 108mg/L。

破乳剂 SP1008 对大庆油田北一区断东试验区高驱油剂含量三元复合驱采出液的破乳效果见表 6-23。

表 6-23　破乳剂 SP1008 对北一区断东试验区高驱油剂含量三元复合驱采出液的破乳效果

时间	采出液水相驱油剂含量，mg/L		加药量 mg/L	30min 水相乳化油量 mg/L	30min 油相水含量 %
	表面活性剂	聚合物			
2009-01-06	28	998	0	317	2.4
			100	82	2.3
2009-06-26	72	996	0	3647	3.5
			100	1234	2.5
2009-07-31	74	862	0	20244	20
			100	1863	1.2
2009-08-04	68	994	0	1492	2.6
			100	868	2.1
2009-08-22	65	744	0	24593	13
			100	2876	1
2009-09-18	91	1064	0	4448	14
			100	2731	6
2009-10-09	63	984	0	11725	7.8
			100	2522	8.4

由表 6-23 可见，破乳剂 SP1008 对不同阶段北一区断东试验区三元复合驱采出液具有良好的油水分离效果，在其加药量为 100mg/L 的情况下，可使表面活性剂含量为 28~91mg/L、聚合物含量为 744~1064mg/L 的北一区断东试验区三元复合驱采出液经过 30min 40℃静置沉降后的水相乳化油量控制在 3000mg/L 以内，油相水含量低于 5%。

破乳剂 SP1010 对南五试验区高驱油剂含量采出液的破乳效果见表 6-24。

表 6-24　破乳剂 SP1010 对南五试验区高驱油剂含量三元复合驱采出液的破乳效果

时间	采出液水相驱油剂含量，mg/L			加药量 mg/L	30min 水相乳化油量 mg/L	30min 油相水含量 %
	采出液水相 pH 值	表面活性剂	聚合物			
2009-07-06	10.13	68	859	0	8317	10
				100	2858	0.6
2009-08-14	10.12	61	975	0	40812	8.0
				100	1909	4.0
2009-09-15	10.08	60	981	0	8576	6.0
				100	3791	2.4
2009-11-12	10.19	154	1060	0	8373	—
				150	2431	—

由表 6-24 可见，破乳剂 SP1010 对南五试验区高驱油剂含量三元复合驱采出液具有良好的破乳效果，在加药量为 100~150mg/L 的情况下，可使表面活性剂含量为 60~154mg/L、聚合物含量为 859~1060mg/L 的三元复合驱采出液经过 30min 静置沉降后的水相含油量降到 4000mg/L 以下，油相水含量低于 5%。

二、三元复合驱采出液消泡剂

三元复合驱采出液由于表面活性剂存在起泡问题。泡沫分散性测试表明，高表面活性剂含量（大于 100mg/L）三元复合驱采出液中的泡沫结构为水连续相，从中提取的界面活性物质主要是表面活性剂、碱土金属碳酸盐等新生矿物微粒和部分水解聚丙烯酰胺的微生物代谢产物，主要的稳定机制为 Gibbs-Marangoni 效应和固体颗粒稳定效应。为此，在消泡剂配方设计中以具有高界面活性的硅油为主剂，同时添加能使界面上吸附的胶态和纳米尺度颗粒物完全被水润湿进入水相的润湿性转变成分。此外，在消泡剂配方筛选和优化中还应剔除三元复合驱采出液油水分离有不利影响的配方。

采用上述原则，以南五试验区和北一区断东试验区三元复合驱采出液为介质，通过大量药剂筛选和复配试验，研制出由 AF1001 和 AF1002 组成的 AF 系列三元复合驱采出液消泡剂。AF1001 和 AF1002 对南五试验区综合三元复合驱采出液的消泡效果见表 6-25。

表 6-25　消泡剂 AF1001 和 AF1002 对南五试验区高驱油剂含量三元复合驱采出液的消泡效果

药剂型号	加药量 mg/L	消泡率，%				
		2min	5min	10min	15min	20min
空白	0	42.1	42.1	42.1	44.7	52.6
AF1001	30	54.1	59.5	89.2	94.6	100.0
	100	47.2	61.1	88.9	97.2	100.0
	130	83.3	86.1	94.4	100.0	100.0
AF1002	20	54.5	72.7	90.9	97.0	100.0
	80	73.7	81.6	94.7	100.0	100.0
	100	54.1	75.7	86.5	100.0	100.0

注：水相聚合物含量为 1041mg/L，表面活性剂含量为 106mg/L，pH 值为 10.13。

由表6-25可见，消泡剂AF1001和AF1002对南五试验区三元复合驱采出液具有良好的消泡效果，在其加药量分别为130mg/L和80mg/L的情况下，可将水相聚合物含量为1041mg/L、表面活性剂含量为106mg/L、pH值为10.13的三元复合驱采出液经过15min静置的消泡率由未加药时的44.7%提高到100%。

从2009年11月20日开始在南五试验区地面掺水中投加消泡剂AF1002，消泡剂投加前后南五试验站三相分离器出液含气量的变化情况见表6-26。

表6-26　消泡剂AF1002在南五试验区三元复合驱采出液处理中的应用效果

时间	采出液水相 表面活性剂含量，mg/L	消泡剂加量 mg/L	三相分离器出液 气液体积比
2009-11-19	114	0	0.41
2009-11-20	112	93	0.19
2009-11-21	121	92	0.07
2009-11-22	121	32	0.08
2009-11-23	123	32	0.22
2009-11-24	119	38	0.14
2009-11-25	125	112	0.07
2009-11-26	128	82	0.07

由表6-26可见，通过在掺水中投加32~112mg/L消泡剂AF1002，可使三相分离器出液的气液比由0.41降低到0.22以下，可显著改善三相分离器的气液分离效果。自投加消泡剂AF1002后，南五试验站三相分离器的气液分离效果得到显著改善，解决了离心脱水泵泵效下降和电脱水器上部积气的问题。

三、三元复合驱采出液水质稳定剂

采用扫描电镜（SEM）和能量色散X射线衍射技术（EDX）对滤膜上截留的现场三元复合驱采出水中的悬浮固体微粒进行鉴定发现，三元复合驱采出水中大部分难以去除的胶态悬浮固体微粒为从过饱和水相中析出的碳酸盐和非晶质二氧化硅微粒，由于这些微粒尺寸小，而且其析出和长大又是一个持续的过程，采用常规的物理和生化处理方法不仅去除效率低，并且处理后的三元复合驱采出水在注水管网和油藏中仍会继续析出新生矿物微粒造成注水系统的污染和油藏堵塞。由于这些新生矿物微粒尺寸小，采用化学混凝法去除这部分悬浮固体微粒不仅加药量极高，而且由于不可避免地要去除水中的几乎全部阴离子型聚丙烯酰胺，所形成的占水量体积5%以上的絮体难以处置，从经济和环保角度看不具有可行性。因此，要从根本上解决三元复合驱采出水的悬浮固体微粒去除问题，必须消除其中碳酸盐等新生矿物微粒的析出。根据三元复合驱采出液的过饱和稳定机制，对于过饱和的三元复合驱采出水，可应用螯合剂或联合应用pH值调节剂和螯合剂，将采出水由过饱和态转变为欠饱和态，抑制采出水中新生矿物微粒的析出，降低采出水中悬浮固体去除的难度。

按照上述思路，以杏二中试验区高过饱和程度的三元复合驱采出水的介质，通过大量药剂筛选和复配试验，研制出基于螯合剂的三元复合驱采出液水质稳定剂 WS1001、WS1002 和 WS1003。其中，螯合剂的作用机理包括：(1) 螯合剂与碱土金属离子形成水溶性的复合离子，降低碱土金属碳酸盐和硅酸盐的过饱和度；(2) Mg^{2+} 为硅酸聚合的催化剂，螯合剂与 Mg^{2+} 结合后会减缓非晶质二氧化硅的形成速度，并减小非晶质二氧化硅微粒的尺寸，这样形成的非晶质二氧化硅微粒的尺度在纳米级，不影响回注三元复合驱采出水的水质。

水质稳定剂 WS1001 对 2007 年 7 月杏二中试验站三元复合驱采出水中悬浮固体含量的降低作用和在高温下的稳定作用分别见表 6-27 和表 6-28。

表 6-27 水质稳定剂 WS1001 对杏二中试验站三元复合驱采出水中悬浮固体含量的降低作用

瓶号	水质稳定剂加量，mg/L	悬浮固体含量，mg/L
1	0	45
2	500	27
3	750	20

注：水样的初始悬浮固体含量为 63mg/L；水样在 40℃下老化 16h 后用快速定量滤纸过滤。

表 6-28 水质稳定剂 WS1001 对杏二中试验站三元复合驱采出水在高温下的稳定作用

瓶号	水质稳定剂加量，mg/L	悬浮固体含量，mg/L
1	0	330
2	875	28

注：水样的初始悬浮固体含量为 63mg/L；水样在 80℃下老化 16h 后用快速定量滤纸过滤。

由表 6-27 可见，水质稳定剂 WS1001 对杏二中试验站三元复合驱采出水中的悬浮固体含量有显著的降低作用，在加药量为 750mg/L 的条件下，可将水中常规沉降和过滤手段难以去除的悬浮固体微粒含量由 45mg/L 降低到 20mg/L，为使处理后回注采出水的悬浮固体含量达到 20mg/L 以下创造了有利条件。

由表 6-28 可见，杏二中试验区三元复合驱采出水中投加水质稳定剂 WS1001 可显著提高其在高温下的稳定性，在 WS1001 加药量为 875mg/L 的条件下，可使其经过 16h 80℃老化后的胶态悬浮固体含量由 330mg/L 降低到 28mg/L。

上述数据和分析表明，在杏二中试验区地面掺水中投加水质稳定剂 WS1001 不仅可以显著降低因掺高温水而使采出液中悬浮固体含量大幅度上升的问题，显著降低该试验区采出水的处理难度，还可有效抑制或减缓掺水管线的结垢和淤积。

根据杏二中试验区的油气集输和采出液处理流程，可采取图 6-26 所示的水质稳定剂加药方式，其优点一是药剂在地面掺水和油井采出液混合前就投加在掺水中，可防止因地面掺水与油井采出水不兼容而导致的新生矿物颗粒析出，便于螯合剂作用效果的充分发挥；二是地面掺水中螯合剂的浓度高，便于控制地面掺水在掺水加热炉和掺水管道中高温环境下颗粒物的析出和沉积。

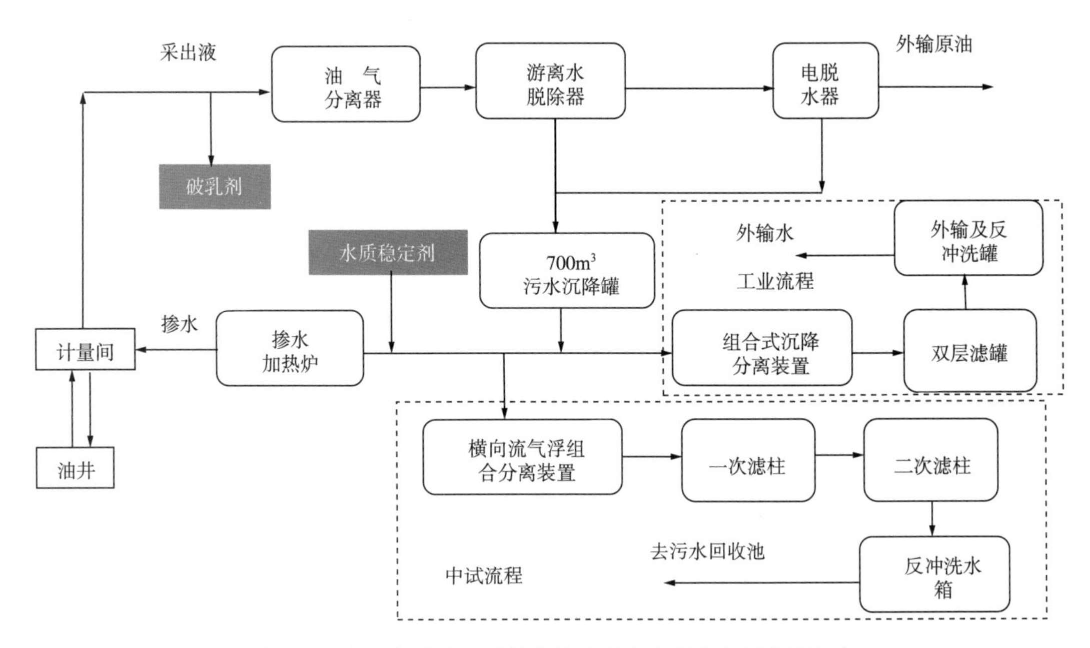

图 6–26　杏二中试验区系统集输流程和水质稳定剂应用方案

第七章　三元复合驱采出液原油脱水技术

三元复合驱采出液的原油脱水处理是三元复合驱开发中的关键环节之一，关系到三元复合驱外输原油的质量、原油集输的效率和生产运行的成本，进而影响三元复合驱原油生产的总体经济效益。

随着大庆油田三元复合驱油技术的不断推广，三元复合驱采出液原油脱水技术在试验和工业化应用的过程中不断发展完善。

“九五”期间，主要针对进口表面活性剂三元复合驱采出液的处理，从油水分离特性、乳状液稳定性和破乳剂等方面研究入手，开发了新型专用破乳剂 FD408-01 和新型防垢剂 FS-01，研制开发了游离水脱除器、新型电脱水器等装置。现场试验数据表明，三元复合驱采出液经游离水脱除后，能够达到油中含水率不大于 20%、水中含油量不大于 2000mg/L、电脱后出口油含水率不超过 0.1% 的技术指标。经过长期的现场试验，初步形成了一套适合于进口表面活性剂三元复合驱采出液处理的工艺技术，其总体技术水平与聚合物驱接近。

“十五”和“十一五”期间，主要是针对表面活性剂国产化以后，三元复合驱采出液处理难度增大的问题，结合三元复合驱的推广应用，形成了以两段脱水为主体的原油脱水工艺。两段脱水工艺经历了北一区断东三元 217、南五区两个先导性试验区全过程的试验，实现了原油脱水的长期稳定达标。在现场试验的基础上，结合三元复合驱的推广应用，在相关采油厂新建和改造了原油脱水站 8 座，包括南四联、杏一联、杏六联、杏十联和喇 291 转油脱水站等。

“十二五”期间，两段脱水技术发展成为标准化设计的定型工艺技术。开发了适合于三元复合驱采出液处理的化学药剂，优化确定了药剂加药量；研发了填料可再生的游离水脱除器、组合电极电脱水器及配套供电设备，工业性试验区和工业示范区总体运行平稳。同时规范了技术系列，三元复合驱采出液游离水脱除装置和高效组合电极电脱水装置等获得实用新型专利，抗短路冲击自恢复式高频脉冲脱水供电装置获得发明专利；建立了相应的技术标准和规范，脱水技术进一步专业化运作和推广，保证了三元复合驱采出液原油脱水技术有效转化为生产力。在北一区断西西块、东区二类、西区二类、南一区东块、北一二排东块、南四区东部、北三东、北二区东部、北二区西部东块、杏三—四区东部 10 个工业化区块，按三元复合驱采出液处理工艺新建成或扩改建转油放水站 11 座，脱水站 10 座，包括中 105 脱水站、南 3-1 脱水站、北Ⅲ -3 脱水站等。

总体来说，三元复合驱原油脱水技术经过多年的研究攻关，两段脱水工艺及配套研发的脱水设备，在技术上满足了三元复合驱采出液脱水的要求，实现了原油的达标外输，处理规模与生产质量均达到较高水平[30]。

第一节　采出液油水分离特性

一、三元复合驱采出液沉降分离特性

三元复合驱采出液组分和相态复杂，油水乳状液稳定性强，各区块、各阶段的采出液性质差别大，原油脱水难度大。在前期杏二中试验期间，杏二中试验区采出液在低驱油剂含量阶段（表面活性剂含量不大于 25mg/L），就出现了游离水脱除器放水含油量高的问题。经过大量室内实验，以及北一区断东三元 217、南五区两个先导性试验区阶段的试验表明，增加停留时间，确定破乳剂最佳加药量可以改善采出液的沉降分离效果。“十二五”期间，进一步跟踪北一区断西西等三元复合驱工业性示范区，研究三元复合驱采出液的沉降分离特性[31]。

1. 破乳剂加入量对沉降分离特性的影响

在北一区断西西三元复合驱示范区采出化学剂浓度较低的阶段，进行了不同破乳剂加入量对油水分离效果的影响试验。中 105 脱水站来液在温度为 40℃、沉降时间为 30min 时，水中含油量与破乳剂 SP1003 加量的关系见表 7-1。破乳剂加量对沉降分离的影响如图 7-1 所示。

表 7-1　水中含油量与破乳剂加量的关系

聚合物浓度，mg/L	表面活性剂含量，mg/L	pH 值	破乳剂加入量，mg/L	水相含油量，mg/L
370	12	8.4	5	675
			10	346
			15	170
			20	130
			30	146

图 7-1　破乳剂加量对沉降分离的影响

从表 7-1 中可以看出：（1）随着加药量的增加，水中含油量有减少的趋势；（2）破乳剂的加量达到 30mg/L 后，继续增加破乳剂加量，对脱后水质的影响减小；（3）增加破乳剂的加量，对改善脱后水质还有潜力。

2. 化学剂含量对沉降分离特性的影响

随着北一区断西西三元复合驱示范区采出化学剂浓度升高，选用示范区中 105 脱水站不同化学剂含量的采出液，进行 40min 沉降分离试验。脱水温度为 40℃，采出液含水率为 60%，破乳剂型号为 SP1008，加药量为 30mg/L。

从不同化学剂含量的采出液沉降试验后的水相含油量和油中含水率关系（表 7-2）可以看出，表面活性剂含量的升高使三元复合驱采出液稳定性增加，油水分离难度上升。表面活性剂含量为 0~35mg/L 时，采出液油水分离难度增加不大；表面活性剂含量在 35~100mg/L 时，采出液油水分离难度逐步加大，且随表面活性剂含量增加而呈现增加趋势。

表 7-2　中 105 站不同化学剂含量的采出液沉降数据

聚合物浓度，mg/L	表面活性剂含量，mg/L	pH 值	水相含油量，mg/L	油相含水率，%
330	0	8.13	743	2.4
650	35	8.88	1608	2.95
720	70	9.45	2800	3.13
840	100	10.76	2234	15.8

二、三元复合驱采出液电脱水特性

三元复合驱采出液油水乳化严重，油水界面张力低，导电性强，携砂量大，易造成电脱电极短路。通过进行三元复合驱工业性示范区采出液室内静态电脱水试验，研究三元复合驱采出液的电脱水特性[32]。

1. 采出液电脱水特性

选用北一区断西西三元复合驱示范区中 105 脱水站不同化学剂含量的采出液，进行导电性测试。试验温度为 55℃。图 7-2 为中 105 站水相电导率变化曲线。

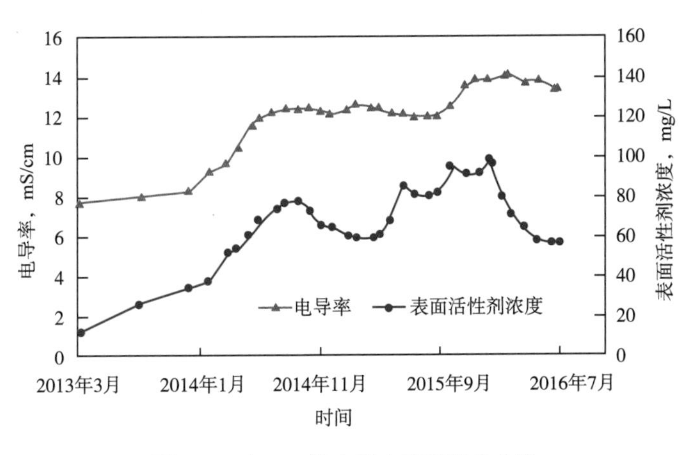

图 7-2　中 105 站水相电导率变化曲线

由图 7-2 可见，从北一区断西西示范区采出液中的表面活性剂浓度达到 30mg/L 以上，采出液导电性增加，击穿电场强度下降，电脱水器运行电流增大，电脱水器的运行平稳性开始变差。采出化学剂浓度高峰期时水相电导率是开采初期水相电导率的 1.8 倍。

2. 化学剂含量对电脱特性的影响

选用北一区断西西三元复合驱示范区中 105 站不同化学剂含量的采出液，进行电脱水试验。脱水前油中含水率为 10%，试验温度为 50℃，二段破乳剂型号 SP1009，加药量 20mg/L。表 7-3 为三元剂含量不同阶段 2000V/cm 电场强度脱水达标加电时间变化。

表 7-3　不同阶段 2000V/cm 电场强度脱水达标加电时间变化

聚合物浓度，mg/L	表面活性剂含量，mg/L	电场强度，V/cm	加电时间，min	油相含水率，%
650	26	1500	45	0.3
		1800	45	0.28
		2000	45	0.26
870	48	1500	60	0.28
		1800	60	0.27
		2000	60	0.25
790	75	1500	75	0.3
		1800	75	0.29
		2000	75	0.27
840	100	1500	90	0.27
		1800	90	0.25
		2000	90	0.19

从表 7-3 可以看出，适当提高脱水电场强度是提高脱水效果的有效手段，不同阶段最佳脱水电场强度不同。化学剂浓度低、中含量阶段，最佳脱水电场强度为 1500V/cm，脱水时间为 60min 时，脱后含水率即可达到 0.3% 的脱水指标；化学剂浓度高含量阶段，脱水电场强度为 1800~2000V/cm，脱水时间为 90min 时脱后含水率可达到 0.3% 的脱水指标。

3. 加电时间对电脱特性的影响

试验介质：北一区断西西三元复合驱示范区中 105 站不同化学剂含量的采出液。

电导率测试条件：温度 50℃。

由图 7-3 可见，随着采出液中化学剂浓度升高，电脱水难度明显增大，脱水达标时间延长，脱水电场强度为 2000V/cm，脱水达标时间由开采初期的 45min 左右，在采出化学剂高峰期延长到 70min 左右，处理难度明显提高。

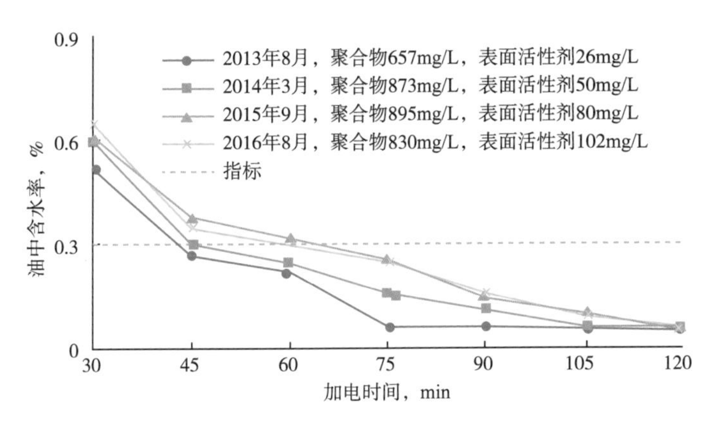

图 7-3　中 105 站采出液不同阶段 2000V/cm 电场强度脱水达标加电时间变化曲线

第二节　三元复合驱采出液脱水设备及工艺流程

一、三元复合驱采出液原油脱水设备

原油脱水设备是脱水技术的体现。三元复合驱采出液脱水设备主要包括游离水脱除设备和电脱水设备。

1. 新型游离水脱除器研制

1）游离水脱除器专用聚结填料

（1）聚结填料在油水分离过程中的作用。

油水混合物进入游离水脱除器，油为分散相。经过聚结填料时，随着流体的流动，同时由于重力和浮力的作用，油滴上浮到作为聚结元件的波纹板的下表面进行聚结、分离，在出口区，已经分离的油和水沿着各自的出口排出。波纹板填料游离水脱除器结构如图 7-4 所示。

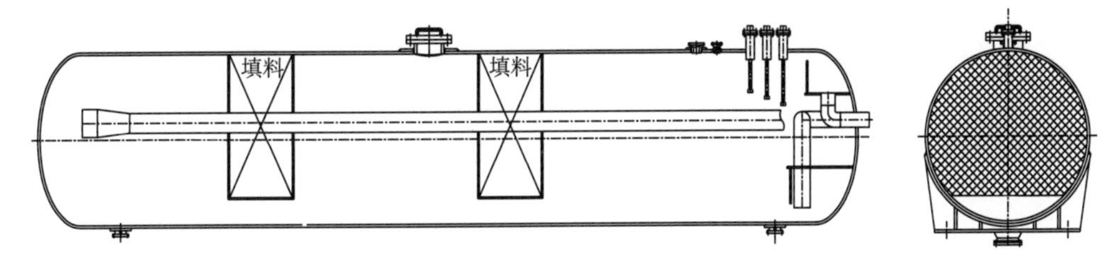

图 7-4　波纹板填料游离水脱除器结构示意图

聚结填料作为聚结元件，其作用主要包括三个方面：一是填料的板片将游离水脱除器横断面分割为多层通道，从而缩短了分散相的浮升（或沉降）距离（浅池原理）；二是填料为油水分离提供了较大的分散相聚结表面积；三是填料的交错放置所形成的通道，提供了更多的分散相颗粒间碰撞的机会。

（2）填料中流体的流动形态分析。

波纹板填料作为油水分离器的聚结元件，使流体的流动过程较为复杂。波纹板填料的倾斜面可以看作倾斜板，而且波纹板聚结机理与斜板类似。因而在理论分析时，将波纹板按等比表面积原则简化为斜置平板。考虑到波纹板的交错放置，在研究时，波纹板填料的油水分离过程可以认为是油水两相通过并流和逆流分离的组合过程。

油水两相分散体系流经斜板平板通道的分离过程中，油滴随着水相流动，同时由于浮力的作用而上浮。当其浮升至上平板下表面后，便与板面吸附、聚结，由此产生一由轻相所组成的沿平板壁面向上流动的流动膜，此轻相流动膜流至平板上端就升浮到容器顶部轻相油层之中，从而完成分离过程。

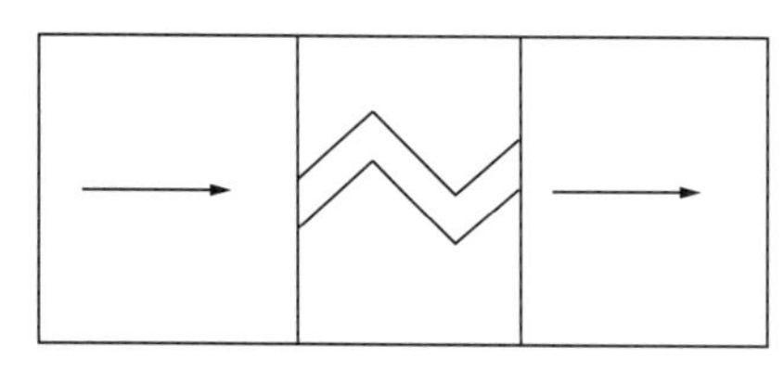

图 7–5　介质在容器内流动情况

介质在容器内流动情况如图 7–5 所示。将波纹板按等比表面积原则简化为斜置平板（图 7–6）。

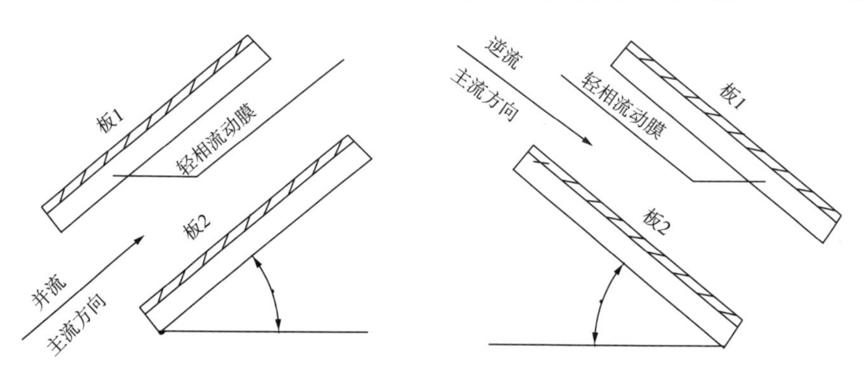

图 7–6　简化成斜板间的液液流动形式

如图 7–6 所示，油水两相分散体系的主流方向为由下至上沿流体板间通道流动，而分散相油滴所形成的轻相流动膜的排除方向与分散体系的主流方向同向，此过程称为并流过程。当油水两相分散体系的主流方向为由上至下沿流体板间通道流动时，分散相油滴所形成的轻相流动膜的排除方向与分散体系的主流方向相反，这个过程称为逆流过程。并流、逆流实际上是指液液两相分层流动的流向之间的关系。

（3）波纹板填料简化为倾斜平板的方法。

在理论分析和计算中，按等比表面积原则将波纹板简化为斜置平板，具体简化方法如下：

图 7–7 为与波纹板方向垂直的法线截面上波纹填料片的几何尺寸示意图。

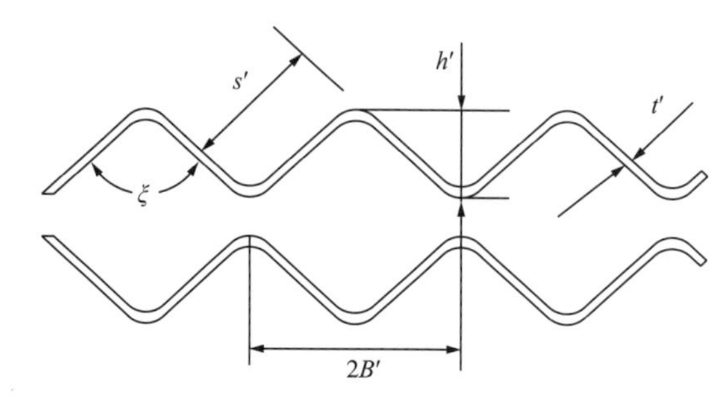

图 7–7　波纹填料片的几何尺寸

t'—波纹板厚；ξ—波纹倾角；s'—半个波峰的长度；h'—波峰高；B'—半波距

填料的比表面积为：

$$\alpha = \frac{2[s' - t'/\tan(\xi/2)]}{h'B'} \tag{7-1}$$

经简化后，对高为 H、宽为 B、板数为 n 的填料板组，板间距离为：

$$h - \frac{H}{n-1} = \frac{\sqrt{2}HB\cos(\xi/2)}{H - \sqrt{2}B\cos(\xi/2)} \tag{7-2}$$

（4）聚结填料的润湿性测试。

为了认识化学剂对聚结材料润湿性的影响，更好地选用、设计游离水脱除器内的增强聚结材料，对油田常用的聚结材料进行了测试评价。

油田用于游离水脱除的聚结填料的材质主要有聚丙烯、不锈钢和陶瓷。在实验室测试评价了三元复合驱采出液对它们的润湿性。测试结果见表 7-4 至表 7-7。其中，表 7-4 是平板型材料在 40℃测得的数据，水相系蒸馏水，油相是杏二中净化原油。表 7-5 至表 7-7 表示的是平板型材料在 40℃测得的数据，其中水相是以蒸馏水为溶剂，分别添加该试验区所使用的化学剂——聚丙烯酰胺、NaOH（分析纯）和烷基苯磺酸盐所形成的溶液。

表 7-4　常见聚结材料的润湿角

聚结材料	水相润湿角	油相润湿角
陶瓷	20° 22′	99° 16′
不锈钢	94° 14′	12° 42′
聚丙烯	102° 15′	7° 38′

表 7-5　聚结材料水相润湿角与水相中聚合物含量的关系

聚合物含量，mg/L		50	100	200	300	400	500
水相润湿角，(°)	陶瓷	20.37	20.36	20.37	20.36	20.35	20.37
	不锈钢	94.23	94.23	94.22	94.23	94.23	94.22
	聚丙烯	102.25	102.24	102.25	102.25	102.26	102.25

表 7-6　聚结材料水相润湿角与水相中 NaOH 含量的关系

NaOH 含量，mg/L		200	500	1000	2000	3000	4000
水相润湿角，(°)	陶瓷	20.36	20.35	20.34	20.33	20.32	20.31
	不锈钢	94.23	94.22	94.22	94.21	94.20	94.19
	聚丙烯	102.24	102.22	102.20	102.19	102.18	102.17

表 7–7　聚结材料水相润湿角与水相中表面活性剂含量的关系

表面活性剂含量，mg/L		50	100	200	300	400	500
水相润湿角，(°)	陶瓷	20.30	20.00	19.5	19.2	18.50	18.02
	不锈钢	94.1	94.05	93.95	93.90	93.85	93.80
	聚丙烯	102.20	102.10	102.01	101.90	101.81	101.72

从表 7–4 至表 7–7 中数据可以看出：陶瓷对于水的润湿性最强，聚丙烯对于水的润湿性最弱，不锈钢对于水的润湿性居于二者之间；聚丙烯对于油的润湿性最强，陶瓷对于油的润湿性最弱，不锈钢对于油的润湿性居于二者之间；碱、聚合物在水相的含量变化对水相聚结材料的润湿性影响不大；表面活性剂在水相含量的增大，可以加大水相对聚丙烯、不锈钢的润湿性，实际上削弱了聚丙烯、不锈钢对水相中油滴的聚结能力。

2）入口构件对油水分离器内部流场的影响

传统的卧式油水分离器通常由大型的罐体构成。如何减小分离设备的体积来降低投资和提高分离效率一直是人们研究的重点。在研究中逐渐认识到设备的内构件对流场的运动行为及分离效率都具有显著影响，在现场试验的基础上，通过流体力学计算，研究设备各个内构件与流场分布之间的关系，从而得到优化方案，为设计分散相在连续相中聚结分离所需的流场条件提供必需的参数，为油水分离器的合理设计提供一种科学可行的手段。研究的主要内容：入口构件对油水分离器内部流场的影响；布液板（孔板）不同参数对分离器流场的影响；出口挡板对设备内部流场的影响[33]。

图 7–8 为 5 种入口构件结构示意图。

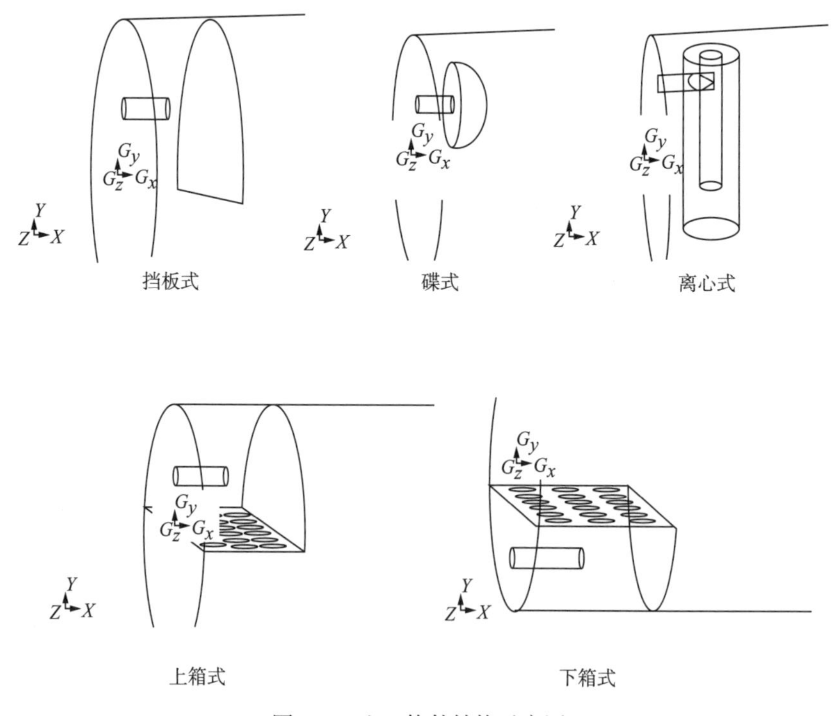

图 7–8　入口构件结构示意图

图 7–9 为 5 种入口构件油水分离器内速度矢量分布图。

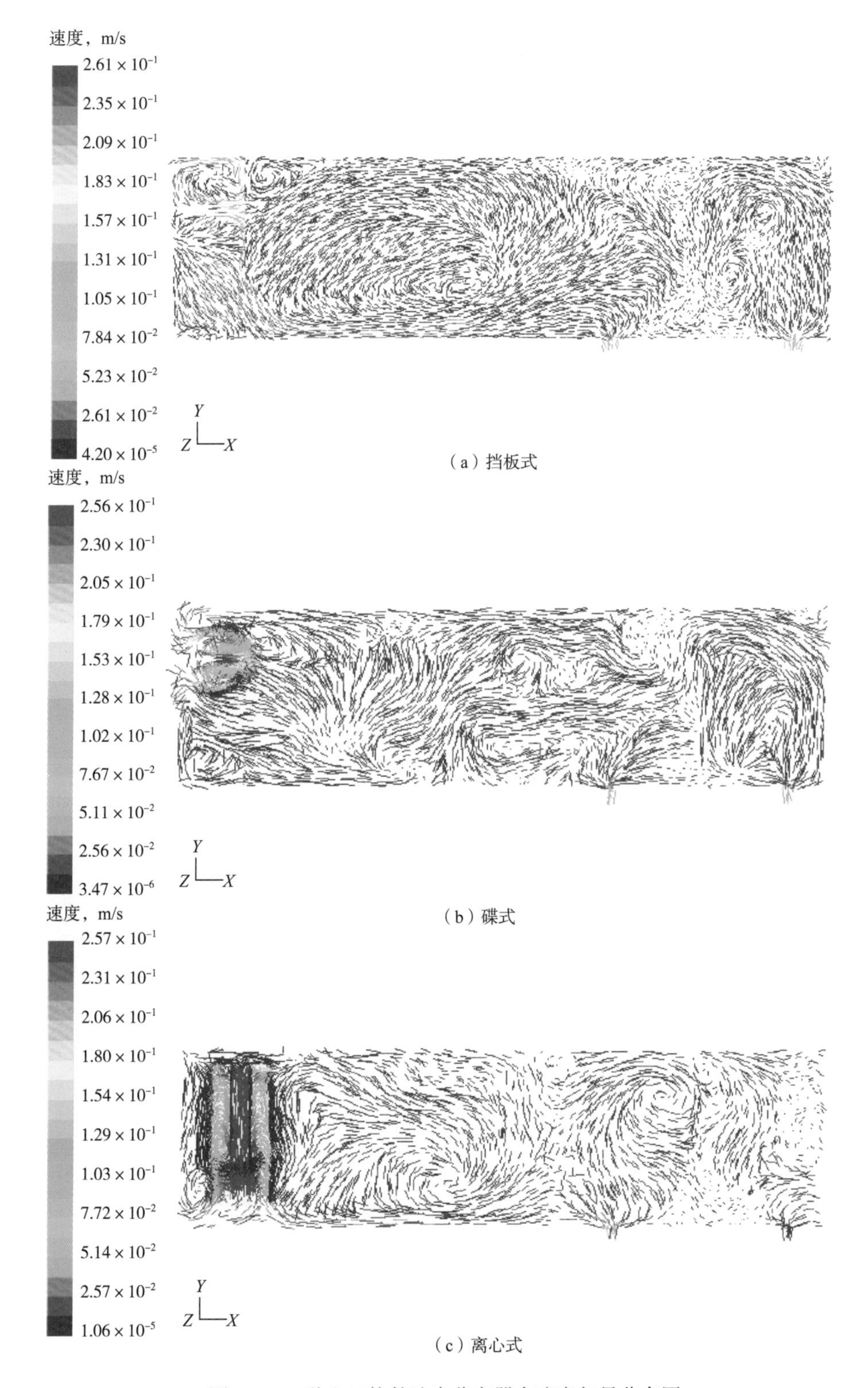

（a）挡板式

（b）碟式

（c）离心式

图 7–9　5 种入口构件油水分离器内速度矢量分布图

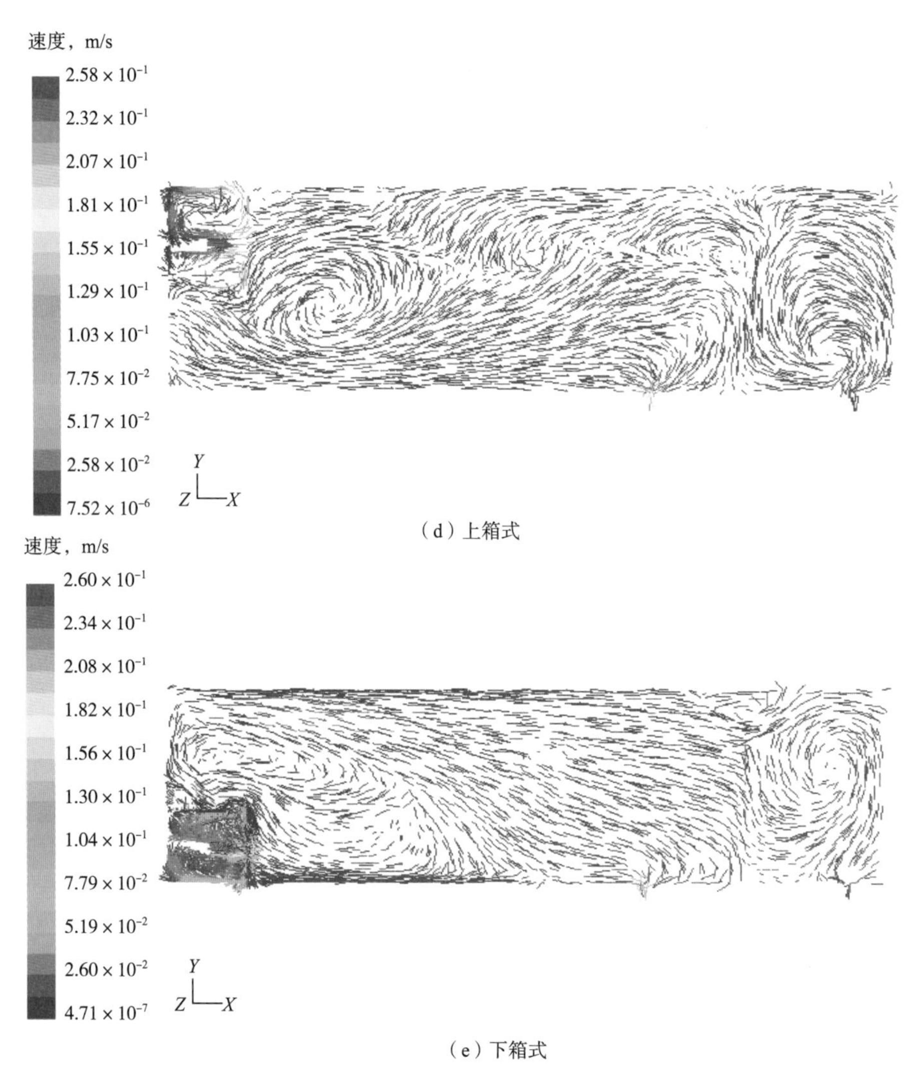

（d）上箱式

（e）下箱式

图 7–9　5 种入口构件油水分离器内速度矢量分布图（续图）

由图 7–9 可见，不同入口构件对流场的影响各不相同，稳流及预分离效果差异较大。

（1）挡板式。在挡板的作用下，入口液流自挡板下方流向分离区，有效流动截面相对减少，在挡板后面流动区域出现明显的一次涡流，并在多处区域出现二次涡流，流场紊乱，流动条件较差，不利于油水分离。

（2）碟式。碟式入口构件的流场分布同样较紊乱，出现严重的一次涡流。另外，碟式构件空间位置不同，容易造成不同程度的偏流现象。

（3）离心式。离心式入口构件主要是为了强化液固分离，从图 7–9（c）可以看出，流场一次涡流得到较好抑制，返混现象不明显，在考虑液固分离的情况下，离心式入口构件是较好的选择。

（4）上箱式。流场总体流动较以上 3 种入口构件得到明显改善，稳流、整流作用都相对较好。但预分离作用不如离心式好。

（5）下箱式。下箱式构件有效地引入重力消能和水洗作用，减少来流的能量，并增加了液滴的聚结机会，有较好的预分离作用。从图 7–9（e）也可以看出，涡流现象明显减小。

结论：比较 5 种入口构件的流动特性，可以发现下箱式不仅具有良好的稳流整流特性，同时还具有一定的预分离作用，结构简单，易于安装，适于在工程中应用。另外，在强调液固分离的情况下，离心式构件也是较好的选择。

3）布液板对分离流场的影响

布液板为孔板式，流动区域主体结构如图 7–10 所示。孔板的开孔率及孔径大小对速度分布的影响见表 7–8 和图 7–11。

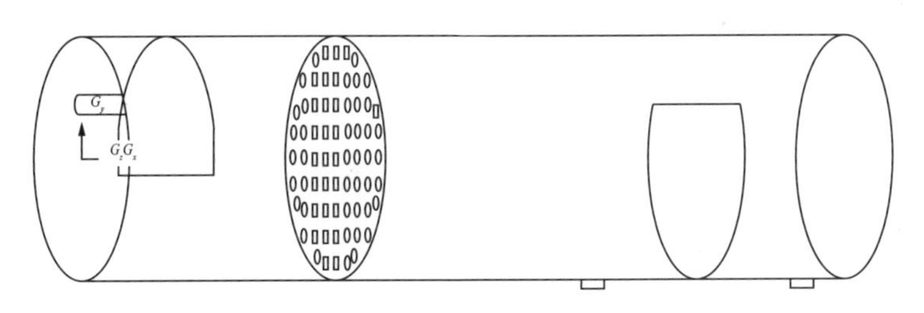

图 7–10　油水分离器结构示意图

表 7–8　不同开孔直径和开孔率下轴向速度标准偏差

开孔直径，mm		10	12.5	15	17.5	20
轴向速度标准偏差	5%	10.49×10^{-4}	9.58×10^{-4}	12.93×10^{-4}	17.67×10^{-4}	14.9×10^{-4}
	10%	9.13×10^{-4}	9.82×10^{-4}	13.11×10^{-4}	7.29×10^{-4}	8.7×10^{-4}
	15%	11.04×10^{-4}	8.6×10^{-4}	7.89×10^{-4}	13.72×10^{-4}	11.1×10^{-4}
	20%	5.29×10^{-4}	11.95×10^{-4}	7.66×10^{-4}	10.04×10^{-4}	9.91×10^{-4}
	30%	18.2×10^{-4}	16.31×10^{-4}	14.8×10^{-4}	16.58×10^{-4}	19.8×10^{-4}

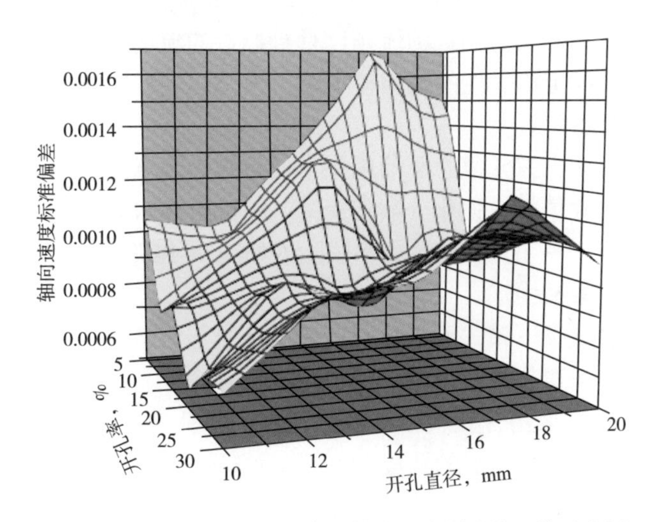

图 7–11　开孔直径及开孔率对轴向速度影响的三维示意图

分析计算结果，开孔率在 20% 左右时，布液板的稳流效果最好，而且小孔径的布液板比大孔径的稳流效果更好。

4）出口挡板对分离器流场的影响

出口挡板也是经常使用的内构件之一，挡板安装的位置及其有效性通过 CFD 方法对设备内部的流场进行模拟。图 7-12 为 3 种挡板结构情况下流体流动区域图。分别对 3 种情况进行模拟计算。

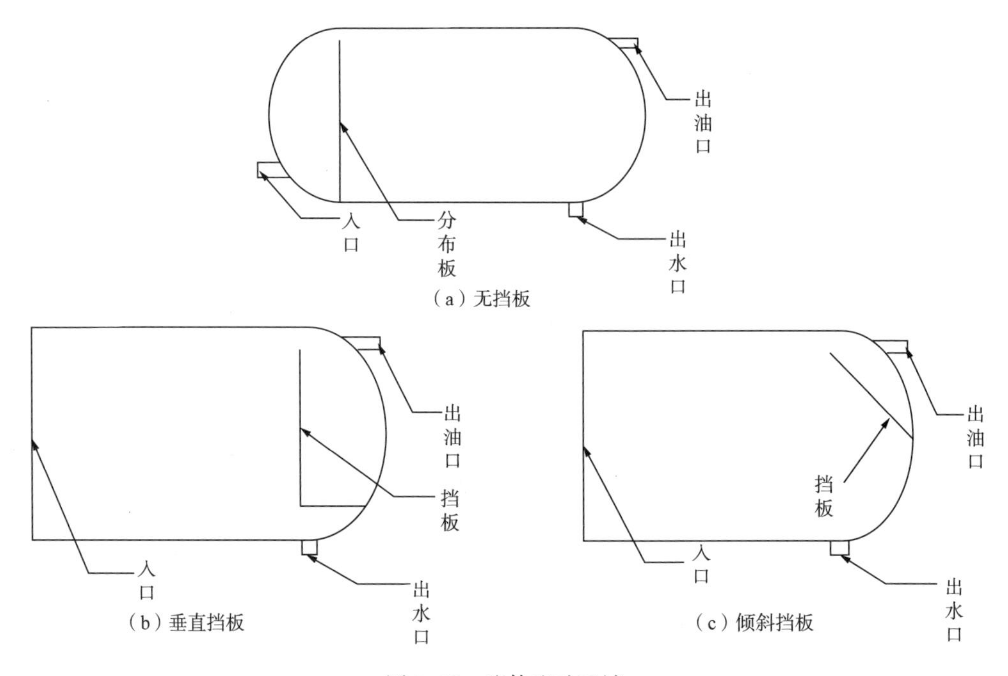

图 7-12　流体流动区域

为了便于比较，求出不同横截面的轴向速度与平均轴向速度的标准偏差，然后拟合得到图 7-13。

由图 7-13 的 X 轴向速度分量的标准偏差分布可见，加入挡板后设备流场紊乱度增加，破坏了流场的稳定性。添加倾斜挡板的流场比垂直挡板的流场要好些。只考虑流场的流动特性，倾斜挡板对流场稳定均一性的破坏较小。

5）游离水脱除器设计

采出液性质研究表明，三元复合驱油用化学剂将极大地增强采出乳状液的稳定性。在此基础上提出了选择高效填料、强化分散相聚结、改进游离水脱除器结构设计等措施，研制了新型游离水脱除器。三元复合驱游离水脱除器如图 7-14 所示。

（1）确定合理的设备结构。

进口构件采用下箱式：下箱式不仅具有良好的稳流整流特性，同时还具有一定的预分离作用，结构简单，易于安装，适于在工程中应用。

布液板采用开孔板：采用开孔板作为稳流构件，开孔率在 20% 左右时孔板的稳流效果优于开孔率为 5%、15% 和 30% 的孔板。

出口挡板采用斜板式：在出口处安置挡板要考虑对设备内流场均一性的影响，斜板式挡板对流场稳定性影响较小，而普通垂直挡板影响较大。

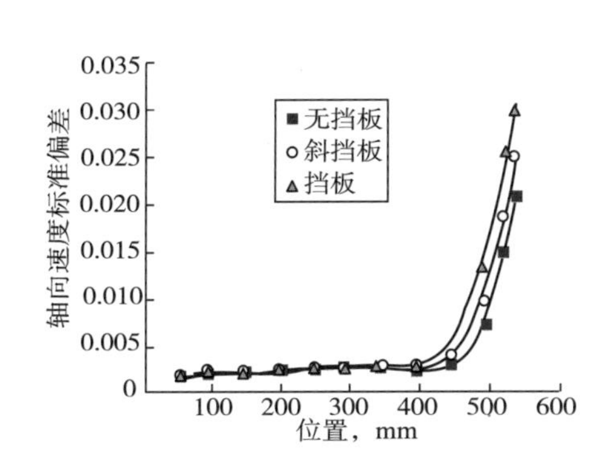

图 7-13　*X* 轴向速度分量的标准偏差分布

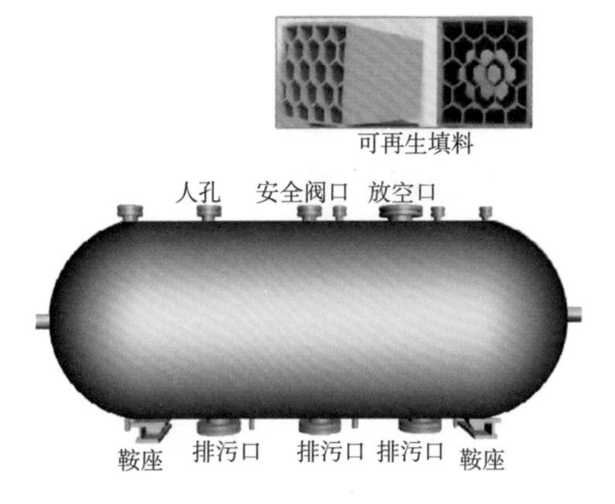

图 7-14　三元复合驱游离水脱除器简图

（2）使用新型聚结填料。

考虑到三元复合驱采出液水相黏度增大，携带杂质增多，新型游离水脱除器中填料使用蜂窝状的陶瓷型填料，降低了填料堵塞的可能性，并利于清理，符合选择抗堵塞能力强、分离效率高的填料的要求，陶瓷夹心波纹板填料流动通道为类正方形，棱角处进行了小弧度处理，重新设计的填装形式使聚结填料自上而下的容积率逐渐增大。

当液体分层后流经 1 号聚结板时，油滴随着水相流动，同时由于浮力作用而上浮。当其浮至波纹板下表面后，便与板表面吸附、润湿、聚结，由此产生一轻相油滴所组成的沿波纹板下表面向上流动的流动膜。此轻相流动膜流至平板上端就升浮到容器上部轻相油层之中，从而完成分离过程。为了提高脱除后污水质量，还在沉降段设置了 2 号波纹板聚结器。

新型游离水脱除器进行了不同沉降时间的游离水脱除现场试验，试验曲线如图 7-15 所示。试验条件：杏二中试验区进站采出液中聚合物含量在 120mg/L 左右，表面活性剂含量为 26~41mg/L，碱含量为 800mg/L 左右，处理温度在 40℃左右，破乳剂 SP1003 加药量为 30mg/L。

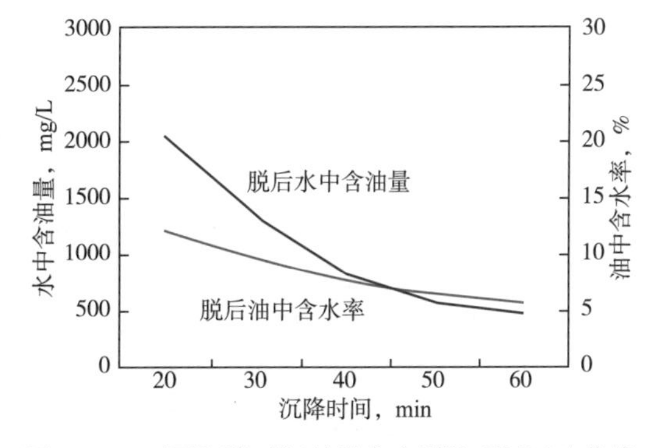

图 7-15　不同沉降时间的游离水脱除现场试验曲线

由图 7-15 可见，在试验区现有驱油化学剂含量条件下，采出液沉降 30min，处理后油中含水率在 10% 左右，污水含油量低于 1500mg/L，随着沉降时间的延长，脱除污水含油量和油中含水率进一步降低，沉降 40min，污水含油量低于 1000mg/L。

2. 电脱水设备研制

室内实验研究表明，随着采出液中三元复合驱化学剂含量的增加，脱水电流升高，三元复合驱采出液脱水电流高于聚合物驱采出液脱水电流的 1 倍以上，并且电流波动较大，脱水电流到达峰值时间延长。结合聚合物采出液电脱水现场运行经验，在聚合物返出后电脱水会在一定阶段处于较大电流运行状态，如大庆油田采油三厂北十三联合站在 1997 年 3—10 月（聚合物含量为 30~180mg/L）电脱水运行电流为 70~95A，供电设备如整流硅堆经常烧毁。现有供电设备在三元复合驱全面推广后可能难以适应生产需要。因此，开发研制了适应三元复合驱采出液处理的新型供电设备（安全脱水变压器、微机脱水控制柜）[34-35]。

1）安全脱水变压器研制

随着采出液中三元复合驱化学剂含量的增加，脱水电流升高，并且电流波动较大，脱水电流到达峰值时间延长。常用脱水供电设备长期在较大波动电流下运行时，容易造成整流硅堆烧毁，对脱水器的连续正常运行产生影响。通过分析，硅片烧毁的主要原因是：当电脱水器电极间发生击穿放电或电脱水器绝缘套管被击穿后又重复送电，硅堆流过接近短路状态的过电流。暂态电流有效值约为额定电流的 20 倍，短路电流与变压器漏阻抗的标示值有关。漏阻抗的标示值越小，短路电流越大。如果在制造变压器时，将变压器的阻抗提高，有利于抑制短路电流。此设计把变压器的阻抗电压提高到 70%（表 7-9）。

表 7-9　大电流脱水变压器设计参数与常规脱水变压器设计参数对比

名称	容量，kV·A	阻抗电压，%	输入电压，V	输出电压，kV	高压电流，A
新型脱水变压器	100	70	380	15，17.5，20，22.5，25，27.5，30，32.5，35	2.5
常规脱水变压器	50	8	380	27.5，30	1.6

当变压器的阻抗电压为 70% 时，其短路电流有效值约为额定电流的 2 倍，有效抑制了瞬间放电电流，硅整流器额定电流为 4A，使硅整流器的保护特性、回路的过流程度和整流元件的过流能力相协调，保证了硅堆安全运行。

大电流安全脱水变压器设计有多种电压输出，可适应三元复合驱采出液不同化学剂浓度阶段介质导电性变化，提高脱水电场稳定性。

2）新型微机脱水控制柜研制

（1）提高抗干扰性。

由于三元复合驱采出液脱水电流波动较大，放电现象较多，新型微机脱水控制柜从设计上提高控制电路对称度，从而提高了抗干扰能力。

（2）提高运行电流（恒流）和过流截止电流。

随着采出液中三元复合驱化学剂含量的增加，脱水电流升高，三元复合驱采出液脱水电流是聚合物驱采出液脱水电流的 1 倍以上，并且电流波动较大，脱水电流到达峰值时间延长。这就要求脱水控制柜要有足够的输出能力，新型微机脱水控制柜采用大功率反并联可控硅模块，输出电流 0~200A 内任意设定。

（3）保护可靠、迅速。

设有电流（恒流）反馈和过流截止双重保护电路；当设备发生过载时，过载自动封锁系统将自动封锁触发脉冲。当开机（关机）时，可控硅两端电压逐渐达到设定值，避免启动瞬间大电流对可控硅冲击所造成的损害；无单边输出，有效保护脱水变压器。新型微机脱水控制柜工作原理如图 7-16 所示。

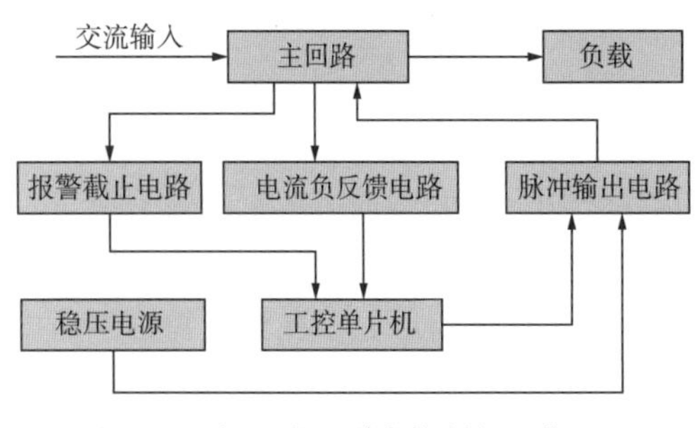

图 7-16　新型微机脱水控制柜工作原理

3）新型电脱水器研制

（1）极板结构。

根据三元复合驱采出液室内实验结果，与聚合物驱采出液相比，三元复合驱采出液电导率增大，击穿电场强度降低，处理聚合物驱采出液的电脱水器结构参数及电场参数已不再适应，按照室内实验结果，充分考虑强、弱电场的接替性以及每一电场区的空间，重新设计了电极间距以适应三元复合驱采出液对脱水电场强度和处理时间的要求。

电极分上、下两部分，上部采用竖挂电极，下部采用一层平挂柱状电极，竖挂电极之间形成强电场（电场强度为 3000V/cm），竖挂电极与平挂电极间形成次强电场（电场强度为 1000V/cm），平挂电极与油水界面形成交变预备电场（电场强度在 200V/cm 左右），其电场强度从下至上逐步增强，乳化液的预处理空间较大，处理后原油的含水率由下至上逐步减少，保证了脱水电场的平稳运行。竖挂电极与平挂电极组合布置形式如图 7-17 所示。

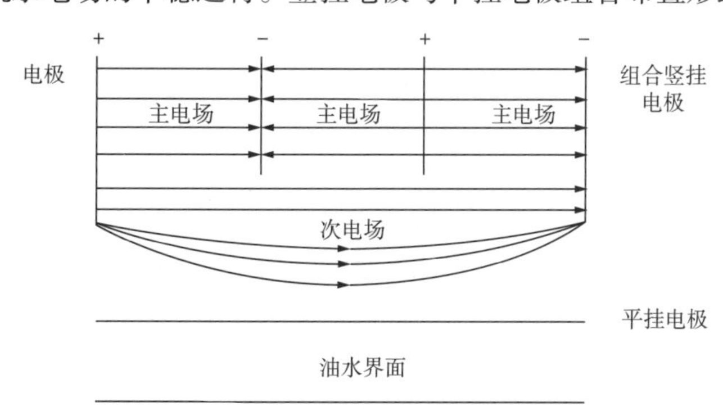

图 7-17　竖挂电极与平挂电极组合布置形式示意图

（2）布液结构。

常规脱水器采用脱水器两侧布液箱布液方式，该结构存在布液不均匀的缺点。将布液方式设计为采用双管布液，并根据三元复合驱采出液流变特性计算出合理的布液孔形式及尺寸，该布液方式提高了布液均匀度，使电极板利用率提高，从而提高了电脱水器的处理能力和脱水电场稳定性。

根据试验研究成果，设计了试验电脱水器，电脱水器设计参数为：脱水温度不低于50℃，操作压力为 0.2~0.3MPa，来液含水率不大于 30%；来液三元复合驱化学剂浓度，聚合物不大于 1000mg/L，碱不大于 3000mg/L，表面活性剂不大于 200mg/L；脱后油含水率不大于 0.3%，脱后污水含油量不大于 3000mg/L。净化油处理量为 5m³/h；供电方式为交、直流复合。

组合电极电脱水器试验中的试验温度为 48~50℃，破乳剂为 SP1003，破乳剂加入量为 30mg/L，油水界面控制在 0.48~0.90m 之间，处理量为 3.0~7.0m³/h，供电采用新研制的大电流脱水供电装置。试验结果如图 7-18 所示。

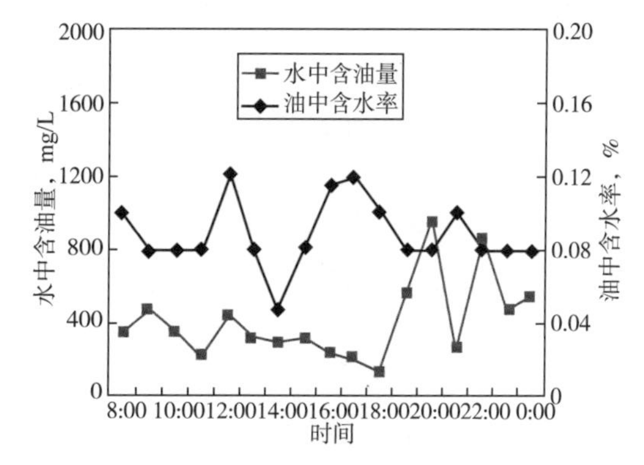

图 7-18　组合电极电脱水器脱后油中含水率及水中含油量曲线

试验结果表明，在油水界面控制平稳的情况下，组合电极电脱水器能够进行有效的油水分离，脱后油中含水率低于0.12%，水中含油量低于1000mg/L。

二、三元复合驱采出液脱水工艺

三元复合驱采出液脱水工艺是在大庆油田成熟的两段脱水工艺的基础上发展起来的。高含水原油电—化学两段脱水工艺流程以如下理论为依据：一是只有低电导率的介质才能经济有效地维持高压电场；二是高含水原油经化学沉降为低含水原油很容易，沉降为净化油是困难的；三是两段脱水可以避免对高含水原油进行加热升温。三元复合驱采出液两段脱水工艺流程如图7–19所示。

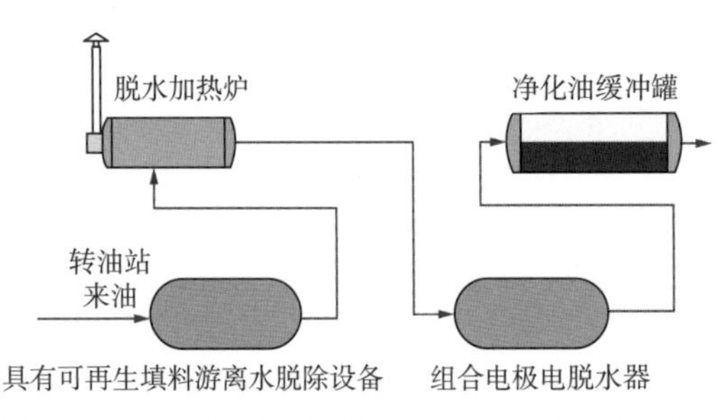

图7–19　三元复合驱采出液两段脱水工艺流程简图

游离水脱除器是用于脱除高含水采出液中游离水的设备，它处理的对象为经过油气分离的高含水原油，是原油两段脱水工艺流程中的一段，分离后的低含水油升温后进入电脱水器进行深度脱水，而脱后的污水进入污水处理系统进行处理。游离水脱除器中油水两相分离的主要机理是重力沉降。根据Stokes公式，液滴在重力作用下的沉降速度与油水密度差成正比，与液滴半径的平方成正比，与外相黏度成反比。把小液滴变成大液滴，大油滴上浮到油层，大水滴下落到水区。进入游离水脱除器的液体包括原油、游离水和乳状液。重力沉降脱出的都是游离水。而乳状液必须加入破乳剂破乳，强迫油水分离，进行深度脱水，提高油水分离质量。游离水脱除器主要应用在油田放水站和脱水站。

电脱水器是依靠电场力的作用对原油乳状液进行破乳脱水的设备。其原理就是将原油乳状液置于高压电场中，由于电场对水滴的作用，使水滴发生变形和产生静电力。水滴变形可削弱乳化膜的机械强度，静电力可使水滴的运动速度增大，动能增加，促进水滴相互碰撞，而碰撞时其动能和静电力位能便能够克服乳化膜的障碍而彼此聚结成粒径较大的水滴，在原油中沉降分离出来。分离后的净化油外输，而脱后的污水进入污水处理系统进行处理。

由于三元复合驱采出液自身的特点，三元复合驱采出液给集输脱水系统带来如下的问题：

（1）水包油型乳状液中油滴微小，大部分在1~10μm之间，油滴带有电荷，油水界面膜强度大，在不能有效破乳的情况下，油滴上浮但不聚并，在有外界扰动的情况下，油滴又分散到水相中，造成游离水放水含油量高。

（2）采出液中悬浮物和成垢成分多，造成脱水站的游离水脱除器聚结填料堵塞严重，影响游离水脱除设备的分离效率和安全运行；常规平挂钢板网电极板淤积杂物，致使电脱水器不能正常脱水。

（3）油包水型乳状液乳化严重，造成电脱水器脱水电流增大，使得原50kV·A脱水供电设备不能满足脱水要求。

（4）由于采出液中聚合物浓度高和机械杂质含量多，聚合物携带机械杂质在电脱水器的绝缘部件上吸附，造成电脱水绝缘部件出现烧毁问题。

三、三元复合驱采出液脱水技术应用

三元复合驱采出液脱水技术工艺经历室内研究、矿场试验、工业示范开发等阶段，形成可靠的三元复合驱脱水工艺技术，于 2013 年开始进行工业化区块地面建设。已在北一区断西西块、东区二类、西区二类、南一区东块、北一、二排东块、南四区东部、北三东、北二区东部、北二区西部东块、杏三—四区东部 10 个工业化区块，按三元复合驱采出液处理工艺新建成或扩改建转油放水站 11 座，脱水站 10 座[36-37]。

1. 北一区断西西三元复合驱示范区采出液脱水技术应用

1）北一区断西西三元复合驱示范区概况

北一区断西西三元复合驱示范区 208 口井，其中注入井 90 口，采出井 118 口。集油系统辖计量间 8 座，采用双管掺水、热洗分开流程，中 105 转油脱水站采用“一段游离水脱除（三相分离器）+ 二段电脱水器”工艺，配套建设污水沉降罐回收油单独处理系统（图 7-20）。北一区断西西三元复合驱示范区主要采出液处理设备参数见表 7-10。

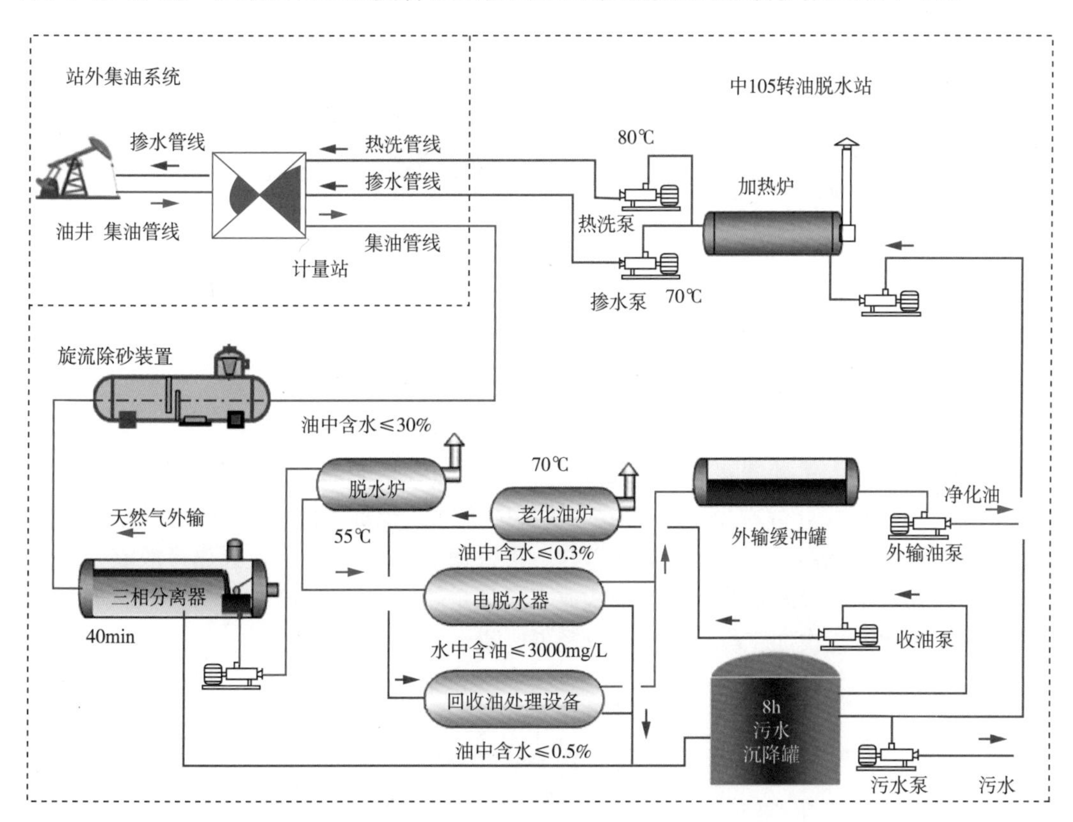

图 7-20　北一区断西西三元复合驱示范区集输脱水流程示意图

表 7-10　北一区断西西三元复合驱示范区主要采出液处理设备参数

设备名称	运行数量，台	规格尺寸，m×m	处理介质	单台设计处理能力，m³/d	介质温度，℃
三相分离器	2	ϕ4×24	油气水	7800	36~45
电脱水器	2	ϕ4×20	含水油	1560	50~55
老化油处理设备	1	ϕ4×12	含水油	450	36~45

中105转油脱水站投产初期聚合物浓度在240mg/L左右，pH值为7.6，体系黏度为1.2mPa・s。三元主段塞结束时，聚合物浓度在950mg/L左右，表面活性剂浓度在65mg/L左右，pH值为10.6，体系黏度为5.6mPa・s。三元副段塞阶段及后续阶段，聚合物浓度580~810mg/L，表面活性剂浓度为60~105mg/L，pH值为10.2，体系黏度为4.8mPa・s。示范区中105站采出液不仅具有驱油剂含量高、油水界面张力低、碳酸盐过饱和量高的特性，还表现出水相硅含量高、硅酸过饱和析出量大的新特点。

2）北一区断西西三元复合驱示范区游离水脱除设备运行情况

三元中105站游离水脱除设备，总体上实现了游离水的有效脱除，脱后的油中含水率在20%以下，污水含油量为3000mg/L（图7-21）。在驱油剂含量上升期（表面活性剂浓度为25mg/L），水相中硅含量上升（416mg/L），硅酸絮体含量升高，采出液中存在乳化层，通过投加有针对性的化学药剂，实现了游离水的达标处理。

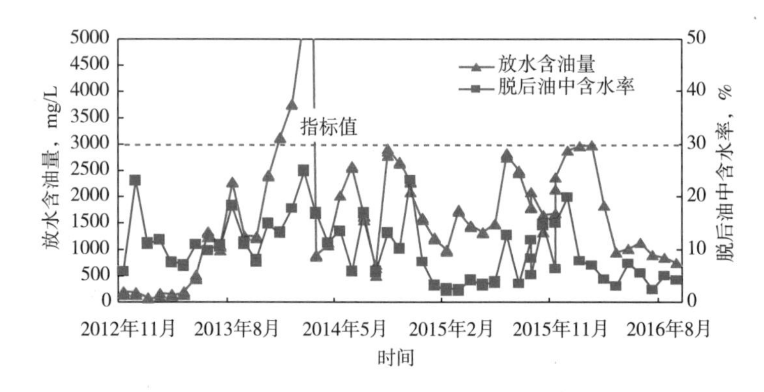

图7-21　中105站游离水脱除设备运行跟踪曲线

3）北一区断西西三元复合驱示范区电脱水设备运行情况

三元复合驱示范区中105站电脱水器，外输原油含水率总体在0.3%以下（图7-22）。针对采出液中含有大量硅酸絮体时（高峰达到1100mg/L），硅酸絮体富集在电脱水器油水界面形成油水过渡层，导致电脱水器运行波动的情况，投加了除硅水质稳定剂WS1005。针对高频次油井酸洗作业（最多每周7口井，每天最多2口井酸洗），其返排液成分复杂，携砂量大，进入系统导致电脱水器波动和放水含油量超标的情况，投加硫化物去除剂，抑制其对系统的冲击；投加二段破乳剂，减轻了电脱水器波动。

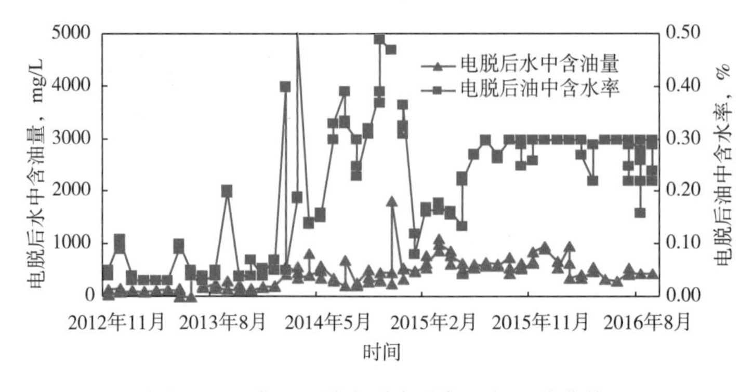

图7-22　中105站电脱水设备运行跟踪曲线

在整个中 105 脱水站试验过程中，脱水系统总体运行稳定，处理结果达到出矿原油外输标准。

2. 北三东西块三元复合驱工业性示范区采出液脱水技术应用

1）北三东西块三元复合驱示范区概况

北三东西块三元复合驱示范区产能工程合计基建产能井 192 口（采出井 96 口，注入井 96 口），计量间 4 座，建成产能 9.79×10^4t/a。原油脱水部分新建北三–6 转油放水站，扩建北Ⅲ–3 脱水站。北三–6 转油放水站采用一段三相分离器放水工艺流程。低含水油外输至北Ⅲ–3 脱水站处理（图 7–23）。

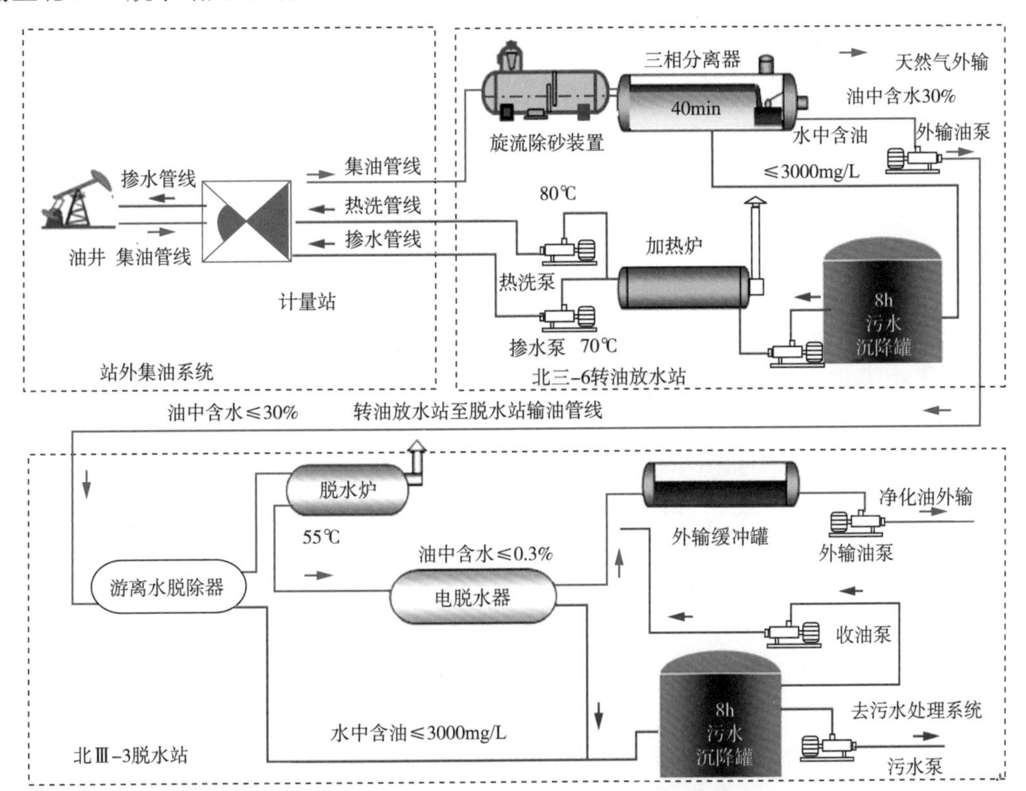

图 7–23　北三东弱碱三元示范区集输脱水流程示意图

北三东西块三元复合驱示范区主要采出液处理设备参数见表 7–11。北三东西块三元复合驱示范区投产初期聚合物浓度在 200mg/L 左右，pH 值为 7.5，体系黏度为 1.1mPa·s。2015 年起，采出液中驱油剂含量逐步进入高峰阶段，至 2015 年底，表面活性剂含量为 93~150mg/L，聚合物含量为 1090~1620mg/L，采出液具有表面活性剂含量高、pH 值高和机械杂质含量高的新特性。

表 7–11　北三东西块三元复合驱示范区主要采出液处理设备参数

设备名称	运行数量，台	规格尺寸，m×m	处理介质	单台设计处理能力，m^3/d	介质温度，℃
三相分离器	2	ϕ4×18	油气水	5300	36~45
游离水脱除器	1	ϕ3.6×16	油气水	4800	36~45
电脱水器	1	ϕ4×16	含水油	1200	50~55

2）北三东西块三元复合驱示范区游离水脱除设备运行情况

北Ⅲ-3 脱水站三元游离水脱除设备运行曲线如图 7-24 所示。

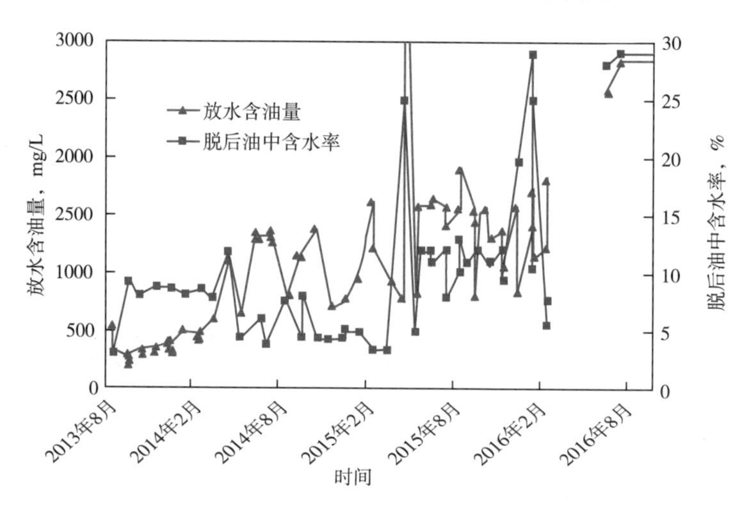

图 7-24　北Ⅲ -3 脱水站三元游离水脱除设备运行曲线

北三东西块三元复合驱示范区低驱油剂含量阶段，表面活性剂浓度不大于 20mg/L，聚合物浓度不大于 450mg/L，破乳剂加入量 20mg/L，游离水脱除后油中含水率基本在 6% 以下，放水含油量基本在 500mg/L 以下。

北三东西块三元复合驱示范区驱油剂含量上升阶段，表面活性剂浓度为 20~60mg/L，聚合物浓度不大于 1000mg/L，游离水脱除后油中含水率基本在 10% 以下，放水含油量基本在 1500mg/L 以下。

北三东西块三元复合驱示范区高驱油剂含量阶段，表面活性剂浓度大于 60mg/L，游离水脱除后油中含水率总体在 20% 以下，放水含油量基本在 2000mg/L 以下。

北三东西块三元复合驱示范区游离水脱除设备能够实现游离水的有效脱除，脱后油中含水率在 30% 以下，污水含油量基本在 3000mg/L 以下。由于油井酸洗、酸化作业的影响，造成水中含油量高，通过投加硫化物去除剂，能够实现达标处理。

3）北三东西块三元复合驱示范区电脱水设备运行情况

北Ⅲ-3 脱水站三元电脱水运行曲线如图 7-25 所示。

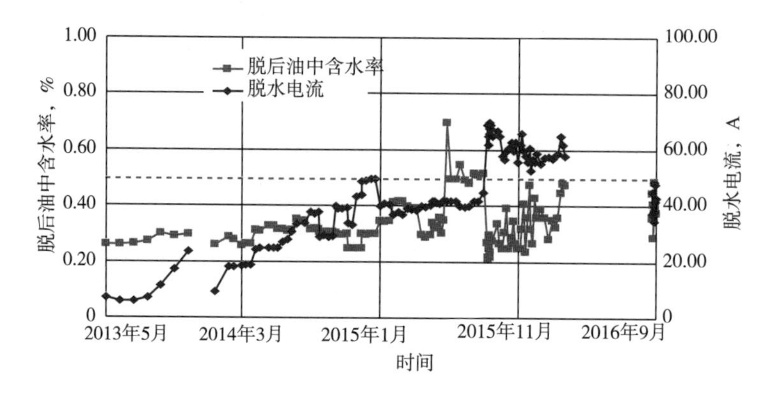

图 7-25　北Ⅲ-3 脱水站三元电脱水运行曲线

北三东西块三元复合驱示范区低驱油剂含量阶段，表面活性剂浓度不大于20mg/L，聚合物浓度不大于450mg/L，电脱水能实现达标处理，脱后油中含水率基本在0.3%以下，设备负荷率为30%~62%。

北三东西块三元复合驱示范区驱油剂含量上升阶段，表面活性剂浓度为20~60mg/L，聚合物浓度不大于1000mg/L，电脱水绝缘组件污染加剧，电脱水能实现达标处理，脱后油中含水率基本在0.3%左右，设备负荷率为45%~89%。

北三东西块三元复合驱示范区高驱油剂含量阶段，表面活性剂浓度大于60mg/L，进行了不同破乳剂试验，电脱水脱后油中含水率总体控制在0.5%以下，设备负荷率为32%~65%。

针对采出液含污量大，绝缘吊柱附着污物导致绝缘失效，影响电脱水稳定运行的情况，研发并更换了大容量脉冲脱水供电装置（100kV·A），能够适应脱水电流大的要求，实现脱水电压18~21kV稳定输出，脱后油中含水达标率上升，达到国家出矿原油含水率0.5%指标。

第八章　三元复合驱采出污水处理技术

大庆油田经过多年对三元复合驱采出水攻关试验研究，逐步形成了能够满足高渗透层回注水注水指标的工艺流程及技术参数。当采出水中三元剂含量较低时，可采用连续流，也可采用序批式沉降处理工艺。当采出水中三元剂含量较高时，可采用序批式沉降处理工艺，并在掺水中投加水质稳定剂，通过对现场采出水水质特性变化规律及工艺适应性进行跟踪分析，满足外输水达标的水质界限[38-39]。

第一节　三元复合驱采出水水质特性

一、总体认识

三元复合驱采出水与水驱、聚合物驱相比，由于聚合物、表面活性剂、碱等物质的加入，使得采出水黏度增加、油水乳化程度增加、颗粒细小，导致采出水处理难度增加。水质特性对比见表 8–1。

表 8–1　油田采出水水质特性对比

检测项目	水驱采出水见聚合物	聚合物驱（高峰期）	三元复合驱（高峰期）
聚合物浓度，mg/L	≤ 50	400~600	1000~1200
表面活性剂，mg/L	无	无	120~150
pH 值	7.5~8.5	7.5~8.5	10~11
粒径中值，μm	≥ 10	7~10	3~5
总矿化度，mg/L	4000~6000	4000~6000	10000~12000
黏度，mPa · s	0.7~1.0	2~2.5	7~9
Zeta 电位，mV	−20~−15	−30~−25	−60~−50

二、对采出水水质分离特性的认识

1. 静置沉降分离特性

随着三元复合驱化学剂返出浓度的增加，采出水分离效率越来越低，需要的分离时间越来越长（表 8–2）。

表 8–2　三元采出水静置沉降分离特性

开发阶段	聚合物，mg/L	表面活性剂，mg/L	pH 值	静置沉降时间，h
第一阶段	200~600	0~10	8.0~8.5	4~8
第二阶段	600~800	10~20	8.5~9.0	8~12
第三阶段	800~1300	20~160	9.0~11	16~27

2. 加药分离特性

随着三元复合驱化学剂返出浓度的增加，采出水处理所需加药量越来越大，处理成本越来越高（表 8–3）。

表 8–3　三元复合驱采出水加药分离特性

开发阶段	A 剂，mg/L	B 剂，mg/L	C 剂，mg/L	吨水成本，元
第一阶段	400	1000	10	6~8
第二阶段	800	2000	20	15~18
第三阶段	1000	2500	30	>20

三、对三元复合驱采出水基本性质变化规律的认识

自 2007 年起，依托南五区等三元复合驱采出水处理试验站，对采出水基本性质的变化情况进行了长期的跟踪监测。根据生产站已建工艺处理后水质达标情况，将采出水基本性质的变化情况分为 4 个阶段，见表 8–4。

表 8–4　三元复合驱采出水基本性质变化规律

开发阶段	第一阶段	第二阶段	第三阶段	第四阶段
站运行时间，月	8~9	8~10	12~18	12~24
注入体积，PV	0~0.3	0.3~0.4	0.4~0.6	0.6~0.8
基本性质变化特点	与含聚合物污水高峰期相比，其性质变化不大	见表面活性剂，聚合物含量高，乳化程度增加	三元复合驱化学剂含量达到高峰期，油水乳化严重	三元复合驱化学剂含量逐渐降低，油水乳化程度降低
外输水质达标情况	含油量达标，悬浮固体达标	含油量达标，悬浮固体超标	含油量超标，悬浮固体超标	含油量基本达标，悬浮固体超标
处理难度	同含聚合物污水	难于含聚合物污水	处理难度最大	处理难度下降

第一阶段认识：处理难度较低，相当于聚合物驱采出水。

在投产 8~9 个月内，在聚合物浓度为 200~500mg/L、未见表面活性剂、污水黏度小于 2mPa·s、来水含油量低于 200mg/L 的条件下，水质达标（表 8–5）。

表 8–5　第一阶段采出水水质特性汇总

名称	南五区	三元 217	喇 291
运行周期，月	9	8	8
注入体积，PV	0.18~0.294	0.08~0.18	0.275~0.374
原水聚合物浓度，mg/L	204~506	260~672	238~525
原水表面活性剂浓度，mg/L	0	3.0~8.2	—
原水 pH 值	8.0~8.6	8.0~8.3	8.1~8.9
原水总矿化度，mg/L	4202~7125	5867~7456	3096~3668
原水黏度，mPa·s	2.13~2.93	1.23~1.88	—
污水站来水含油量，mg/L	116~183	63.7~164.1	30.4~125.6
外输水含油量，mg/L	0.43~10.1	4.0~10.9	1.1~7.7
外输水悬浮固体含量，mg/L	5.85~18.18	7.6~20.4	9.7~42.9

第二阶段认识：处理难度略高于聚合物驱采出水处理，主要是悬浮固体处理困难。

在聚合物浓度为500~700mg/L、表面活性剂浓度在20mg/L以内、污水黏度平均为2~4mPa·s的条件下，外输水含油量基本达标，悬浮固体含量超标（表8-6）。

表8-6 第二阶段采出水水质特性汇总

名称	南五区	三元217	喇291
运行周期，月	10	8	5
注入体积，PV	0.307~0.414	0.20~0.29	0.386~0.439
原水聚合物浓度，mg/L	526~730	679~800	495~580
原水表面活性剂浓度，mg/L	7.3~22.1	3.4~20.4	17~18.7
原水pH值	8.9~9.8	8.18~8.74	8.7~9.5
原水总矿化度，mg/L	5530~7059	5914~8177	3173~4350
原水黏度，mPa·s	2.68~5.63	1.77~3.15	1.78~1.93
污水站来水含油量，mg/L	135~376	105~451	97.6~273
外输水含油量，mg/L	1.72~12.4	6.8~19.0	1.8~22.8
外输水悬浮固体含量，mg/L	27.6~101	14.0~30.0	51.7~209

第三阶段认识：处理难度最大，且前端采油工艺、脱水工艺对其影响较大。

在聚合物浓度为700~1200mg/L、表面活性剂浓度为30~120mg/L、污水平均黏度为4~8mPa·s的条件下，外输水的含油量和悬浮固体含量超标（表8-7）。

表8-7 第三阶段采出水水质特性汇总

名称	南五区	三元217	喇291
运行周期，月	11	30	17
注入体积，PV	0.425~0.533	0.30~0.74	0.452~0.657
原水聚合物浓度，mg/L	700~1300	620~1195	440~856
原水表面活性剂浓度，mg/L	33.7~156	8.8~128	25.4~52.3
原水pH值	9.9~10.3	8.8~10.5	9.7~11.4
原水总矿化度，mg/L	6669~7886	8000~9385	3600~11025
原水黏度，mPa·s	5.25~8.0	1.83~7.0	1.95~8.40
污水站来水含油量，mg/L	33.7~55.8	25.4~56.7	192~6036
外输水含油量，mg/L	191~12500	210~27924	25.1~489
外输水悬浮固体含量，mg/L	21.8~1973	44~13724	39.3~148

第四阶段认识：水质好转，处理难度降低。

在聚合物浓度为800~1100mg/L、表面活性剂浓度为50~100mg/L、污水平均黏度为4~7mPa·s的条件下，外输水含油量基本量达标，悬浮固体含量超标（表8-8）。

表 8-8　第四阶段采出水水质特性汇总

名称	南五区	三元 217	喇 291
运行周期，月	30	16	2
注入体积，PV	0.544~0.802	0.75~0.93	0.677~0.680
原水聚合物浓度，mg/L	739~1115	807~1019	574~631
原水表面活性剂浓度，mg/L	46~150	28.8~75.3	104~117
原水 pH 值	10.1~10.8	9.0~9.77	10.5~10.6
原水总矿化度，mg/L	7500~8200	6933~8590	9058~9587
原水黏度，mPa·s	3.9~7.2	3.48~5.20	4.0~4.3
污水站来水含油量，mg/L	107~468	183~3736	214~302
外输水含油量，mg/L	9.09~26.7	26.8~222	15.8~21.5
外输水悬浮固体含量，mg/L	26.8~128	32.6~152	64.2~92.3

综上所述，三元复合驱采出水基本性质中，表面活性剂含量的增加对采出水处理影响较大。主要是增加了油水乳化性，增加了水中颗粒的稳定性，使采出水处理难度增加。另外，聚合物含量的增加，导致采出水的黏度增加，油水分离速度降低，造成采出水处理难度增加。采出水中其他水质特性的变化对处理难度影响较小。

四、对已建采出水处理工艺适应性认识

已建的采出水处理工艺，第一阶段可以满足达标要求；第二阶段采取延长沉降时间等技术措施，也可以满足达标要求；第三、第四阶段是采出水处理难度较大阶段。采用“两级沉降 + 两级过滤”的四段处理工艺（A 剂酸碱中和，B 剂混凝反应，C 剂絮凝沉降），在投加 A 剂、B 剂和 C 剂的条件下，可以实现水质达标。若不投加 A 剂、B 剂和 C 剂，则需要采取延长沉降时间、降低滤速、投加水质稳定剂等技术措施，才可以满足水质达标要求。

第二节　三元复合驱采出水处理设备及工艺流程

一、序批式沉降处理工艺原理及技术特点

对于黏度大、乳化程度高、含三元驱油剂的采出水处理，研制了一种比连续流沉降分离设备分离效率更高的序批式沉降分离设备（专利号：ZL201120299818.X）。

1. 序批式沉降原理

序批式沉降分离设备运行包括进水阶段、静止沉降阶段和排水阶段，其中进水、静止沉降和排水为一个运行周期。在一个运行周期中，最主要的阶段为静止沉降阶段，这一阶段含油污水处在一个绝对静止的环境中，油、泥、水分离不受水流状态干扰，因此分离效率高。序批式沉降流程如图 8-1 所示。

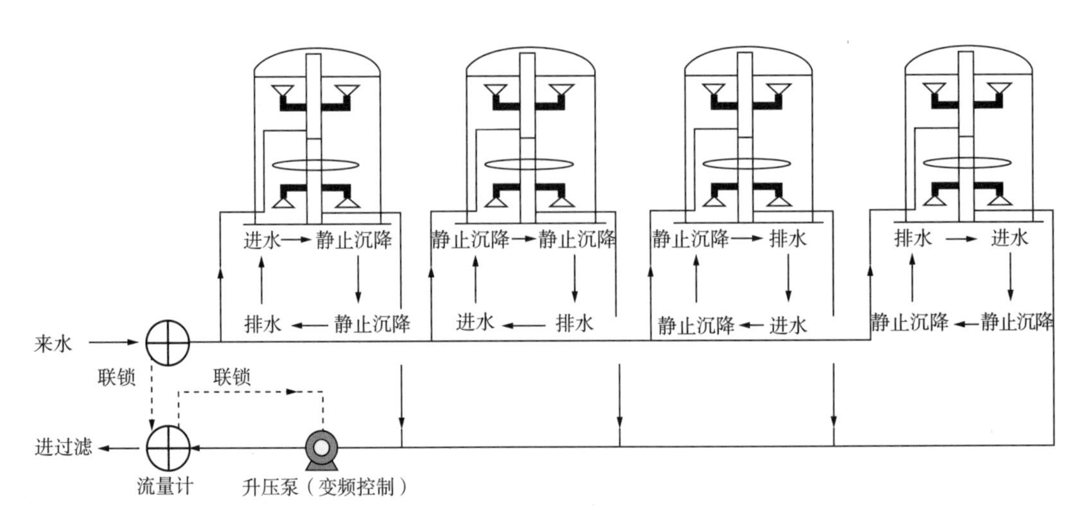

图 8-1　序批式沉降流程示意图

序批式油水分离设备是一个有序且间歇的过程，即个体间歇，整体连续；序批式沉降和连续流沉降相比具有如下优点：

（1）油珠上浮不受水流下向流速干扰。

在一定的水质条件下，油珠的实际上浮速度是一定的，三元污水由于油珠粒径细小，自身上浮速度缓慢；常规连续流沉降处理设备，油珠一旦进入下向流区（油珠上浮速度小于水体下向流速）主要依靠碰撞聚结理论，即由于不同油粒之间存在的速度差异及其水流速度梯度的推动，不断地进行碰撞聚结，由小油珠变成大油珠，这些变大的油珠一旦大于水体的下向流速，便可上浮除去。

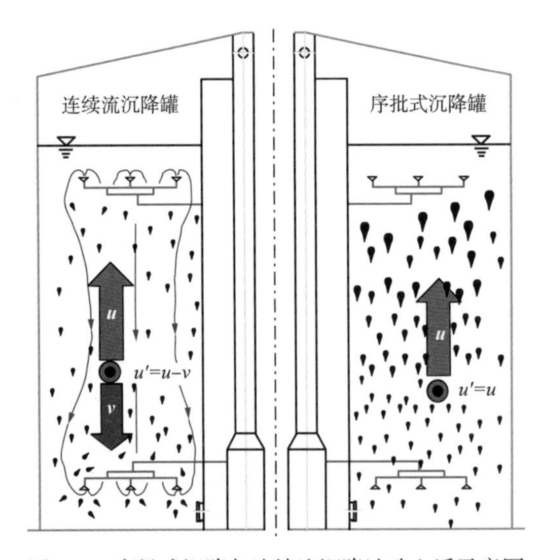

图 8-2　序批式沉降与连续流沉降油珠上浮示意图

常规连续流沉降，油珠上浮速度 u 需克服下向流速度分量 v，才可实现上浮去除（$u-v>0$）；而序批式沉降，采用静止沉降，消除了水流的下向流影响，实现了油珠的有效上浮（$u'=u$），提高了分离效果（图 8-2）。

（2）有效沉降时间不受布水、集水系统干扰。

连续流沉降处理时，特别是罐体直径较大时，布水及其集水很难做到均匀，致使罐内有效容积变小，进而造成实际有效沉降时间小于设计沉降时间，且水流下向流速大于实际设计下向流速。而序批式沉降，在沉降时间上能得到充分保证。

（3）耐冲击负荷强，可以有效地控制出水水质。

连续流沉降处理设备分离效率干扰因素多，一旦油系统来水水质变化较大时，致使出水水质不稳定，后续滤罐不能正常运行；序批式油水分离设备干扰因素少，油、泥、水在静止沉降阶段可以平稳地进行分离，进而可以有效地控制出水水质，使其水质稳定在一定的范围内，保证滤罐平稳运行（图 8-3 和图 8-4）。

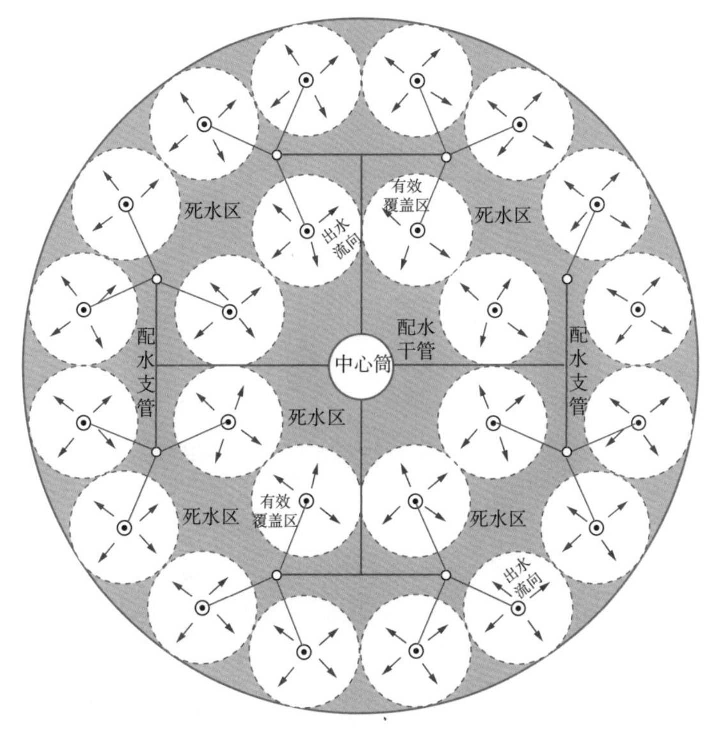

图 8-3　梅花喇叭口集配水示意图

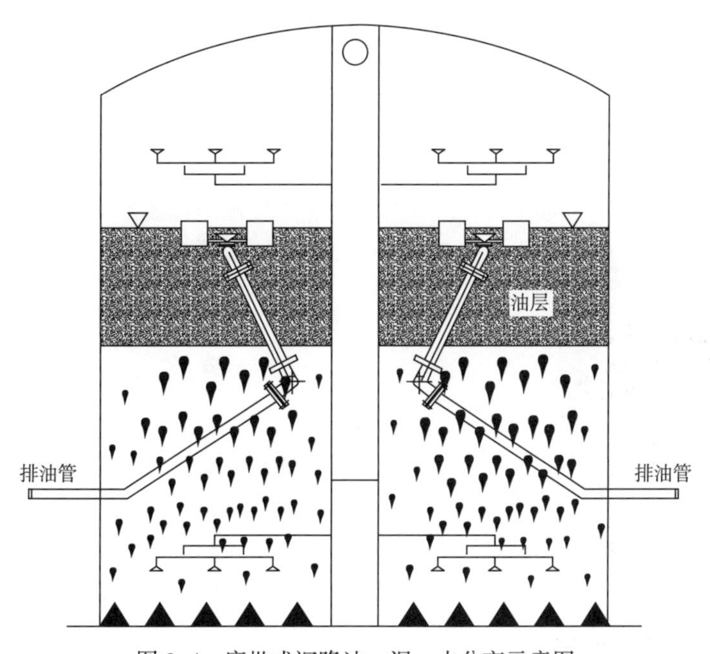

图 8-4　序批式沉降油、泥、水分离示意图

此外，序批式沉降采用的是浮动收油，可以缩短污油在罐内的停留时间（不会形成老化油层），可以保障污油最大限度地有效回收，提高设备含油处理效率。

2. 序批式沉降工艺特点

三元复合驱采出水处理工艺流程如图 8–5 所示。

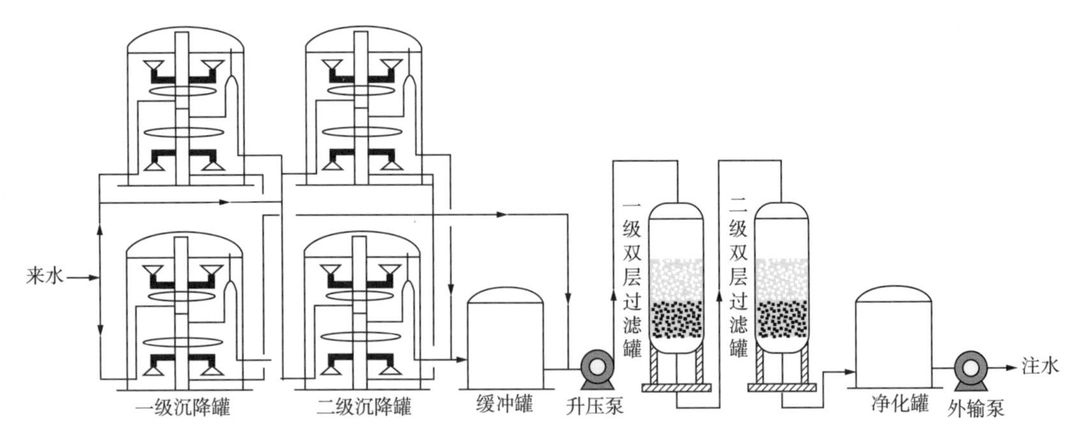

图 8–5　三元复合驱采出水处理工艺流程

由于三元复合驱不同开发阶段采出水中驱油剂的返出情况不同（开发初期和后期三元含量低，中期三元含量高），因此该方案具有如下特点：

（1）当采出水中三元含量返出较低时，采用序批式沉降的处理工艺。

（2）当采出水中三元含量返出较高且水中离子过饱和时，采用序批式沉降处理工艺，且在掺水时投加水质稳定剂抑制过饱和悬浮固体析出。

（3）与已建三元 217、南五区三元复合驱采出水处理站相比，设计总有效沉降时间由 8h 延长到 24h（进水 6h，静止沉降 12h，排水 6h）。

（4）为保障出水水质，滤料采用两级双层粒状滤料且滤速进一步降低，一次过滤滤速为 6m/h，二次过滤滤速为 4m/h。

（5）采用了过滤罐气水反冲洗技术。该技术可以节省过滤罐反冲洗自耗水量 40% 以上，滤料含油量降到 0.2% 以下。

（6）在常规气水反冲洗的基础上，采用定期热洗技术。该技术可以有效解决冬季集输污水温度较低，使滤料脱附效果较差、反冲洗排油不畅的问题。

图 8–6　喇 291 序批式沉降罐

二、三元复合驱采出水序批式沉降试验

1. 序批式沉降与连续流沉降对比试验

1）试验条件

试验地点：喇 291 三元污水处理站。试验期间原水水质：聚合物含量为 804mg/L，表面活性剂含量为 34mg/L，总碱度（以碳酸钙计）为 8300mg/L，黏度为 6.9mPa · s，Zeta 电位为 –36.85mV，总矿化度为 10292mg/L。

试验利用喇 291 现场序批式沉降罐（ϕ 2.6m × 6.0m，图 8–6），开展现场试验。

连续流沉降：进 / 出水流量为 1.5m^3/h，有效停留时间 16h。

序批式沉降：进满时间 4h（进水流量 $6m^3/h$），静止沉降 8h，排空时间 4h（排水流量 $6m^3/h$），即循环周期 16h。

在同样沉降时间条件下，考察两种工艺对于油水分离的效果。

2）试验结果

（1）连续流沉降除油效果（沉降时间 16h）。

从图 8-7 中可以得出，在来水平均含油量为 3532mg/L 的情况下，连续流出水平均含油量为 1560mg/L，平均含油去除率为 55.8%。

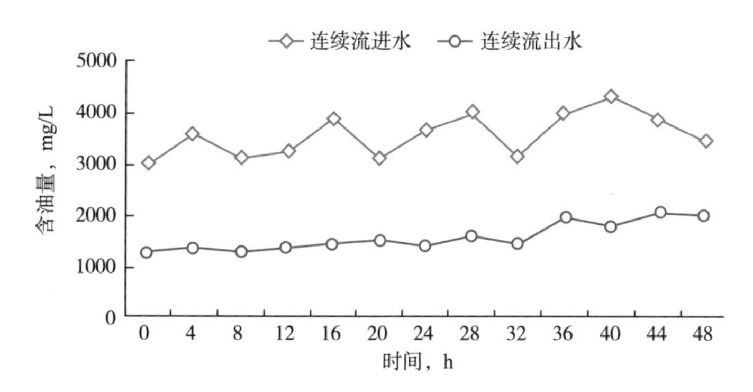

图 8-7　喇 291 强碱三元污水连续流进出水跟踪 48h 含油监测结果（水力停留时间 =16h）

（2）序批式沉降除油效果（进水 4h，静止沉降 8h，排水 4h）。

从图 8-8 中可以得出，在来水平均含油量为 3612mg/L 的情况下，序批式沉降出水平均含油量为 996mg/L，平均含油去除率为 72.4%。

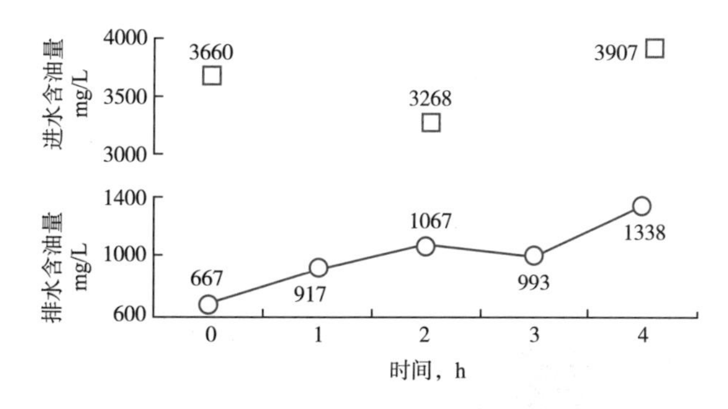

图 8-8　喇 291 强碱三元污水序批式沉降进出水含油监测结果（循环周期 =16h）

3）小结

喇 291 三元污水站试验结果表明，在同样沉降 16h 的情况下，序批式沉降比连续流沉降含油去除率提高近 17.0%（图 8-9）。

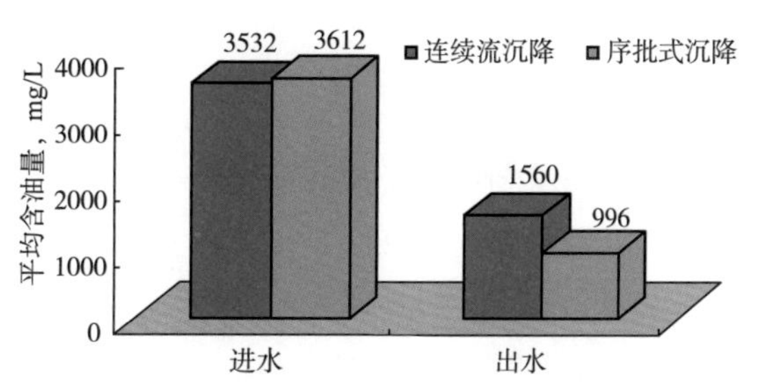

图 8-9　喇 291 强碱三元污水站序批式沉降与连续流沉降除油效果对比结果

2. 序批式沉降与连续流沉降 + 气浮对比试验

1）试验条件

试验地点：喇 291 三元污水处理站。试验期间原水水质：聚合物含量为 804mg/L，表面活性剂含量为34mg/L，总碱度（以碳酸钙计）为8300mg/L，黏度为6.9mPa·s，Zeta电位为-36.85mV，总矿化度为10292mg/L。

连续流沉降+气浮：进/出水流量为1.5m³/h，回流量为1.0m³/h（回流比67%，回流比高的原因为回流量太小不溶气），气液多相混合泵出口压力为0.6MPa，进气量为50L/h。溶气水释放位置距离液面高度2.9m，有效停留时间16h。

序批式沉降：进满时间4h（进水流量6m³/h），静止沉降8h，排空时间4h（排水流量6m³/h），即循环周期16h。

2）试验结果

（1）连续流沉降+气浮除油效果（沉降时间16h）。

从图8-10中可以得出，在来水平均含油量为4133mg/L的情况下，连续流+气浮出水平均含油量为1984mg/L，平均含油去除率为52.0%。

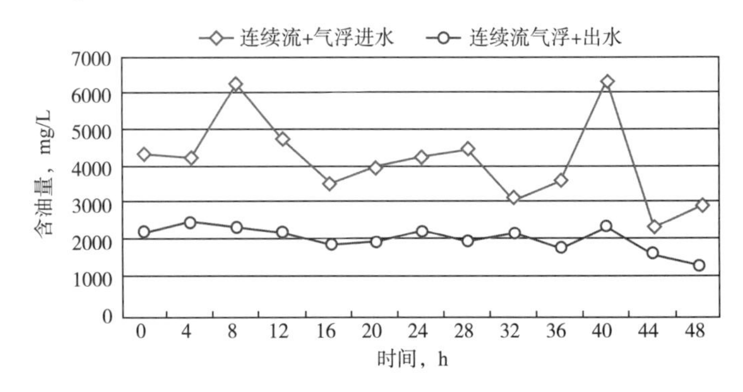

图8-10　喇291强碱三元污水连续流+气浮进出水跟踪48h含油监测结果（水力停留时间=16h）

（2）序批式沉降除油效果（进水4h，静止沉降8h，排水4h）。

在来水平均含油量为3612mg/L的情况下，序批式沉降出水平均含油量为996mg/L，平均含油去除率为72.4%。

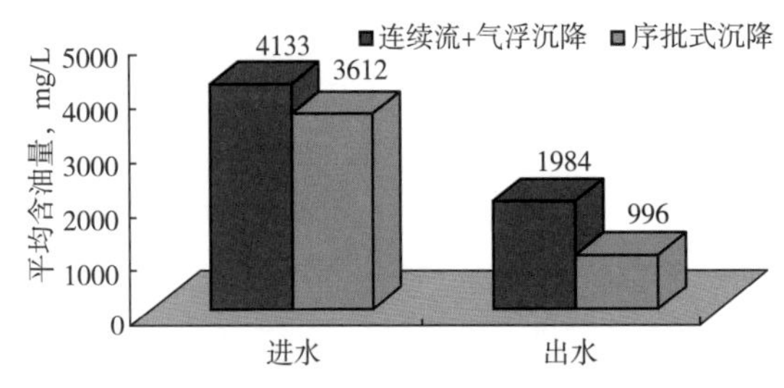

图8-11　喇291强碱三元污水站序批式沉降与连续流沉降+气浮除油效果对比结果

3）小结

喇291三元污水站试验结果（图8-11）表明，在同样沉降16h的情况下，序批式沉降比连续流沉降含油去除率提高近17.0%，比连续流沉降+气浮沉降含油去除率提高了20.4%。气浮效果差的原因：一是由于强碱三元采出水黏度高，三元物质的存在造成油珠亲水性强，水膜厚，气浮形成的微气泡难以吸附到颗粒上，因此采用气浮之前必须使亲水性的油珠颗粒疏水化且破坏稳定性；二是由于出水水质差，溶气强度不够，即产生的微气泡数量不够。

3. 序批式沉降与序批式沉降+循环气浮对比试验

1）试验条件

试验地点：喇291三元污水处理站。试验期间原水水质：聚合物含量为620mg/L，表面活性剂含量为47.6mg/L，总碱度（以碳酸钙计）为7724mg/L，黏度为7.3mPa·s，Zeta

电位为 −38.25mV，总矿化度为 10107mg/L。

序批式沉降 + 循环气浮：进满 6h（进水流量 $4m^3/h$），循环气浮 12h（溶气泵回流量 $1.8m^3/h$，溶气泵出口压力 0.5MPa，进气量 80L/h），排空 6h（排水流量 $4m^3/h$）。溶气泵从距罐底部 500mm 处均匀抽水，溶气水释放位置距离液面高度 2.9m，循环周期 24h。

序批式沉降：进满时间 6h（进水流量 $4m^3/h$），静止沉降 12h，排空时间 6h（排水流量 $4m^3/h$），循环周期 24h。

2）试验结果

（1）序批式沉降 + 循环气浮除油效果（循环周期 24h）。

从图 8-12 中可以得出，在来水平均含油量为 1456mg/L 的情况下，序批式沉降 + 循环气浮出水平均含油量为 719mg/L，平均含油去除率为 50.6%。

（2）序批式沉降除油效果（循环周期 24h）。

从图 8-13 中可以得出，在来水平均含油量为 1204mg/L 的情况下，序批式沉降出水平均含油量为 409mg/L，平均含油去除率为 66.0%。

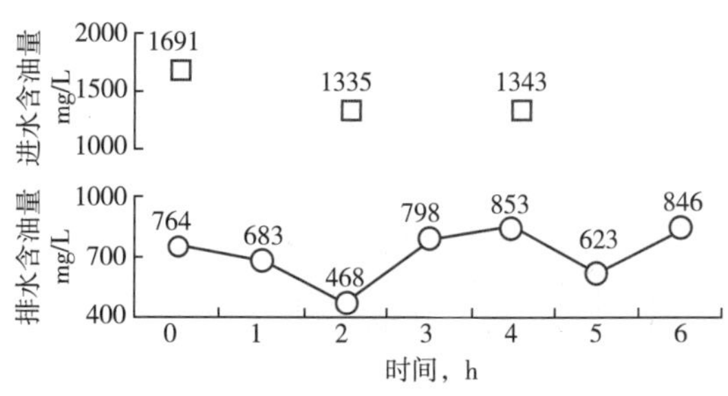

图 8-12　喇 291 强碱三元污水序批式沉降 + 循环气浮进出水含油监测结果（循环周期 =24h）

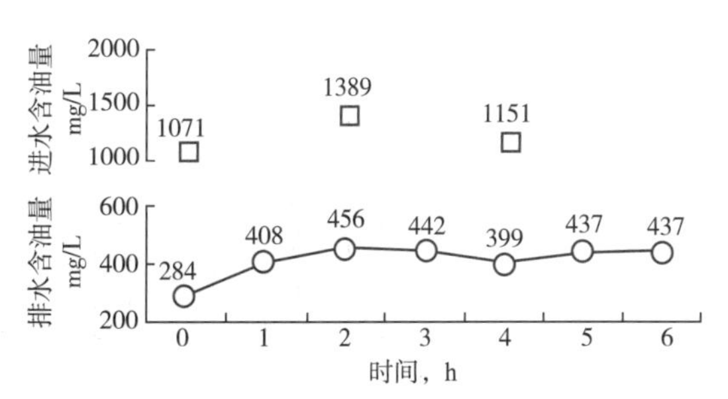

图 8-13　喇 291 强碱三元污水序批式沉降进出水含油监测结果（循环周期 =24h）

3）小结

喇 291 三元污水站试验结果（图 8-14）表明，在同样循环周期 24h 的情况下（进水 6h，静止沉降 12h，出水 6h），序批式沉降比序批式沉降 + 循环气浮含油去除率提高了 15.4%。序批式沉降 + 循环气浮效果不如序批式沉降的原因：一是由于气浮本身在高黏度、高三元驱油剂含量的采出水中难以吸附到油珠微粒上且溶气率低，微气泡携带油珠上浮效果不明显；二是由于溶气泵不断循环罐内含油污水，造成罐内含油污水进一步乳化，采出水稳定体系进一步增强，油水分离速度变慢。

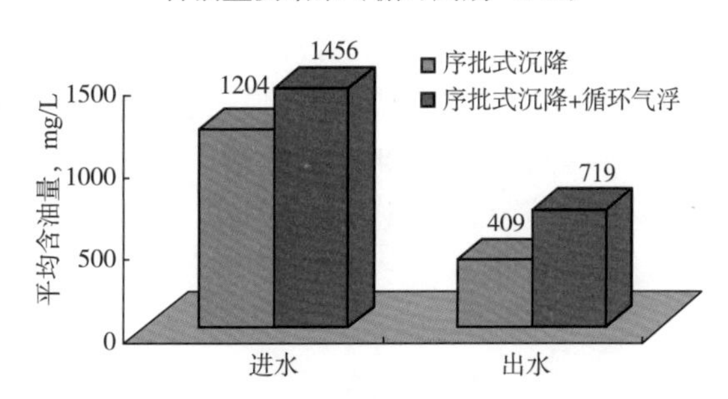

图 8-14　喇 291 强碱三元污水站序批式沉降与序批式沉降 + 循环气浮除油效果对比结果

4. 序批式沉降与序批式沉降 + 曝气对比试验

1）试验条件

试验地点：喇 291 三元污水处理站。试验期间原水水质：聚合物含量为 781mg/L，表面活性剂含量为 8.5mg/L，总碱度（以碳酸钙计）为 6405mg/L，黏度为 6.4mPa·s，Zeta 电位为 −41.32mV，总矿化度为 8053mg/L。

序批式沉降：利用现场序批式沉降罐（ϕ2.6m×6.0m），瞬时大流量快速进水（1.5h进满，液位高度5.0m），进满后，静止沉降20h，每2h取样一次（取样点为液位高度0.8m、液位高度2.4m和液位高度4m）。

序批式沉降+曝气：利用现场序批式沉降罐（ϕ2.6m×6.0m），瞬时大流量快速进水（1.5h进满，液位高度5.0m），进满后开始曝气，曝气量为80m^3/h［曝气强度15.1m^3/（m^2·h）］；曝气头距离液面以下4.3m，距离罐底部0.7m；曝气20h，每2h取样一次（取样点为液位高度0.8m、液位高度2.4m和液位高度4m）。

2）试验结果

（1）序批式沉降+曝气除油效果。

从图8-15中可以得出，序批式沉降+曝气可以使水相中残余含油量大幅度降低，曝气沉降4h，气液比达到12:1时，残余含油量就已经达到了20mg/L以下，除油率为91.1%。曝气4h以后，水中残余含油量降低缓慢，曝气12h，水相残余含油量为9.95mg/L，含油去除率为95.2%；曝气20h，水相残余含油量为5.93mg/L，含油去除率为97.1%。

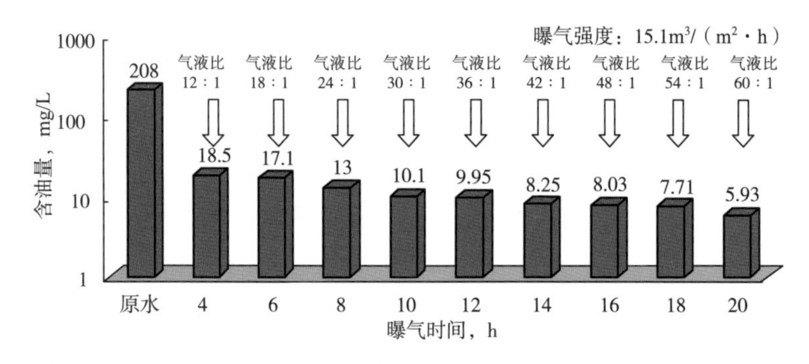

图8-15 喇291强碱三元污水站序批式沉降+曝气不同曝气时间、不同气液比除油效果试验

（2）序批式沉降除油效果。

从图8-16中可以得出，静止沉降4h，水相残余含油量为120mg/L，含油去除率为40.3%；静止沉降12h，水相残余含油量为104mg/L，含油去除率为48.3%；静止沉降20h，水相残余含油量为79.7mg/L，含油去除率为60.3%。静止沉降12h，水相残余含油量基本接近100mg/L。

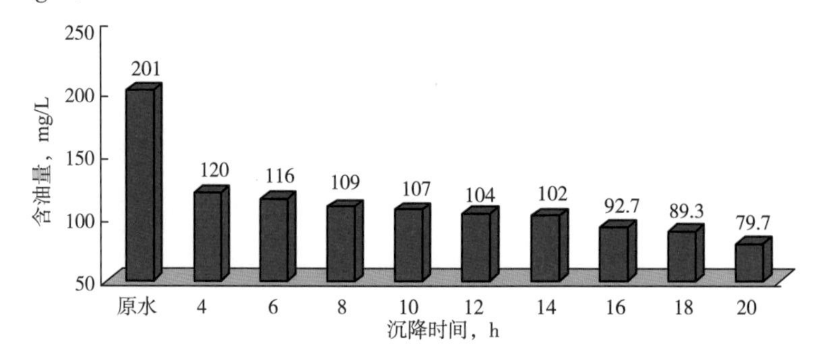

图8-16 喇291强碱三元污水站序批式沉降不同静止沉降时间除油效果试验

3）小结

从表8-9中可以明显得出，序批式曝气沉降除油效果要好于序批式沉降：沉降4h时，

曝气沉降比静止沉降除油率提高了 50.8%；沉降 12h 时，曝气沉降比静止沉降除油率提高了 46.9%；沉降 20h 时，曝气沉降比静止沉降除油率提高了 36.8%。

表 8-9　喇 291 强碱三元污水站序批式曝气沉降与序批式沉降不同时间除油率对比结果

沉降时间，h	试验条件	初始含油量，mg/L	残余含油量，mg/L	去除率，%
4	曝气沉降	208	18.5	91.1
	静止沉降	201	120	40.3
12	曝气沉降	208	9.95	95.2
	静止沉降	201	104	48.3
20	曝气沉降	208	5.93	97.1
	静止沉降	201	79.7	60.3

5. 中 106 强碱三元复合驱采出水序批式沉降 + 过滤处理工艺试验

试验目的：在水质条件基本相同的条件下，通过小型试验装置试验，考察验证序批式沉降工艺与连续流工艺的处理效果。

1）试验工艺流程

（1）序批式沉降工艺流程如图 8-17 所示。

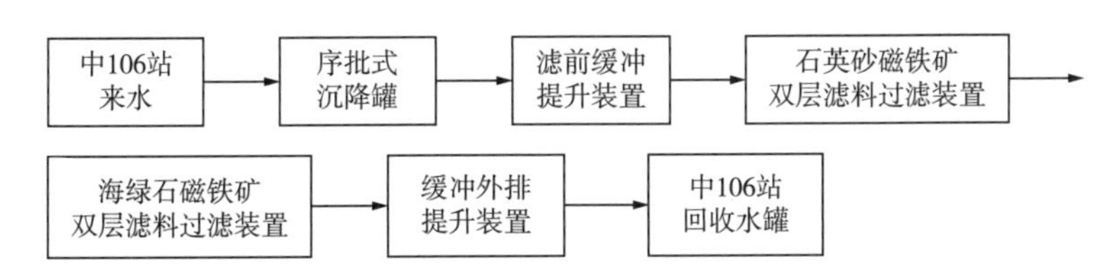

图 8-17　序批式沉降工艺小型试验装置现场试验工艺流程示意图

（2）连续流沉降工艺流程如图 8-18 所示。

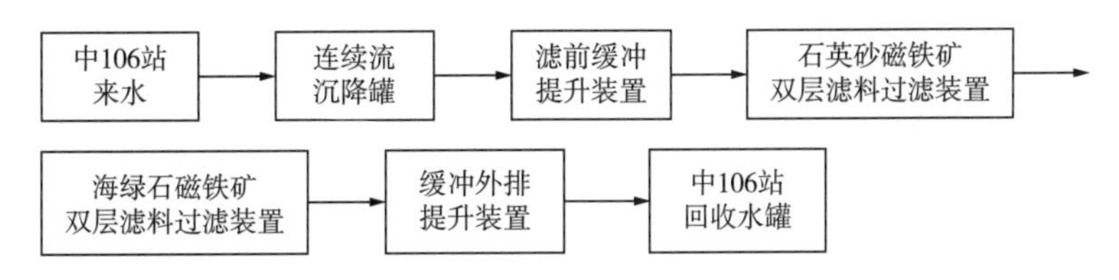

图 8-18　连续流沉降工艺小型试验装置现场试验工艺流程示意图

试验地点：中 106 站小型试验装置试验操作间。

2）序批式沉降工艺小型试验装置现场试验

试验期间，输送到中 106 站的采出水中全部为三元采出水。原水水质特性见表 8-10。

表 8-10　原水水质特性

监测项目	聚合物，mg/L	表面活性剂，mg/L	总碱度，mg/L	黏度，mPa·s	备注
中 106 原水	1246	119	8084	3.78	未掺外站水

试验参数：按已建三元污水处理站设计参数，即序批式沉降罐进水 6h，静止沉降 12h，出水 6h；一次过滤滤速 6m/h，二次过滤滤速 4m/h。

试验过程：中106站来水计量后进入序批式沉降罐，静止沉降后，均匀出水至滤前缓冲水箱，用泵提升后进入过滤系统。

从表8–11中可以看出：在进水平均含油量为128mg/L、平均悬浮固体含量为51.5mg/L的条件下，经过进水阶段6h、静止沉降12h后，沉降出水含油量平均为65.5mg/L，平均悬浮固体含量为34.0mg/L；一次过滤出水平均含油量为40.7mg/L，平均悬浮固体含量为24.4mg/L；二次过滤出水平均含油量为10.0mg/L，平均悬浮固体含量为18.2mg/L，水质达标。

表8–11　序批式沉降试验数据　单位：mg/L

序号	原水含油量	滤前含油量	一次过滤含油量	二次过滤含油量	原水含悬浮固体	滤前含悬浮固体	一次过滤含悬浮固体	二次过滤含悬浮固体
进1	135				54.6			
进2	222				51.9			
进3	226				47.9			
出1		81.5	49.6	10.6		43.2	32.8	22.0
出2		60.1	33.6	22.0		37.0	24.7	22.9
出3		90.0	34.2	7.2		31.6	23.0	19.0
出4		66.0	39.8	6.6		31.3	21.8	14.5
出5		33.7	39.1	7.7		30.2	26.9	15.2
出6		61.1	47.7	5.7		30.6	17.0	15.6
平均	194	65.4	40.7	10.0	51.5	34.0	24.4	18.2

3）连续流沉降工艺小型试验装置现场试验

试验期间原水水质特性见表8–10。

试验参数：按已建三元污水处理站设计参数，即连续流沉降段有效停留时间为20h，一次过滤滤速6m/h，二次过滤滤速4m/h。

试验过程：中106站来水计量后进入序批式沉降罐，静止沉降后，均匀出水至滤前缓冲水箱，用泵提升后进入过滤系统。

从表8–12中可以看出：在进水平均含油量为204mg/L、平均悬浮固体含量为45.3mg/L的条件下，经过连续流沉降20h后，沉降出水平均含油量为90.1mg/L，平均悬浮固体含量为30.0mg/L；平均一次过滤出水含油量为56.7mg/L，平均悬浮固体含量为23.5mg/L；二次过滤出水平均含油量为37.0mg/L，平均悬浮固体含量为16.0mg/L，水质超标。

表8–12　连续流沉降试验数据　单位：mg/L

序号	原水含油量	滤前含油量	一次过滤含油量	二次过滤含油量	原水含悬浮固体	滤前含悬浮固体	一次过滤含悬浮固体	二次过滤含悬浮固体
1	139	59.3	31.4	13.7	50.0	40.7	27.2	18.7
2	241	66.8	23.8	13.2	39.1	27.4	18.5	11.7
3	291	57.3	32.8	13.9	56.9	27.7	17.5	10.1
4	153	63.6	38.5	26.8	45.5	29.4	22.6	18.2
5	152	103	78.9	43.0	45.5	28.6	19.3	15.9
6	234	87.7	36.1	29.7	43.7	18.7	29.1	25.4

续表

序号	原水含油量	滤前含油量	一次过滤含油量	二次过滤含油量	原水含悬浮固体	滤前含悬浮固体	一次过滤含悬浮固体	二次过滤含悬浮固体
7	216	79.0	57.3	32.3	44.4	15.5	14.5	10.1
8	212	154	123	85.4	31.0	42.3	28.3	12.7
9	198	140	89.5	74.7	35.5	39.9	34.0	21.5
平均	204	90.1	56.7	37.0	43.5	30.0	23.5	16.0

4）序批式沉降与连续流沉降对比分析

现场试验表明，在前段中 105 站来水不掺混外站水的条件下，序批式沉降工艺的处理效果仍优于连续流沉降工艺，处理后水质达标。

从表 8-13 中可以看出：序批式沉降工艺相比连续流沉降工艺，含油去除率由 55.8% 上升到 66.3%，提高了 10.5 个百分点；悬浮固体去除率由 31% 上升到 34%，提高了 3 个百分点。

表 8-13　纯三元水条件下序批式与连续流工艺处理效果对比

工艺条件	含油量，mg/L		含油去除率 %	悬浮固体含量，mg/L		悬浮固体去除率 %
	原水	沉降出水		原水	沉降出水	
序批式沉降	194	65.4	66.3%	51.5	34.0	34.0%
连续流沉降	204	90.1	55.8%	43.5	30.0	31.0%

三、序批式沉降 + 过滤处理工艺的工业化应用效果

1. 工艺流程及设计参数

中 106 污水站为 2012 年建设，2013 年 11 月投产。设计规模 14000m^3/d。设计参数见表 8-14。

表 8-14　中 106 三元复合驱污水处理站设计参数

设备	参数	设计值
一级曝气气浮沉降罐（2 座）	单罐序批式沉降时间，h	6/12/6
	连续流停留时间，h	12
	曝气比（水：气）	1∶40
二级曝气气浮沉降罐（2 座）	单罐序批式沉降时间，h	6/12/6
	停留时间，h	8
	曝气比（水：气）	1∶40
石英砂—磁铁矿双层滤料过滤器（10 座）	滤速，m/h	6.3
	反冲洗强度，L/（s·m^2）	15
	反冲洗历时，min	15
	反冲洗周期，h	24
海绿石—磁铁矿双层滤料过滤器（14 座）	滤速，m/h	4.3
	反冲洗强度，L/（s·m^2）	13
	反冲洗历时，min	15
	反冲洗周期，h	24

中 106 三元复合驱污水处理站工艺流程如图 8-19 所示。

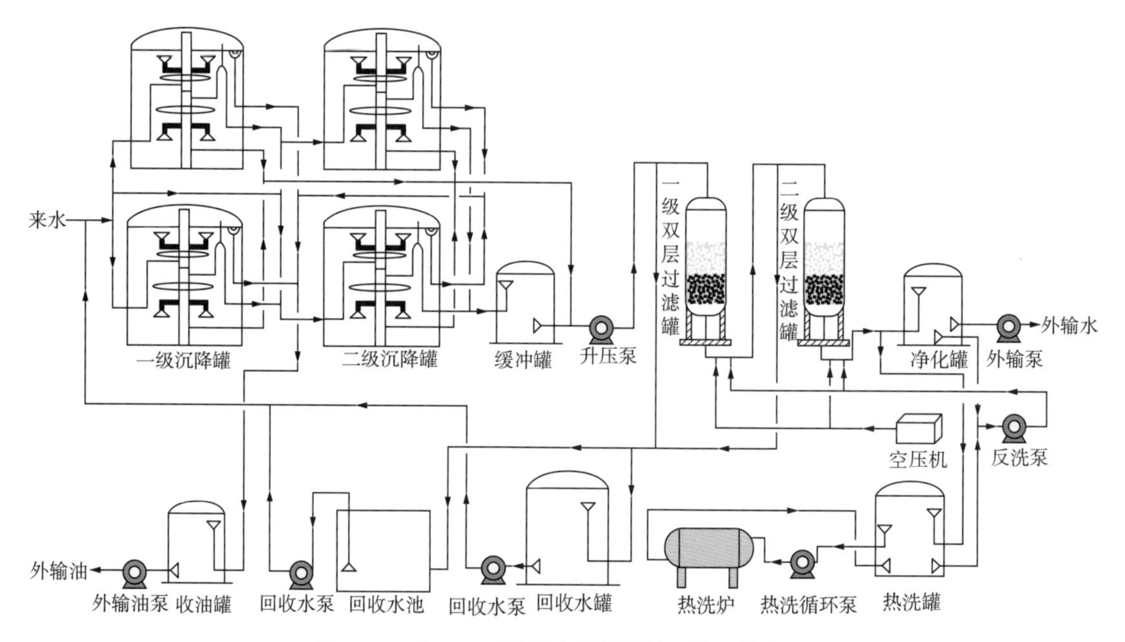

图 8-19　中 106 三元复合驱污水处理站工艺流程

中 106 污水站投产至今一直运行“一级序批式沉降 + 一级石英砂—磁铁矿过滤 + 二级海绿石—磁铁矿过滤”的处理工艺。处理后水质达到了大庆油田含聚合物污水高渗透层回注水指标（含油量不大于 20mg/L，悬浮固体含量不大于 20mg/L，粒径中值不大于 5μm）。其中，沉降段既可以按照两级连续流沉降的方式运行，又可按照一级序批式沉降的方式运行，并辅助配套曝气和气浮设施。过滤段采用两级压力双层粒状滤料过滤，辅助配套常规气水反冲洗及定期热洗。反冲洗排水及沉降罐底泥排入回收水罐，静止沉降一段时间后上清液用泵提升至系统总来水，底部浓缩液用泵提升至污泥稠化处理系统，经过两级旋流 + 卧螺式离心机离心的方式将分离出的污泥定期外运。

2. 运行效果跟踪监测

设计采用的沉降段以序批式沉降为主，进水 6h，静止沉降 12h，排水 6h，循环周期 24h。

（1）4 座序批式沉降罐试运行，单罐进出水跟踪监测结果。

①条件。监测单体沉降罐：二级沉降罐 2 号罐。进水时间：当天 11：35，进水起始沉降罐液位 4.41m。进满时间：当天 17：40，进水完毕沉降罐液位 8.78m。静止沉降完毕时间：次日 5：50。排水完毕时间：次日 11：40，排水完毕沉降罐液位 6.31m。运行参数：水 6h，静止沉降 12h，出水 6h。

②结果。二级 2 号沉降罐进出水含油量、悬浮固体含量监测结果如图 8-20 和图 8-21 所示。

从图 8-20 中可以看出，序批式沉降在进水 6h、静止沉降 12h、出水 6h 的条件下，来水平均含油量为 196mg/L，出水平均含油量为 54.4mg/L，含油去除率为 72.3%。序批式沉降对于含油去除效果明显。

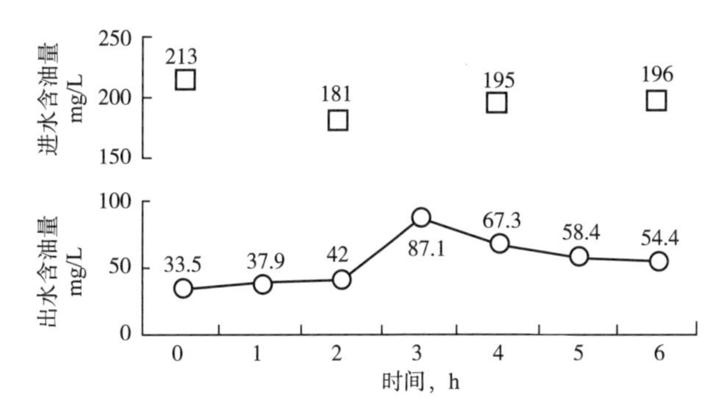

图 8-20　中 106 站序批式沉降罐进出水含油量监测结果

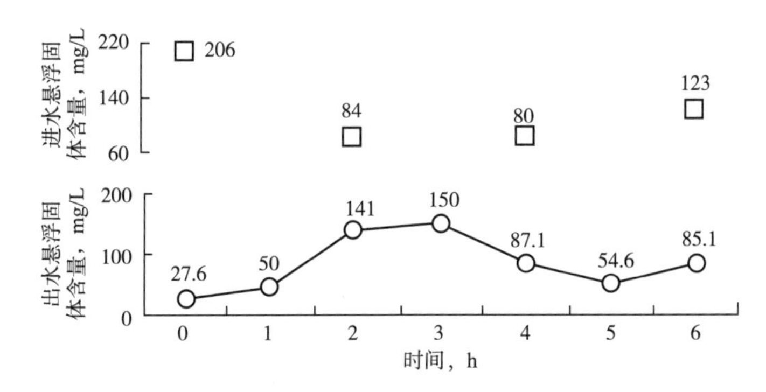

图 8-21　中 106 站序批式沉降罐进出水悬浮固体含量监测结果

从图 8-21 中可以看出，序批式沉降在进水 6h、静止沉降 12h、出水 6h 的条件下，来水平均悬浮固体含量为 123mg/L，出水平均悬浮固体含量为 85.0mg/L，悬浮固体去除率为 30.9%。序批式沉降对于悬浮固体去除效果一般。

（2）4 座序批式沉降罐正式运行，单罐进出水跟踪监测结果。

①条件：4 座序批式沉降罐正式运行。其间，序批式沉降运行参数为进水 8.5~12h，静止沉降 17~24h，出水 8.5~12h，平均进水时间在 10h 左右，静止沉降时间在 20h 左右，出水时间在 10h 左右。序批式沉降罐运行液位：低液位 2.2~3.5m，高液位 8.4~8.6m。

②结果：含油量和悬浮固体含量变化分别如图 8-22 和图 8-23 所示。

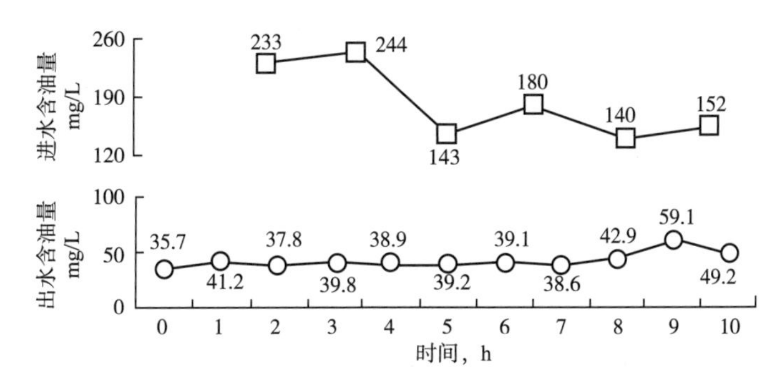

图 8-22　中 106 站 4 座序批式沉降罐正式运行进出水含油量监测结果

进水 10h，静置沉降 20h，出水 10h

从图 8-22 中可以看出，在来水平均含油量为 182mg/L 条件下，沉降出水平均含油量为 42.0mg/L，含油去除率为 76.9%。序批式沉降对于含油去除效果明显。

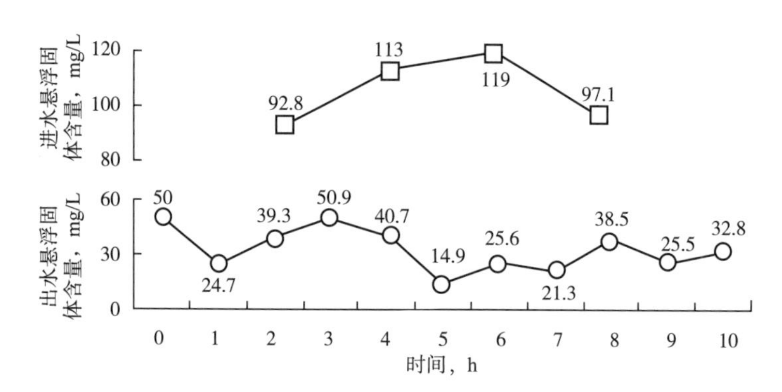

图 8-23　中 106 站 4 座序批式沉降罐正式运行进出水悬浮固体含量监测结果

进水 10h，静置沉降 20h，出水 10h

从图 8-23 中可以看出，在来水平均悬浮固体含量为 105mg/L 条件下，沉降出水平均悬浮固体含量为 33.1mg/L，悬浮固体去除率为 68.5%。此参数下，序批式沉降对于悬浮固体去除率比（进水 6h，静置沉降 12h，出水 6h）显著提高。

（3）4 座序批式沉降罐正式运行，全流程 48h 跟踪监测试验研究。

试验结果：含油量和悬浮固体变化分别如图 8-24 和图 8-25 所示。

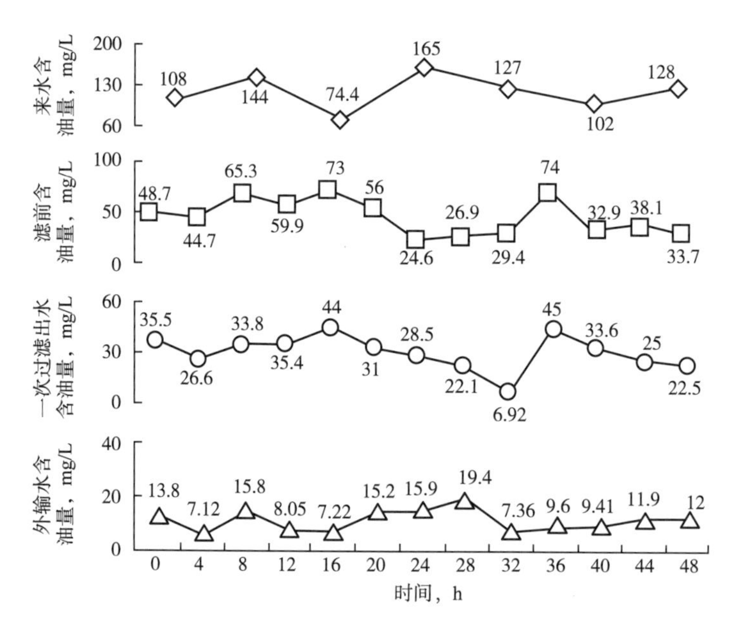

图 8-24　中 106 站三元复合驱污水处理站 48h 全流程各单体构筑物进出水含油量变化监测曲线

从图 8-24 中可以看出，来水平均含油量为 121mg/L，序批式沉降出水平均含油量为 46.7mg/L，一次过滤出水平均含油量为 30.0mg/L，外输水平均含油量为 11.8mg/L。全流程整体含油去除率为 90.2%，其中沉降段除油贡献率为 61.4%，过滤段除油贡献率为 28.8%。外输水取样共计 13 样次，达标 13 样次，达标率 100%。

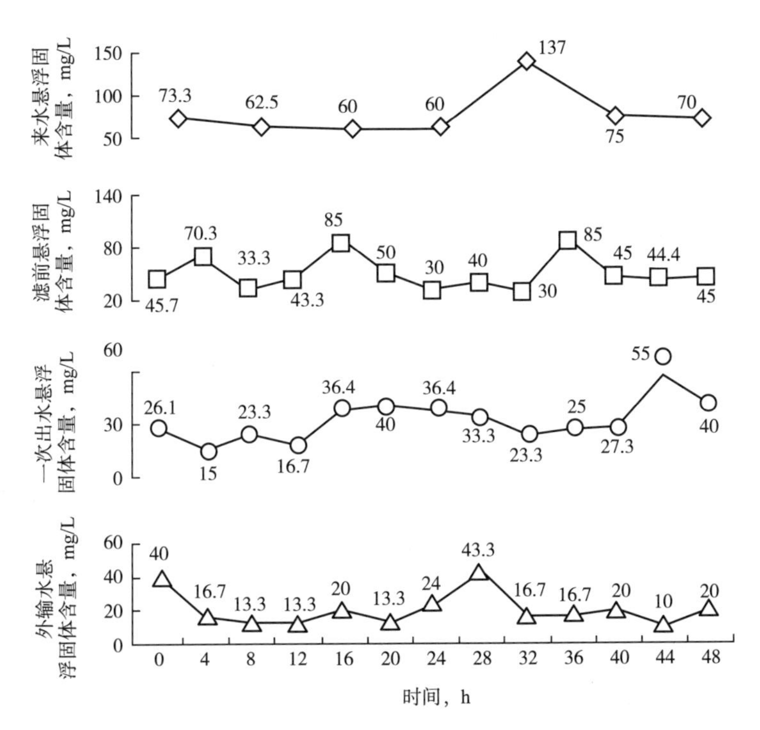

图 8-25　中 106 三元复合驱污水处理站 48h 全流程各单体构筑物进出水悬浮固体含量变化监测曲线

从图 8-25 中可以看出，来水平均悬浮固体含量为 76.8mg/L，序批式沉降出水平均悬浮固体含量为 49.7mg/L，一次过滤出水平均悬浮固体含量为 30.6mg/L，外输水平均悬浮固体含量为 20.6mg/L。全流程整体悬浮固体去除率为 73.2%，其中沉降段除油贡献率为 35.3%，过滤段除油贡献率为 37.9%。外输水取样共计 13 样次，达标 10 样次，达标率 76.9%。

4 座序批式沉降罐运行，在过滤周期为 48h 的情况下，中 106 三元站过滤出水（外输水）含油量和悬浮固体含量基本达到“双 20”指标要求。

第九章　三元复合驱地面系统防腐技术

三元复合驱中 3 种主要驱油剂——碱、聚合物和表面活性剂，都对腐蚀有一定程度的抑制作用[40]，从这个角度看，三元复合驱地面系统的整体腐蚀性比水驱、聚合物驱都要小。但是，这 3 种主要成分对油田常用涂层、玻璃钢等非金属防腐措施的破坏作用却比水驱、聚合物驱要大，因此，腐蚀与防护问题不可忽视。

三元体系介质的腐蚀性取决于水的腐蚀性。在配注系统中，多用污水配制，由于污水，尤其是曝氧污水本身腐蚀性较高，导致三元复合驱注入系统腐蚀问题有所加重。同时，由于腐蚀可能产生二价铁离子，会对三元体系介质产生降黏的作用，影响三元复合驱的驱油效果，因此，必须针对性选择有效的防腐措施或耐蚀材质，防止或降低腐蚀的影响。在采出系统中，随着采出液上返浓度升高，从地层里带出来的溶出物、裹携物逐渐增多，导致矿化度、氯离子、碳酸氢根离子等主要腐蚀成分含量也逐渐升高，体系的腐蚀性也随之升高。随着上返浓度不再提高，腐蚀性也趋于稳定，整体腐蚀性处于中度到高度的腐蚀区间，必须采取合适的防腐措施加以控制。

三元复合驱地面系统防腐技术的发展经历了两个阶段。第一阶段是在三元复合驱油技术矿场试验初、中期，为规避腐蚀风险，站场内多采用耐蚀材质解决防腐问题，取得了很好的防腐效果，但也导致防腐成本居高不下；第二阶段，是在三元复合驱油技术矿场试验后期，以降低工程投资、优化防腐技术措施为目的，系统分析三元复合驱防腐技术存在的问题，并开展了针对性研究。明确了三元配注系统各类储罐材质及内防腐措施，解决了储罐成本过高的问题；开展了三元复合驱采出系统防腐技术措施研究，明确了三元采出系统各工艺段介质的腐蚀特点及行为规律，并筛选出合适的防腐措施。

目前，已在上述研究的基础上，形成了一套可以在三元复合驱注采系统中推广应用的经济合理的腐蚀控制技术，并在三元复合驱矿场扩大化试验中逐步推广应用，在降低防腐成本、减少腐蚀损失，优化配置防腐资源等方面取得了很好的效果。

第一节　三元复合驱地面系统的腐蚀特点

通过室内模拟实验、在线腐蚀监测、现场挂片腐蚀测试等方法，对注采系统化各工艺段的管道、储罐开展了腐蚀特性及行为规律研究，摸清了介质腐蚀特点及腐蚀规律，为腐蚀控制技术的选用提供技术支撑。

一、注入系统的腐蚀特点

在注入系统中，涉及储罐储存及管道输送的介质主要包括 NaOH、Na_2CO_3、烷基苯磺酸盐表面活性剂、石油磺酸盐表面活性剂、聚丙烯酰胺等单体组分及它们的复配组分。其中，聚丙烯酰胺母液的腐蚀特点在聚合物驱中多有研究，不在此赘述。

1. NaOH 溶液的腐蚀规律

依据 SY/T 0026—1999《水腐蚀性测试方法》，以 168h 为试验周期，测试不同温度、不同浓度下 NaOH 溶液的腐蚀性。

1）温度对 NaOH 溶液腐蚀的影响规律

从表 9-1 和图 9-1 中可以看出，在 45%NaOH 溶液中：（1）Q235 碳钢腐蚀速率随着温度升高而增大，金属光泽变暗，但总体处于轻度、中度腐蚀范畴；（2）410 马氏体不锈钢腐蚀速率随着温度升高而增大，但总体处于轻度、中度腐蚀范畴，温度大于 45℃后腐蚀速率高于 Q235 碳钢，无金属光泽；（3）304、316 奥氏体不锈钢几乎未见腐蚀，金属光亮如新。

表 9-1　45%NaOH 溶液在不同温度下的平均腐蚀速率

材质	平均腐蚀速率，mm/a			
	25℃	35℃	45℃	55℃
Q235	0.0034	0.0114	0.0197	0.0393
410	0.0003	0.0052	0.0591	0.0616
304	0.0009	0.0003	0.0001	0.0003
316	0.0001	0.0001	0.0001	0.0003

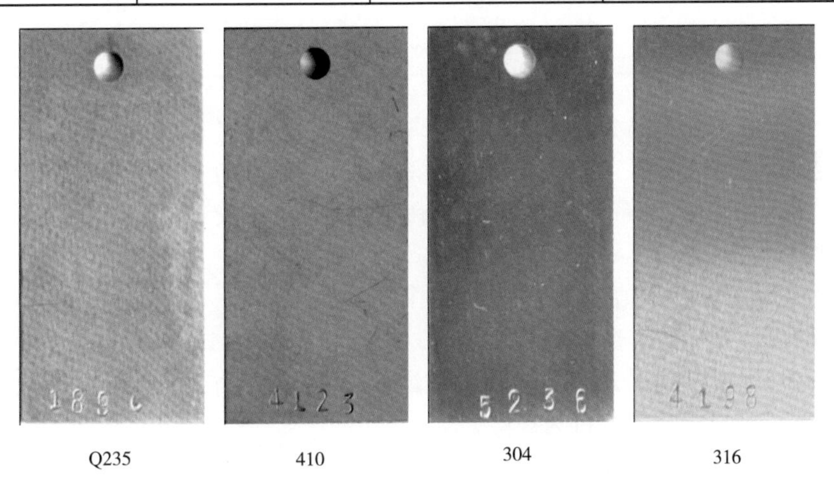

Q235　410　304　316

图 9-1　各类材质在 45%NaOH、55℃下的腐蚀形貌

2）NaOH 溶液浓度对腐蚀的影响规律

从表 9-2 中可以看出，常温下随着溶液浓度的升高，NaOH 对普通碳钢的钝化作用逐步显现，浓度达到 30% 时，钝化作用最大，其后钝化膜开始出现溶解现象，腐蚀性逐渐升高。

表 9-2　不同浓度 NaOH 溶液的平均腐蚀速率

NaOH 浓度，%	0（清水）	10	20	30	40	50
Q235 钢平均腐蚀速率，mm/a	0.0068	0.0013	0.00004	0.00003	0.0015	0.0042

2. Na_2CO_3 溶液的腐蚀规律

1）温度对 Na_2CO_3 溶液腐蚀的影响规律

依据 SY/T 0026—1999《水腐蚀性测试方法》，以 168h 为试验周期，以采油四厂杏五西三元站配注清水配制 24% 的 Na_2CO_3 溶液（最高储存浓度），测试不同温度下 Na_2CO_3 溶液的腐蚀特性及行为规律。

从表 9–3 中可以看出，随着温度的升高，Na_2CO_3 溶液的腐蚀性升高，但总体腐蚀程度轻微。

表 9–3　不同温度 Na_2CO_3 溶液的平均腐蚀速率

Na_2CO_3 溶液温度，℃	20	30	40	50	60
平均腐蚀速率，mm/a	0.0002	0.0025	0.0038	0.0068	0.0075

2）浓度对 Na_2CO_3 溶液腐蚀的影响规律

依据 SY/T 0026—1999《水腐蚀性测试方法》，以 168h 为试验周期，在 20℃条件下，以采油四厂杏五西三元站配注清水配制的 Na_2CO_3 溶液，测试不同浓度 Na_2CO_3 溶液的腐蚀特性及行为规律。

从表 9–4 中可以看出，随着浓度的升高，Na_2CO_3 溶液的腐蚀性降低，缓释作用明显。

表 9–4　不同浓度 Na_2CO_3 溶液的平均腐蚀速率

Na_2CO_3 浓度，%	0（清水）	4	8	12	24
平均腐蚀速率，mm/a	0.17	0.0082	0.0028	0.0004	0.0002

3. 表面活性剂溶液的腐蚀特点

三元复合驱用表面活性剂分为烷基苯磺酸盐和石油磺酸盐。这两种表面活性剂都属于强碱弱酸盐，能够吸附在碳钢表面，阻止其在腐蚀性介质中受到腐蚀，吸附率越大，碳钢受到的腐蚀就越小。

1）温度对表面活性剂溶液腐蚀的影响规律

依据 SY/T 0026—1999《水腐蚀性测试方法》，以 168h 为试验周期，用清水配制 50% 烷基苯磺酸盐（实际储存浓度）、5% 石油磺酸盐（实际储存浓度），测试不同温度下两种表面活性剂溶液的腐蚀特性及行为规律。

从表 9–5 和表 9–6 中可以看出，随着温度的升高，两种表面活性剂溶液的腐蚀性升高，但总体腐蚀程度轻微。

表 9–5　不同温度下 50% 烷基苯磺酸盐溶液的平均腐蚀速率

烷基苯磺酸盐溶液温度，℃	20	30	40	50	60
平均腐蚀速率，mm/a	0.0008	0.0017	0.0048	0.0077	0.0105

表 9–6　不同温度下 5% 石油磺酸盐溶液的平均腐蚀速率

石油磺酸盐溶液温度，℃	20	30	40	50	60
平均腐蚀速率，mm/a	0.0049	0.0055	0.0072	0.0099	0.0125

2）表面活性剂浓度对溶液腐蚀的影响规律

依据 SY/T 0026—1999《水腐蚀性测试方法》，以 168h 为试验周期，在 20℃条件下，用清水配制烷基苯磺酸盐、石油磺酸盐，测试不同浓度下两种表面活性剂溶液的腐蚀特性及行为规律。

不同浓度烷基苯磺酸盐溶液的试验结果（表 9–7）表明，随着浓度的升高，溶液的腐蚀性降低，缓释作用明显。这是由于烷基苯磺酸盐溶液储存浓度较高，溶液浓度从 10% 到 50% 的上升过程中，氧的溶解度不断降低，使得以吸氧反应为主的阴极反应过程受到的抑制程度加大。

表 9–7 不同浓度下烷基苯磺酸盐溶液的平均腐蚀速率

烷基苯磺酸盐浓度，%	0（清水）	10	20	30	40	50
平均腐蚀速率，mm/a	0.17	0.0042	0.0058	0.0034	0.0012	0.0008

不同浓度石油磺酸盐溶液的试验结果（表 9–8）表明，石油磺酸盐溶液缓蚀作用明显。与大多数碱金属盐一样，石油磺酸盐溶液的腐蚀速率随着浓度而变化，腐蚀速率达到一极大值，随后腐蚀速率反而大大下降。这是由于浓度达到一定值后，浓盐溶液倾向于使氧和铁离子溶解度降低，因此在浓盐溶液中腐蚀速率通常较在稀盐溶液中为小。

表 9–8 不同浓度石油磺酸盐溶液的平均腐蚀速率

石油磺酸盐浓度，%	0（清水）	0.15	0.3	0.6	1.2	2.4	5.0
平均腐蚀速率，mm/a	0.17	0.0378	0.0389	0.0417	0.0122	0.0109	0.0049

二、采出系统的腐蚀特点

在采出系统中，通过在线腐蚀监测、现场挂片腐蚀测试、室内模拟实验等方法，对管道、储罐开展了腐蚀特性及行为规律研究。其中，管道以站内污水管道、集油管道、掺水（热洗）管道为主，储罐以外输水罐为主。

1. 采出系统站内污水管道腐蚀测试

1）在线腐蚀监测

在杏二中采出试验站含油污水泵房污水管道上，安装了一套 CK–4 在线腐蚀监测仪，如图 9–2 所示。采用线性极化电阻法（LPR）对站内滤后污水进行了在线腐蚀监测。

图 9–2 含油污水泵房污水管道在线腐蚀监测

监测期间，监测点污水介质温度为41~45℃。介质中三元成分（聚合物、碱、表面活性剂）的浓度变化曲线如图9-3所示。污水水质成分监测分析结果见表9-9。腐蚀监测数据结果如图9-4所示。

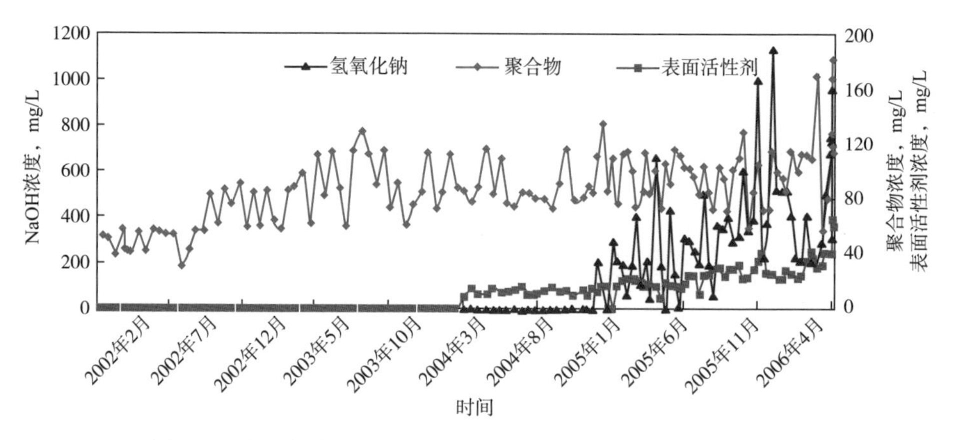

图9-3　杏二中试验站采出液聚合物表面活性剂碱浓度变化曲线

表9-9　水样化学成分分析结果

时间	含量，mg/L							总矿化度 mg/ L	pH值
	CO_3^{2-}	HCO_3^-	Cl^-	SO_4^{2-}	Ca^{2+}	Mg^{2+}	Na^+		
2002-04-01	153.05	2240.65	737.57	30.02	50.10	13.68	1345.27	4570.34	8.70
2003-03-04	195.97	2072.85	705.65	34.58	65.73	1.34	1330.09	4406.21	8.87
2003-09-25	210.07	2562.84	817.35	5.76	40.48	14.59	1586.31	5237.40	8.36
2004-03-29	187.26	2728.81	882.95	36.50	64.73	11.43	1671.18	5582.86	8.51
2005-07-18	749.95	2377.03	1255.28	9.13	27.25	16.54	2226.86	6662.04	9.35

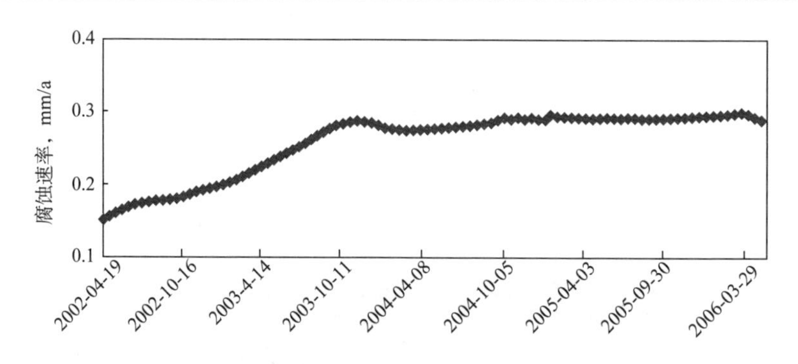

图9-4　杏二中试验站污水处理系统在线腐蚀监测曲线

杏二中试验站监测结果表明，随着三元成分浓度的提高，采出液中Cl^-含量、矿化度等明显提高，污水对碳钢的腐蚀速率也随之提高。本质上说，这是由于采出液裹携物、溶出物随上返浓度增高而增多，导致水的腐蚀性上升，而不是3种主要驱油剂的缓蚀作用（当然，这也与开发初期用碱中含有大量杂质有关）。

2）现场挂片腐蚀测试

为验证在线腐蚀监测结果，分析碳钢在三元复合驱采出液中的腐蚀特征，在杏二中试验站含油污水泵房污水管道在线腐蚀检测点旁并联安装了一套旁路挂片器，对油田在用系统管道开展了现场挂片腐蚀速率试验。

试验依据 SY/T 0026—1999《水腐蚀性测试方法》等标准进行，试验期间介质温度为 41~45℃，试验对象是在用的 20 钢。20 钢在站内滤后污水中的平均腐蚀速率试验结果见表 9-10。试验结果表明，现场挂片测取的介质对碳钢的腐蚀速率与同期在线腐蚀监测结果基本吻合。

表 9-10　含油污水泵房旁路挂片器内介质对 20 钢试件的腐蚀速率测试结果

序号	取样日期	平均腐蚀速率，mm/a	序号	取样日期	平均腐蚀速率，mm/a
1	2002-09-16	0.161	4	2004-03-14	0.283
2	2003-03-18	0.189	5	2005-03-16	0.295
3	2003-11-16	0.277	6	2006-04-13	0.315

3）腐蚀形貌及腐蚀产物分析

在现场挂片腐蚀试验过程中，对从现场取回的挂片试件进行了处理分析。试片腐蚀形貌如图 9-5 所示，腐蚀以均匀腐蚀为主。

（a）试件清洗处理前形貌　　（b）试件清洗处理后的腐蚀形貌

图 9-5　旁路挂片器中试件的腐蚀形貌

利用扫描电镜对试件（20 钢）腐蚀产物形貌进行观测（图 9-6），对腐蚀产物进行能谱分析（图 9-7、表 9-11），结果表明，腐蚀产物由 Fe_3O_4、$FeCO_3$ 和 FeS 组成。

图 9-6　2059 样品（20 钢）扫描电镜微观腐蚀产物形貌

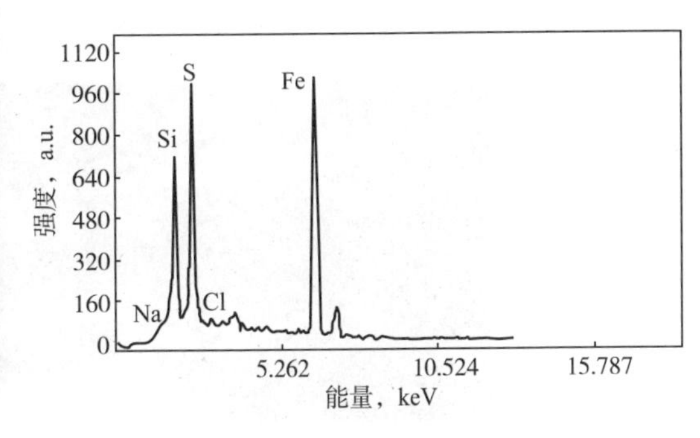

图 9-7　2059 样品（20 钢）腐蚀产物 X 射线能谱分析

表 9-11　管线内腐蚀产物元素含量数据

元素	强度比 k	ZAF 修正值	质量分数，%	原子百分比，%
Na(Ka)	0.00000	1.0000	0.0000	0.0000
Si(Ka)	0.06985	0.8463	7.5999	12.9057
S(Ka)	0.13912	0.9955	12.8687	19.1417
Cl(Ka)	0.00067	0.9492	0.0653	0.0878
Fe(Ka)	0.79036	0.9159	79.4661	67.8648

2. 采出系统单井集油、掺水管道介质腐蚀性测试

1）室内模拟腐蚀实验

在杏二中单井杏 2- 丁 1-P4 井集油、掺水管取样，依据 SY/T 0026—1999《水腐蚀性测试方法》标准开展室内实验。实验介质温度为 40℃。腐蚀实验结果见表 9-12。根据管道及储罐内水介质腐蚀性分级标准，集油管线内水样的腐蚀性为高度腐蚀，掺水管线内水样的腐蚀性为严重腐蚀。

表 9-12　集油、掺水管线内介质对试件 20 钢的腐蚀速率测试结果

取样位置	试片编号	初始质量，g	试验后质量，g	失重，g	腐蚀速率，mm/a	平均腐蚀速率，mm/a
集油管线	2171	21.9042	21.8704	0.0338	0.188	0.187
	2172	21.7339	21.6996	0.0343	0.191	
	2173	21.9541	21.9213	0.0328	0.183	
掺水管线	2174	21.9880	21.9401	0.0479	0.267	0.279
	2175	21.8333	21.7825	0.0508	0.283	
	2176	21.8466	21.7949	0.0517	0.288	

2）在线腐蚀监测

在杏二中采出试验站单井杏 2- 丁 1-P4 井集油、掺水管线安装了 CR1000 在线腐蚀监测系统，采用电阻探针测量技术对单井集油、掺水进行了现场在线腐蚀监测。在线腐蚀监测期间，监测点集油管线污水介质温度为 40℃左右，掺水管线污水介质温度为 70℃左右。

集油管线腐蚀速率监测结果在 0.011mm/a 左右，与室内模拟实验结果 0.187mm/a 相差较多。这是由于测试探头附着一层油膜（图 9-8），起到了保护作用，而在室内实验中，试片基本处在水相中，试片表面未形成起到保护作用的油膜。

（a）探头附着油膜

（b）20钢试件附着油膜

图 9-8　集油管道监测探头

掺水管线监测前期由于探头被絮状物包裹（图 9-9），导致腐蚀速率测试结果异常（0.015mm/a 左右）。对探头进行更换后，测试结果正常，腐蚀速率为 0.220mm/a 左右。

（a）更换探头前

（b）更换探头后

图 9-9　掺水管道监测探头

3）现场挂片腐蚀测试

依据标准 SY/T 0026—1999《水腐蚀性测试方法》，在含油污水泵房旁路挂片器内，对杏 2- 丁 1-P4 井集油、掺水管线进行现场挂片试验，试验期间集油管线污水介质温度为 40℃，掺水管线污水介质温度为 70℃。

试验结果（表 9-13）表明，集油管线现场挂片的试验结果与监测结果基本一致，试片均附着一层油膜。掺水管线现场挂片在更换探头前，试片的腐蚀速率比监测数值高，这是由于测试探头被絮状物包裹。清理更换探头后，现场挂片的试验结果与监测结果基本一致。

表 9-13　集油、掺水介质对试件（20 钢）的现场挂片腐蚀速率测试结果　　单位：mm/a

取样日期	集油管线	掺水管线
2006-03-14	0.013	0.208
2006-03-28	0.016	0.222

在单井管道现场挂片腐蚀试验过程中，对从现场取回的挂片试件进行了腐蚀形貌分析。试片清洗处理后腐蚀形貌如图 9-10 所示。试验表明，挂片腐蚀以均匀腐蚀为主。

图 9-10　杏 2- 丁 1-P4 井管线内试件（20 钢）的腐蚀形貌

3. 采出系统储罐储存介质的腐蚀特点

1）现场挂片腐蚀测试

在杏二中采出站 700m³ 外输水罐中，对油田在用系统储罐常用材质（A3 钢等碳钢）开展了现场挂片腐蚀速率试验。试验依据 SY/T 0026—1999《水腐蚀性测试方法》标准进行。部分外输水罐介质成分分析结果见表 9-14。腐蚀速率试验结果见表 9-15。

表 9-14　水样化学成分分析结果

取样口	含量，mg/L							总矿化度 mg/L	NaOH mg/L	表面活性剂，mg/L	聚合物 mg/L	pH 值
	CO_3^{2-}	HCO_3^-	Cl^-	SO_4^{2-}	Ca^{2+}	Mg^{2+}	Na^+					
$700m^3$ 出口	972.3	2207.7	868.1	6.2	20.1	18.2	2085.7	6178.4	218.3	25.4	93.1	9.3
双滤出口	810.2	2273.6	903.1	6.2	25.1	15.2	2009.2	6042.8	264.5	26.2	102.3	9.2

杏二中站外输水罐内介质现场挂片试验结果表明，随着介质中三元成分浓度升高，其腐蚀性变化趋势与站内管道污水介质一致，腐蚀速率最高达到 0.292mm/a。

表 9-15　外输水罐内介质对 A3 钢试件的腐蚀速率测试结果

序号	取样日期	平均腐蚀速率，mm/a	序号	取样日期	平均腐蚀速率，mm/a
1	2002-09-16	0.115	4	2004-03-14	0.276
2	2003-03-18	0.181	5	2005-03-16	0.284
3	2003-11-16	0.245	6	2006-04-13	0.292

2）腐蚀形貌及腐蚀产物分析

在外输水罐现场挂片腐蚀试验过程中，对从现场取回的挂片试件进行了腐蚀形貌分析。试片清洗处理后腐蚀形貌如图 9-11 所示。试验表明，挂片腐蚀以均匀腐蚀为主，有点蚀。

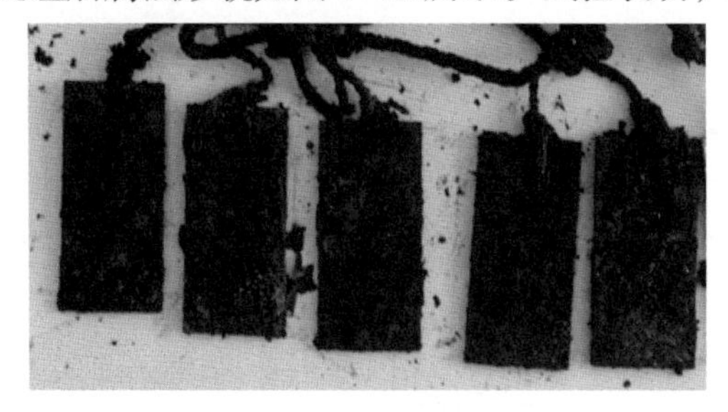

（a）试件清洗处理前形貌　　（b）试件清洗处理后的腐蚀形貌

图 9-11　外输水罐内试件（A3 钢）的腐蚀形貌

利用扫描电镜对试件（A3 钢）腐蚀产物形貌进行观测（图 9-12），对腐蚀产物进行 X 射线能谱分析（图 9-13），元素含量见表 9-16。对试片的腐蚀产物进行化验分析结果可知，腐蚀产物由 Fe_3O_4、$FeCO_3$ 和 FeS 组成。

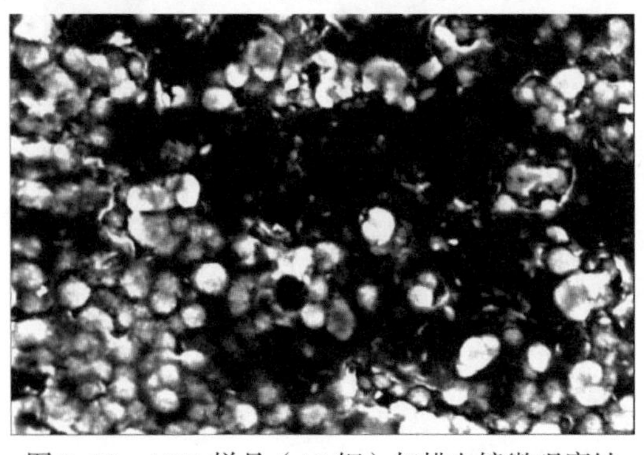

图 9-12　1211 样品（A3 钢）扫描电镜微观腐蚀产物形貌

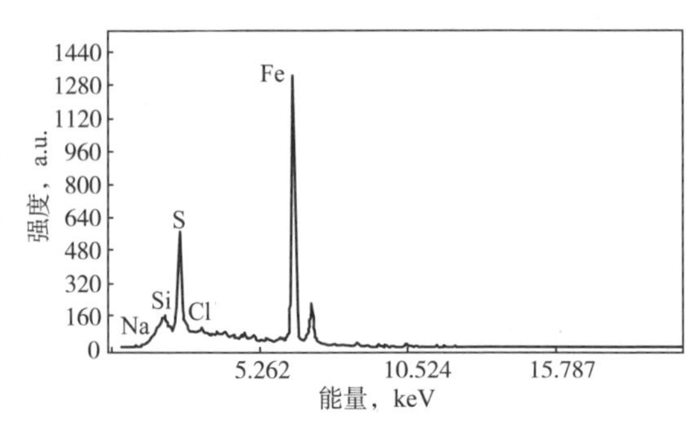

图 9-13　1211 样品（A3 钢）腐蚀产物 X 射线能谱分析

表 9–16　样品（A3 钢）腐蚀产物元素含量数据

元素	强度比 k	ZAF 修正值	质量分数，%	原子百分比，%
Na（Ka）	0.00000	1.0000	0.0000	0.0000
Si（Ka）	0.00431	0.8458	0.4985	0.9454
S（Ka）	0.06330	1.0552	5.8625	9.7387
Cl（Ka）	0.00015	1.0414	0.0140	0.0210
Fe（Ka）	0.93224	0.9732	93.6250	89.2949

第二节　三元复合驱地面系统腐蚀控制技术

从三元介质对碳钢裸罐的腐蚀作用，以及腐蚀产物对三元体系介质性能的影响两方面入手，开展了裸罐盛装三元介质可行性研究；从在用涂层失效原因分析、涂层筛选等方面入手，开展了涂层防腐可行性研究，最终确定三元复合驱防腐技术方案。

一、注入系统材质及防腐措施

1. 30%NaOH 溶液储罐选材

针对碱脆现象，HG/T 20581—2011《钢制化工容器材料选用规定》给出了碳钢及低合金钢在 NaOH 溶液中的使用温度上限（表 9–17），结合上文中 NaOH 溶液腐蚀规律研究，对碳钢在 NaOH 溶液中的使用界限进行了分区描述，如图 9–14 所示。

表 9–17　碳钢及低合金钢 NaOH 溶液的使用温度上限

NaOH 浓度，%	2	3	5	10	15	20	30	40	50
温度上限，℃	82	82	82	81	76	71	59	53	47

在图 9–14 A 区中，碳钢腐蚀速率低，且不发生碱脆；在 B 区中，碳钢腐蚀速率低，但会发生碱脆，焊接或冷加工后应进行消除应力热处理；而在 C 区中，碳钢的腐蚀速率大，且碱脆倾向更大，不宜使用，应采用镍或不锈钢。图 9–14 说明，在较低温度和浓度下，碳钢可直接使用，不需进行消除应力热处理；随着溶液温度的升高，碳钢需要进行消除应力热处理才可使用。当浓度和温度进一步升高后，碳钢即使进行消除应力热处理也不能解决问题，而应重新考虑选择材料才合理，进而应采用镍合金或不锈钢材料。

目前，三元复合驱 NaOH 溶液储存浓度为 30%，处于不必消除应力直接使用碳钢及低合金钢的区间，因此，可依据 HG/T 20581—2011 标准相关规定，在腐蚀裕量不小于 3mm 情况下，使用碳钢裸罐盛装。

2. 8%、12% 和 24% Na_2CO_3 溶液储罐的选材

以 8%、12% 和 24% 3 种浓度 Na_2CO_3 溶液为试验介质，参照现场的实际工况条件，开展 Na_2CO_3 溶液储罐腐蚀模拟试验，见表 9–18。

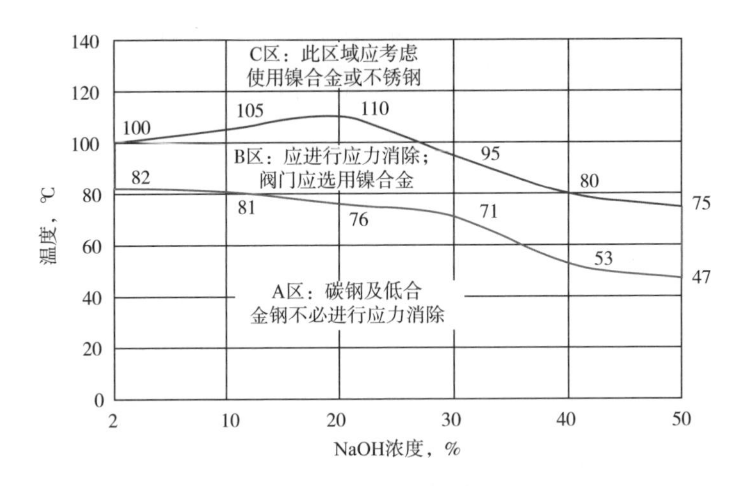

图 9-14　碳钢在 NaOH 溶液中的腐蚀性能

表 9-18　Na_2CO_3 溶液对 Q235 碳钢的腐蚀速率

介质名称			8% Na_2CO_3	12% Na_2CO_3	24% Na_2CO_3
腐蚀速率 mm/a	23℃		0.0028	0.0002	0.0004
	40℃	介质腐蚀	0.0017	0.0033	0.0038
		蒸气冷凝液腐蚀	0.0041	0.0038	0.0035

试验结果表明，以上 3 种浓度下，Na_2CO_3 溶液及其蒸气冷凝液对碳钢罐壁液面上下的腐蚀均为轻度腐蚀（腐蚀速率小于 0.025mm/a）。其中，Na_2CO_3 溶液在 40℃时液面下的腐蚀速率（0.0038mm/a），远小于同条件下配注清水的腐蚀速率（0.17mm/a），Na_2CO_3 溶液对碳钢的缓释作用明显，如图 9-15 所示。在腐蚀裕量不小于 3mm 情况下，可以使用碳钢裸罐盛装。

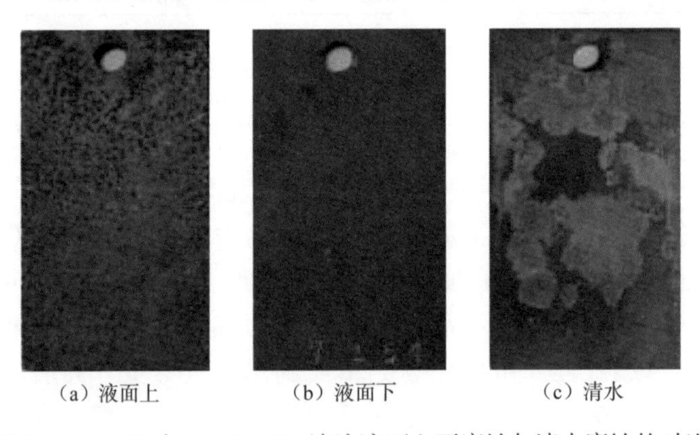

（a）液面上　（b）液面下　（c）清水

图 9-15　40℃时 24% Na_2CO_3 溶液液面上下腐蚀与清水腐蚀的对比

3. *石油磺酸盐溶液储罐的选材*

以断西三元 6 号站、杏五西试验站和北三东试验站罐内的 50% 烷基苯磺酸盐、5% 石油磺酸盐和 20% 石油磺酸盐为介质，依据 SY/T 0026—1999，在现场罐内开展对 Q235 碳钢开展周期为 30 天的腐蚀性试验。实验结果（表 9-19）表明，两种表面活性剂溶液对碳钢的腐蚀均属于轻度及中度腐蚀。确定在适当增加腐蚀余量的情况下，可以采用碳钢裸罐盛装 50% 烷基苯磺酸盐及 5%、20% 的石油磺酸盐。

表 9–19　石油磺酸盐溶液对 Q235 碳钢的腐蚀速率

介质名称		腐蚀速率，mm/a	腐蚀类型	腐蚀等级
50% 烷基苯磺酸盐	液面以上	0.099	局部腐蚀	中度
	液面以下	0.0058	局部腐蚀	轻度
5% 石油磺酸盐	液面以上	0.105	局部腐蚀	中度
	液面以下	0.0047	局部腐蚀	轻度
20% 石油磺酸盐	液面以上	0.085	局部腐蚀	中度
	液面以下	0.0051	局部腐蚀	轻度

4. 表面活性剂和聚合物二元液储罐内材质及内防腐措施

1）腐蚀性测试

以断西三元 6 号站和北三东试验站罐内的表面活性剂和聚合物二元液为介质，依据 SY/T 0026—1999，在现场罐内开展对 Q235 碳钢开展周期为 30 天的腐蚀性试验。依据表 9–20 可知，液面下的腐蚀速率比较低，属中度腐蚀，液面上介质对碳钢属高度腐蚀。不能使用碳钢裸罐盛装。

表 9–20　二元液对碳钢的腐蚀速率

介质名称		腐蚀速率，mm/a	腐蚀类型
断西三元 6 号站二元液	液面以上	0.474	局部腐蚀
	液面以下	0.092	局部腐蚀
北三东试验站二元液	液面以上	0.315	局部腐蚀
	液面以下	0.085	局部腐蚀

2）涂层评价试验

对于不能采用碳钢裸罐盛装的二元液，在配注站内的二元液储罐内开展了涂层挂片的现场评价试验。并对各周期的试验试片进行了电化学阻抗性能的测试，通过测试涂层阻抗 R_p 值的衰减幅度来评价涂层失效程度（当涂层阻抗衰减到 $10^6\Omega \cdot cm^2$ 以下时，说明涂层的阻挡能力很弱，涂层金属界面有可能发生电化学腐蚀反应）。

由表 9–21 可见，5 周期试验后，环氧涂料（YG–03）、酚醛环氧涂料（994）、聚氟乙烯涂料和互穿网络涂料阻抗 R_p 值分别为 $2.11\times10^7\Omega \cdot cm^2$、$4.57\times10^7\Omega \cdot cm^2$、$1.02\times10^7\Omega \cdot cm^2$、$2.22\times10^7\Omega \cdot cm^2$，均超过大于 $1\times10^7\Omega \cdot cm^2$，初步看这 4 种涂层耐强碱二元介质性能较好。而普通环氧涂料和环氧涂料（8701）阻抗 R_p 值分别为 $6.52\times10^6\Omega \cdot cm^2$、$6.24\times10^6\Omega \cdot cm^2$，表示涂层下介质已经出现腐蚀现象。

表 9–21　涂层电化学阻抗评价试验结果

样品	阻抗，$\Omega \cdot cm^2$					
	普通环氧涂料	互穿网络涂料	聚氟乙烯涂料	环氧涂料（8701）	环氧涂料（YG–03）	酚醛环氧涂料（994）
1 周期	2.21×10^7	1.42×10^8	1.07×10^9	1.24×10^8	1.81×10^8	2.31×10^9
2 周期	1.25×10^7	5.32×10^7	4.43×10^8	1.00×10^8	4.54×10^7	7.63×10^8
3 周期	8.98×10^6	5.01×10^7	5.43×10^7	5.76×10^7	2.12×10^7	5.59×10^7
4 周期	4.41×10^6	2.22×10^7	4.97×10^7	3.16×10^7	2.15×10^7	4.99×10^7
5 周期	6.52×10^6	1.22×10^7	1.02×10^7	6.24×10^6	2.11×10^7	4.57×10^7

5. 三元储罐内防腐措施

依据 SY/T 0026—1999《水腐蚀性测试方法》，以 168h 为试验周期，分别对三元目的液开展 40℃条件下的腐蚀速率测试。

从表 9-22 的试验数据可看出，清水配制的两种介质蒸气冷凝液的腐蚀速率较高，属高度腐蚀（高度腐蚀速率范围：0.125~0.254mm/a）。但是液面下的腐蚀速率都比较低；曝氧污水配制后，液面上下的腐蚀速率均大幅度增加，属于严重腐蚀。不推荐 Q235B 碳钢裸罐盛装。

表 9-22　三元目的液对 Q235 碳钢的腐蚀速率

序号	介质名称		腐蚀速率，mm/a	腐蚀类型	腐蚀等级
1	三元复合体系目的液（1.2% 碳酸钠、0.3% 表面活性剂、1200~2400mg/L 聚合物）	液面以上	0.172	均匀腐蚀	高度
2		液面以下	0.006	均匀腐蚀	低度
3	三元复合体系目的液（1.2% 氢氧化钠、0.3% 表面活性剂、1200~2400mg/L 聚合物）	液面以上	0.151	局部腐蚀	高度
4		液面以下	0.090	局部腐蚀	中度
5	曝氧污水调配中分二元液（0.3% 烷基苯磺酸钠、6000mg/L 聚合物）	液面以上	0.674	局部腐蚀	严重
6		液面以下	0.681	局部腐蚀	严重
7	曝氧污水调配高分二元液（0.3% 烷基苯磺酸钠、6000mg/L 聚合物）	液面以上	0.223	局部腐蚀	严重
8		液面以下	0.742	局部腐蚀	严重

6. 二元液储罐内材质及内防腐措施

1）腐蚀性测试

以断西三元 6 号站和北三东试验站罐内的二元液为介质，依据 SY/T 0026—1999，在现场罐内开展对 Q235 碳钢开展周期为 30 天的腐蚀性试验。依据表 9-23 试验结果可知，液面下的腐蚀速率比较低，属中度腐蚀，液面上介质对碳钢属高度腐蚀。不能使用碳钢裸罐盛装。

表 9-23　二元液对碳钢的腐蚀速率

介质名称		腐蚀速率，mm/a	腐蚀类型
强碱二元液	液面以上	0.474	局部腐蚀
	液面以下	0.092	局部腐蚀
弱碱二元液	液面以上	0.315	局部腐蚀
	液面以下	0.085	局部腐蚀

2）涂层评价试验

对于不能采用碳钢裸罐盛装的二元液，在强弱碱配注站内强、弱碱二元液储罐内开展涂层挂片的现场评价试验。并对各周期的试验试片进行了电化学阻抗性能的测试，通过测试涂层阻抗 R_p 值的衰减幅度来评价涂层失效程度（当涂层阻抗衰减到 $10^6\Omega \cdot cm^2$ 以下时说明涂层的阻挡能力很弱，涂层金属界面有可能发生电化学腐蚀反应）。取得的详细结果见表 9-24。

表 9–24　强碱二元液储罐涂层电化学阻抗评价

样品	阻抗，Ω·cm²					
	普通环氧涂料	互穿网络涂料	聚氟乙烯涂料	环氧涂料（8701）	环氧涂料（YG–03）	酚醛环氧涂料（994）
1 周期	2.21×10^7	1.42×10^8	1.07×10^9	1.24×10^8	1.81×10^8	2.31×10^9
2 周期	1.25×10^7	5.32×10^7	4.43×10^8	1.00×10^8	4.54×10^7	7.63×10^8
3 周期	8.98×10^6	5.01×10^7	5.43×10^7	5.76×10^7	2.12×10^7	5.59×10^7
4 周期	4.41×10^6	2.22×10^7	4.97×10^7	3.16×10^7	2.15×10^7	4.99×10^7
5 周期	6.52×10^6	1.22×10^7	1.02×10^7	6.24×10^6	2.11×10^7	4.57×10^7

从表 9–24 中数据可看出，5 周期试验后，环氧涂料（YG–03）、酚醛环氧涂料（994）、聚氟乙烯和互穿网络涂料阻抗 R_p 值分别为 $2.11\times10^7\Omega\cdot cm^2$、$4.57\times10^7\Omega\cdot cm^2$、$1.02\times10^7\Omega\cdot cm^2$、$2.22\times10^7\Omega\cdot cm^2$，均大于 $1\times10^7\Omega\cdot cm^2$，初步看这四种涂层耐强碱二元介质性能较好。其介质适应性还需进一步现场试验验证。而普通环氧涂料和 8701 环氧涂料阻抗 R_p 值分别为 $6.52\times10^6\Omega\cdot cm^2$ 和 $6.24\times10^6\Omega\cdot cm^2$，表示涂层下介质已经出现腐蚀现象。

从表 9–25 中数据可看出，5 周期试验后，环氧涂料（YG–03）和酚醛环氧涂料（994）、聚氟乙烯涂料、互穿网络涂料阻抗 R_p 值分别为 $3.55\times10^7\Omega\cdot cm^2$、$4.57\times10^7\Omega\cdot cm^2$、$3.02\times10^7\Omega\cdot cm^2$、$1.10\times10^7\Omega\cdot cm^2$，均大于 $1\times10^7\Omega\cdot cm^2$，初步看这四种涂层耐弱碱二元介质性能较好。其介质适应性还需进一步验证。而普通环氧涂料和环氧涂料（8701）阻抗 R_p 值分别为 $4.11\times10^6\Omega\cdot cm^2$ 和 $5.21\times10^6\Omega\cdot cm^2$，表示涂层已被介质腐蚀。

表 9–25　弱碱二元液储罐涂层电化学阻抗评价

样品	阻抗，Ω·cm²					
	普通环氧涂料	互穿网络涂料	聚氟乙烯涂料	环氧涂料（8701）	环氧涂料（YG–03）	酚醛环氧涂料（994）
1 周期	3.55×10^7	3.22×10^8	1.02×10^9	2.05×10^8	1.46×10^8	3.71×10^9
2 周期	2.43×10^7	1.04×10^8	2.43×10^8	1.57×10^8	3.22×10^7	4.55×10^8
3 周期	1.28×10^7	7.54×10^7	3.32×10^7	8.54×10^7	3.55×10^7	5.59×10^7
4 周期	7.55×10^6	6.13×10^7	3.02×10^7	1.16×10^7	3.52×10^7	4.87×10^7
5 周期	4.11×10^6	1.10×10^7	3.02×10^7	5.21×10^6	3.55×10^7	4.57×10^7

7. 中、高分子量聚合物母液储罐内防腐措施

以采油一厂断西三元 6 号站 5000mg/L 的污水配制中分子量聚合物母液为试验介质，参照现场的实际工况条件，开展“三元介质腐蚀试验”。结果表明，5000mg/L 聚合物母液的腐蚀为轻度腐蚀，其蒸气冷凝液对碳钢罐壁的腐蚀为高度腐蚀，见表 9–26。

表 9–26　聚合物母液对 Q235 碳钢的腐蚀速率

序号	介质名称		腐蚀速率，mm/a	腐蚀类型	腐蚀等级
1	聚合物（5000mg/L）	液面以上	0.260	局部腐蚀	高度
2		液面以下	0.012	局部腐蚀	轻度

从腐蚀产物对三元介质性能的影响来看，腐蚀产物对中分子量聚合物母液黏度损失率贡献不大；短期（3天内）对高分子量聚合物母液黏度损失率的影响不大，但随时间延长增大。从聚合物母液对普通碳钢裸罐的腐蚀作用来看，聚合物母液液面上属高度腐蚀（腐蚀速率不小于0.126mm/a）。不推荐Q235B碳钢裸罐盛装。

二、采出系统材质及防腐措施

1. 钢制管道内防腐涂层筛选

1）室内静态浸泡实验

在南五区试验站取样，依据GB/T 9274—1988《色漆和清漆　耐液体介质的测定》，对油田管道常用内防腐涂层进行室内静态浸泡实验，实验周期为90天。实验结果见表9-27。

表9-27　管道内防腐涂层静态浸泡实验结果

序号	涂层名称	涂膜厚度，μm	实验后试件外观描述
1	3M粉末	283	涂层无变化
2	燕美粉末	249	涂层无变化
3	庆联粉末	205	涂层无变化
4	FRP-B粉末	307	涂层无变化
5	CHF-1防腐涂料	266	涂层脱落
6	T60-HM含油污水特种防腐涂料	318	涂层无变化
7	ZX-I内防腐涂料	287	涂层变色、起泡
8	8701常温固化涂料	291	涂层脱落
9	H88内防腐涂料	364	涂层起泡、脱落

实验结果（表9-27）表明，T60-HM含油污水特种防腐涂料、环氧粉末涂层（3M、燕美、FRP-B和庆联4种粉末涂层）具有较好的防腐性能。

2）环道动态模拟试验

在南五区试验站取样，在CFL-1型动态模拟试验环道装置进行动态模拟试验。试验周期为30天。试验结果见表9-28。模拟动态试验结果表明，3M、燕美、FRP-B和庆联4种环氧粉末涂层的防腐性能较好。

表9-28　管道内防腐涂层动态模拟试验结果

序号	涂层名称	涂膜厚度，μm	试验后试件
1	3M粉末	276	涂层无变化
2	燕美粉末	247	涂层无变化
3	庆联粉末	216	涂层无变化
4	FRP-B粉末	307	涂层无变化
5	CHF-1防腐涂料	281	涂层起泡、脱落
6	T60-HM含油污水特种防腐涂料	303	涂层变色、起泡
7	ZX-I内防腐涂料	275	涂层脱落
8	8701常温固化涂料	296	涂层脱落
9	H88内防腐涂料	361	涂层起泡、脱落

3）现场筛选试验

根据室内实验优选的防腐效果较好的涂层制备试件，在南五区试验站含油污水管线进行涂层旁路短节管试验（图 9–16）。试验周期 1 年。试验结束后，对含油污水泵房的涂层短节管进行剖管。表 9–29 表明，在管道介质中，环氧粉末涂层具有较好的防腐效果。

图 9–16 含油污水管线涂层旁路短节管试验

表 9–29 含油污水管线涂层旁路短节试验结果

序号	涂层名称	涂膜厚度，μm	试验后试件外观描述
1	3M 粉末	280	涂层无变化
2	燕美粉末	240	涂层无变化
3	庆联粉末	200	涂层无变化
4	FRP–B 粉末	300	涂层无变化
5	T60–HM 含油污水特种防腐涂料	303	涂层变色、起泡、脱落
6	裸管	黑色腐蚀产物，发生均匀腐蚀	

2. 储罐内防腐涂层筛选

1）室内静态浸泡实验

在南五区试验站取样，对油田储罐常用内防腐涂层进行室内静态浸泡实验，实验结果见表 9–30。储罐常用内防腐涂层的静态优选实验结果表明，RT–2 特种防腐涂料、RT–5 原浆型防腐涂料、D528 耐化学品环氧漆、KD–300 减阻耐磨氟碳涂料、HX–92 内防腐漆内防腐涂层防腐性能良好。

表 9–30 储罐内防腐涂层静态浸泡实验结果

序号	涂层名称	涂膜厚度，μm	实验后试件外观描述
1	H88 内防腐涂料	152	涂层变色
2	H87 耐温防腐涂料	186	涂层变色、起泡
3	RT–2 特种防腐涂料	201	涂层无变化
4	RT–5 原浆型防腐涂料	126	涂层无变化
5	NSJ– Ⅲ特种防腐涂料	158	涂层变色、起泡
6	NSJ–H9O 特种防腐涂料	142	涂层变色、起泡
7	D528 耐化学品环氧漆	123	涂层无变化

续表

序号	涂层名称	涂膜厚度，μm	实验后试件外观描述
8	KD-300 减阻耐磨氟碳涂料	156	涂层无变化
9	HX-92 内防腐漆	156	涂层无变化
10	HX-91 环氧煤沥青防腐漆	199	涂层变色、起泡
11	H87-I 内防腐漆	296	涂层脱落
12	锌铝合金	99	涂层变色
13	T60-RT-2 内防腐漆	213	涂层变色、起泡

2）环道动态模拟试验

根据现场实际工况条件，在 CFL-1 型动态模拟试验环道装置（图 9-17）进行试验。模拟动态优选试验结果（表 9-31）表明，RT-2 特种防腐涂料、D528 耐化学品环氧漆、HX-92 内防腐漆、KD-300 减阻耐磨氟碳涂料内防腐涂层的防腐性能较好，制备涂层试件进行现场试验。

图 9-17　CFL-1 型动态模拟试验环道装置

表 9-31　储罐内防腐涂层动态模拟试验结果

序号	涂层名称	涂膜厚度，μm	试验后试件外观描述
1	H88 内防腐涂料	148	涂层变色、起泡
2	H87 耐温防腐涂料	181	涂层脱落
3	RT-2 特种防腐涂料	193	涂层变色
4	RT-5 原浆型防腐涂料	125	涂层起泡
5	NSJ- Ⅲ特种防腐涂料	162	涂层脱落
6	NSJ-H90 特种防腐涂料	148	涂层起泡
7	D528 耐化学品环氧漆	118	涂层变色
8	KD-300 减阻耐磨氟碳涂料	163	涂层无变化
9	HX-92 内防腐漆	153	涂层无变化
10	HX-91 环氧煤沥青防腐漆	204	涂层脱落
11	H87-I 内防腐漆	294	涂层脱落
12	锌铝合金	103	涂层脱落
13	T60-RT-2 内防腐漆	241	涂层变色、起泡

3）现场筛选试验

根据室内实验优选的防腐效果较好的涂层制备试件，在南五区外输水罐进行挂件试验，试验结果见表9-32。试验结果表明，在储罐介质中，氟碳涂料具有较好的防腐效果，HX-92内防腐漆次之。

表9-32 南五区试验站外输水罐内防腐涂层现场试验结果

序号	涂层名称	涂膜厚度，μm	试验后试件外观描述
1	HX-92内防腐漆	340	涂层变色，结垢
2	KD-300减阻耐磨氟碳涂料	260	涂层无变化，结垢
3	RT-2特种防腐涂料内防腐涂层	310	涂层变色、起泡、脱落
4	D528耐化学品环氧漆	290	涂层变色、起泡

3. 涂层交流阻抗试验

涂层交流阻抗性能测试采用辅助、参比、工作三电极体系，辅助电极为铂电极，参比电极为饱和甘汞电极。测试信号频率为0.05~105Hz，电压幅值为30mV。试验采用美国生产的PAR2273型阻抗分析仪进行交流阻抗测试。

对试验优选防腐效果较好的涂层（KD-300减阻耐磨氟碳涂料、3M粉末、燕美粉末、FRP-B粉末）进行涂层交流阻抗值的测试，测试结果见表9-33。

表9-33 不同涂层交流阻抗测试结果

涂层名称	涂层阻抗，Ω · cm²		
	初始值	中间值（45d）	终值（90d）
KD-300减阻耐磨氟碳涂料	3.776×10^{9}	5.4523×10^{7}	2.3062×10^{7}
3M粉末	1.4661×10^{8}	6.9937×10^{7}	3.0604×10^{7}
燕美粉末	1.4109×10^{8}	8.9794×10^{7}	2.6538×10^{7}
FRP-B粉末	4.0003×10^{8}	3.2912×10^{8}	5.1569×10^{7}

交流阻抗（EIS法）通过测试涂层阻抗 R_p 值的衰减幅度来评价涂层失效程度。当涂层阻抗衰减到 $10^6\Omega\cdot cm^2$ 以下时说明涂层的阻挡能力很弱，涂层金属界面有可能发生电化学腐蚀反应。

KD-300减阻耐磨氟碳涂料、3M粉末、燕美粉末和FRP-B粉末涂层，阻抗值在 $10^7\Omega\cdot cm^2$ 以上。4种涂层交流阻抗值表明，其防腐性能良好。

4. 玻璃钢储罐在复合驱配注系统性能评价

玻璃钢储罐、管道在三元复合驱盛装聚合物母液已成功应用多年，取得了良好的效果，但随着三元复合驱油技术的发展，原配注工艺改为“集中配制低压二元、高压二元”配注工艺，即采用配制站配制低压二元母液方式，在储存或存放环节利用原盛装聚合物母液的玻璃钢储罐、管道盛装、输送二元液，以降低配注系统投资成本，但目前针对玻璃钢耐二元液腐蚀性能仍处于需要系统、详尽研究的阶段，对其可行性需要进一步试验研究论证。

针对油田在用玻璃钢储罐所采用的196号不饱和聚酯树脂、3301号不饱和树脂、乙烯基不饱和树脂及双酚A环氧树脂玻璃钢材质，以强弱碱二元液、聚合物母液为实验介质，在35℃和80℃的实验条件下开展室内静态腐蚀实验，根据确定的实验方法对原盛装聚合物的不同树脂的玻璃钢进行室内静态腐蚀实验，根据不同实验周期后试样的性能变化，确定其性能变化率，根据确定的评价指标，分析适应二元液的玻璃钢管道、储罐树脂类型。

1）在强碱二元液中的腐蚀性能研究

由于玻璃钢的层状结构，表层破坏将引起介质进一步地向深层腐蚀。因此，通过观察表面的腐蚀形貌，可以判断材料腐蚀的基本情况。

80℃腐蚀环境下，196号不饱和聚酯树脂玻璃钢、乙烯基不饱和树脂玻璃钢和3301号不饱和树脂玻璃钢在强碱二元液5个周期腐蚀后的表面形貌如图9–18所示。

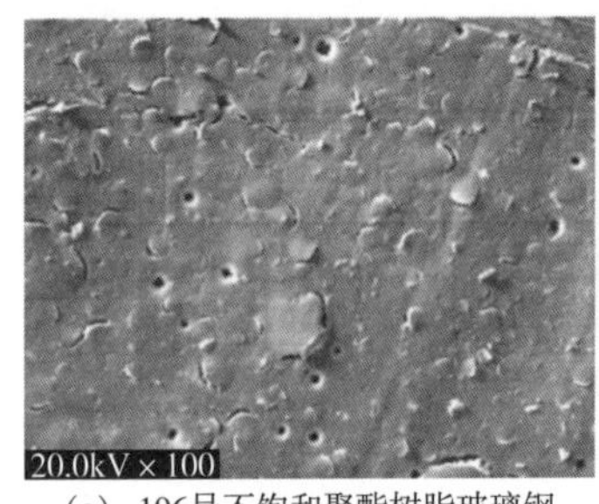

（a）196号不饱和聚酯树脂玻璃钢

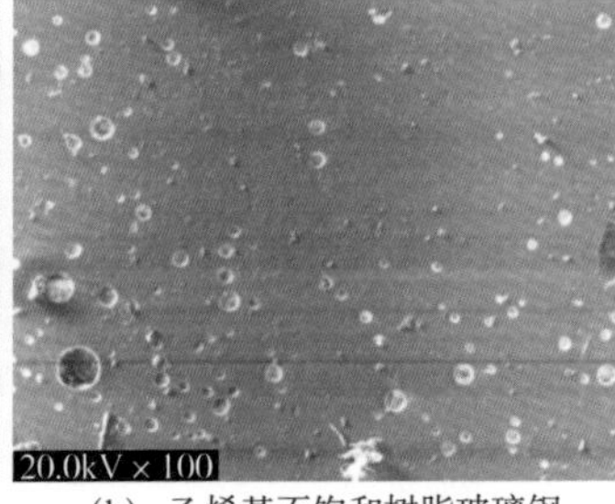

（b）乙烯基不饱和树脂玻璃钢

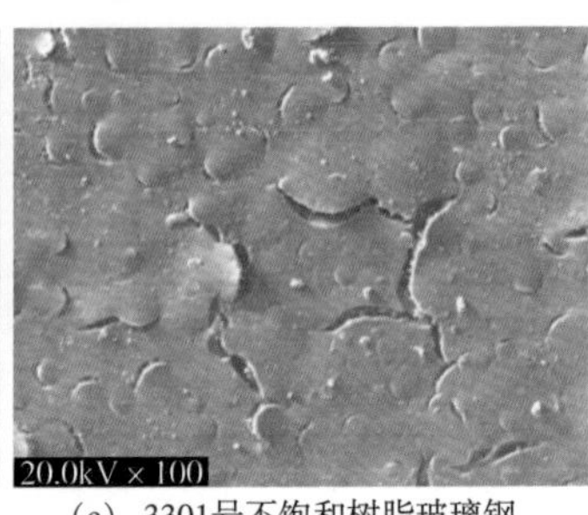

（c）3301号不饱和树脂玻璃钢

图9–18　玻璃钢在强碱二元液中的表面形貌SEM图

3种材质表面均出现了明显的变化，乙烯基不饱和树脂玻璃钢的表面损伤相对较少，主要是以腐蚀孔洞的形式存在，而3301号不饱和树脂玻璃钢的表面损伤则以裂纹的形式存在，不饱和聚酯树脂玻璃钢的腐蚀损伤则同时存在孔洞和裂纹。

2）在弱碱二元液中的腐蚀性能研究

80℃腐蚀环境下，196号不饱和聚酯树脂玻璃钢、乙烯基不饱和树脂玻璃钢和3301号不饱和树脂玻璃钢经不同周期强碱二元液腐蚀后的表面形貌如图9–19所示。

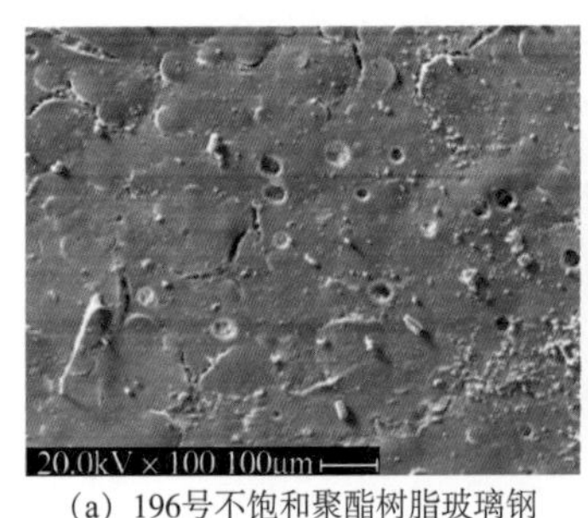

（a）196号不饱和聚酯树脂玻璃钢

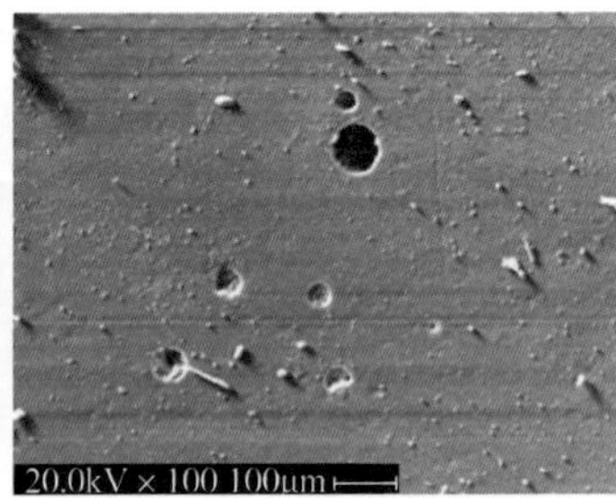

（b）乙烯基不饱和树脂玻璃钢

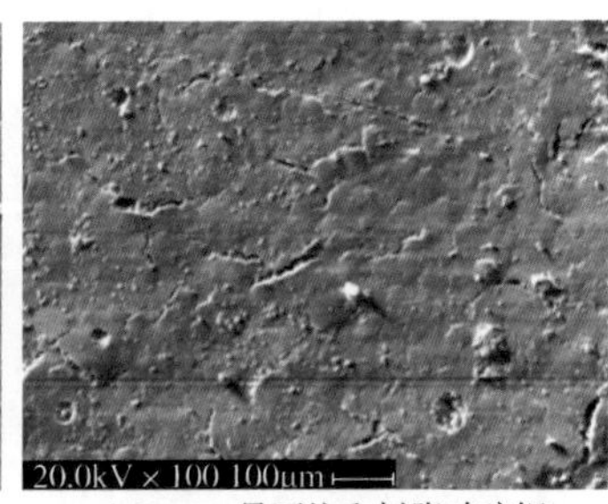

（c）3301号不饱和树脂玻璃钢

图9–19　玻璃钢在弱碱二元液中的表面形貌SEM图

196号不饱和聚酯树脂玻璃钢、乙烯基不饱和树脂玻璃钢和3301号不饱和树脂玻璃钢3种玻璃钢试样在弱碱二元液中经过5个周期的腐蚀后，其表面都出现了明显的变化，但相对强碱二元液为少。随着腐蚀周期的增加，损伤的面积也越大，但它们之间还存在一定的区别。其中，乙烯基不饱和树脂玻璃钢的表面损伤相对较少，主要是以腐蚀孔洞的形式存在，而3301号不饱和树脂玻璃钢的表面损伤则以裂纹的形式存在，196号不饱和聚酯树脂玻璃钢的腐蚀损伤则同时存在孔洞和裂纹，这都是由于弱碱二元液对玻璃钢的腐蚀造成的表面树脂断裂和脱落导致的。

3）在聚合物中的腐蚀性能研究

80℃腐蚀环境下，196 号不饱和聚酯树脂玻璃钢、乙烯基不饱和树脂玻璃钢和 3301 号不饱和树脂玻璃钢经不同周期聚合物腐蚀后的表面形貌如图 9-20 所示。

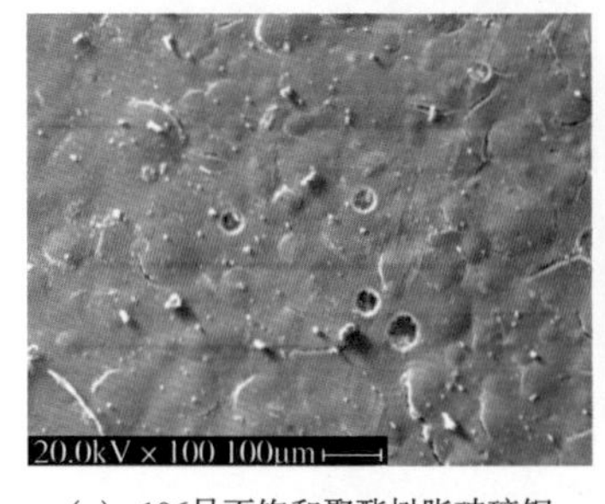

（a）196号不饱和聚酯树脂玻璃钢

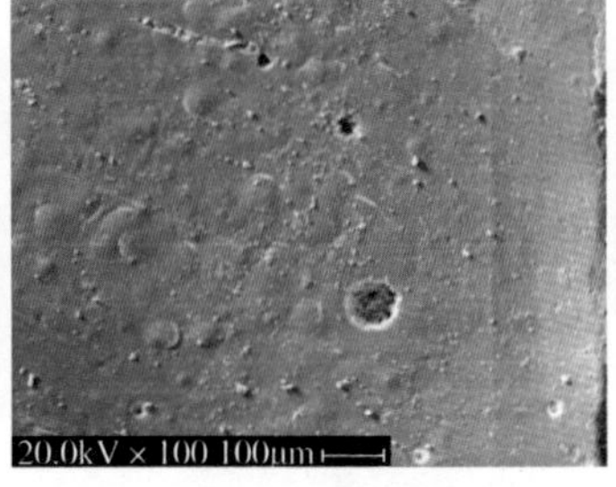

（b）乙烯基不饱和树脂玻璃钢

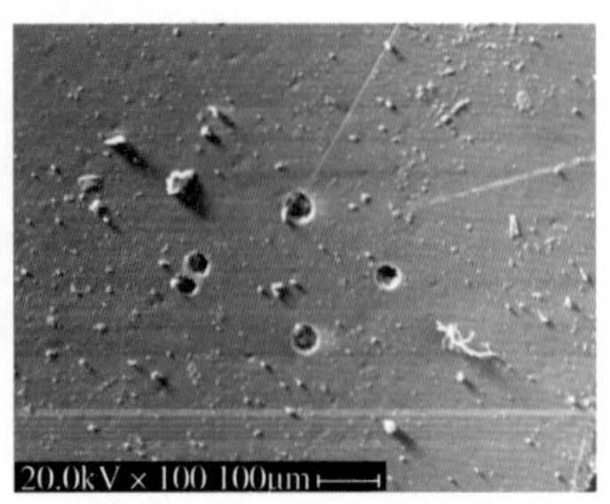

（c）3301号不饱和树脂玻璃钢

图 9-20　聚合物中的表面形貌 SEM 图

在聚合物介质中经过 5 个周期的腐蚀后，196 号不饱和聚酯树脂玻璃钢、乙烯基不饱和树脂玻璃钢和 3301 号不饱和树脂玻璃钢表面都出现了明显的变化，但远小于在强碱二元液和弱碱二元液中的变化，但其主要的腐蚀机理还是基本一致的，都是在玻璃钢的表面形成了皲裂和孔洞，但皲裂和孔洞的尺寸和数量远小于两种碱性二元液中的腐蚀试样。

4）结论

3 种玻璃钢的损伤主要来源于树脂基体中酯基的降解，从而造成分子链断裂，并由玻璃钢表面向内部渗透，易形成表面树脂出现裂纹和脱落现象。另外，介质还可以溶解基体中的小分子物质，造成树脂表面的孔洞。

196 号不饱和聚酯树脂玻璃钢受到 3 种介质的作用后，表面均形成裂纹和孔洞等损伤，其中腐蚀程度为：聚合物 < 弱碱二元液 < 强碱二元液（图 9-21）。

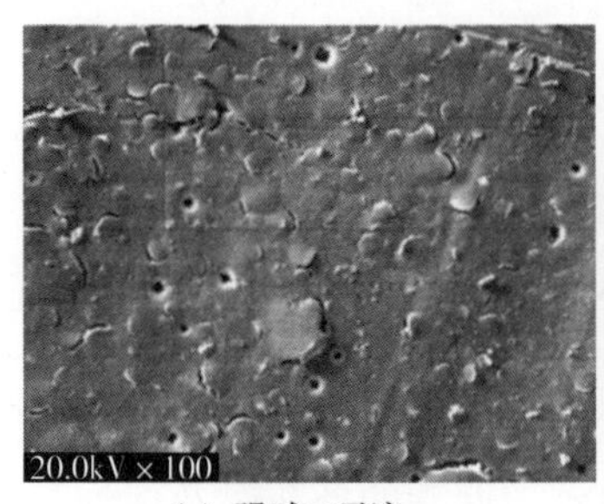
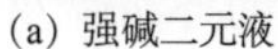

（a）强碱二元液

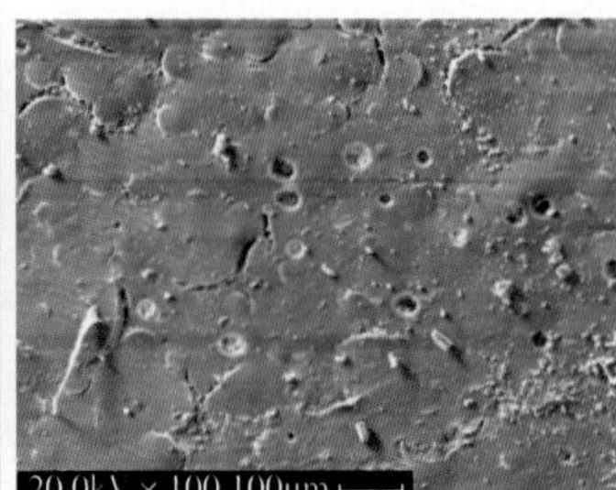

（b）弱碱二元液

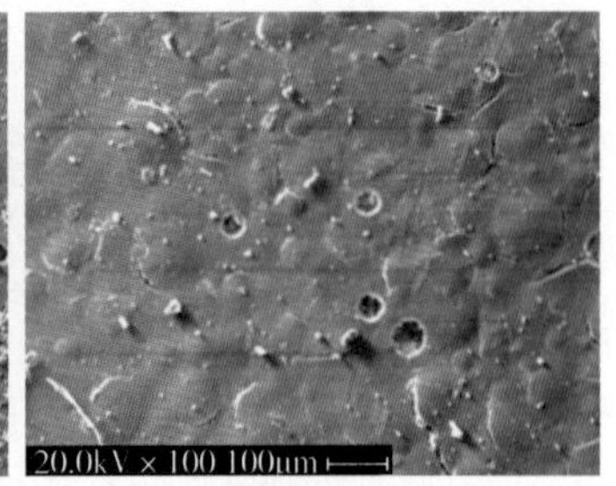

（c）聚合物溶液

图 9-21　196 号不饱和聚酯树脂玻璃钢试样在试验介质中腐蚀后形貌图

乙烯基不饱和树脂玻璃钢受到 3 种介质的作用后，在树脂表面造成不同尺寸的孔洞，其中聚合物和弱碱二元液的腐蚀程度大致相同，强碱二元液对玻璃钢的腐蚀则严重得多（图 9-22）。

3301 号不饱和树脂玻璃钢受到 3 种介质的作用后，都在表面形成裂纹和孔洞等损伤，腐蚀程度为：聚合物 < 弱碱二元液 < 强碱二元液（图 9-23）。

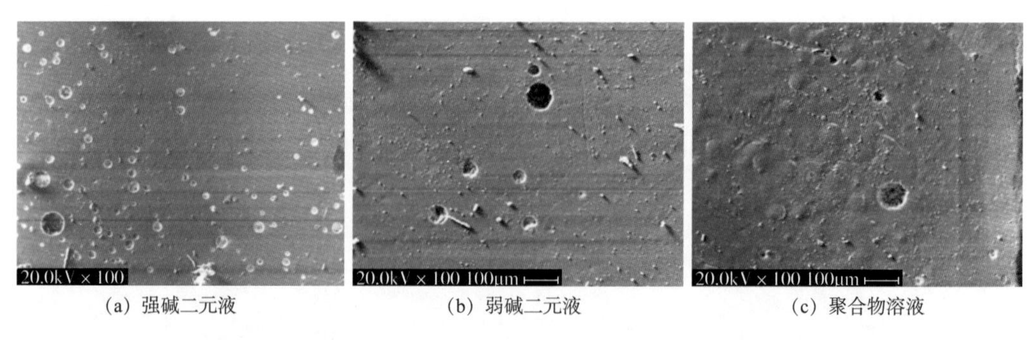

(a) 强碱二元液　　(b) 弱碱二元液　　(c) 聚合物溶液

图 9-22　乙烯基不饱和树脂玻璃钢试样在试验介质中腐蚀后形貌

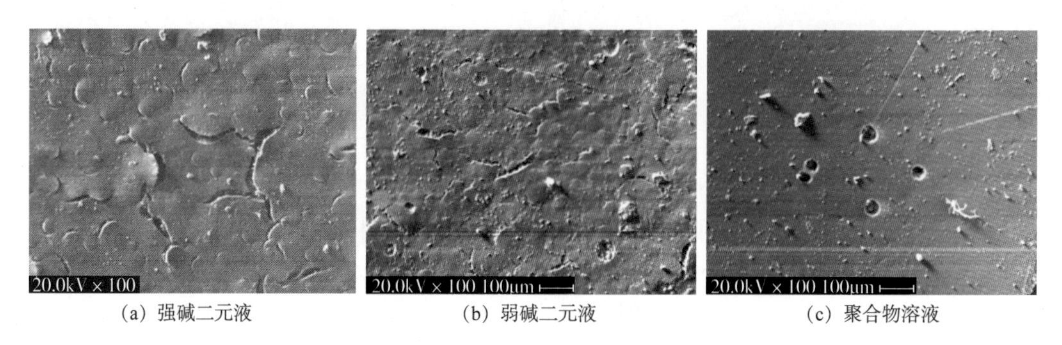

(a) 强碱二元液　　(b) 弱碱二元液　　(c) 聚合物溶液

图 9-23　3301 号不饱和树脂玻璃钢试样在试验介质中腐蚀后形貌

综合上述分析认为，196 号不饱和聚酯树脂玻璃钢经 5 周期腐蚀试验后，会在表面同时产生孔洞和裂纹，同时从横向和纵向产生破坏，3301 号不饱和树脂玻璃钢腐蚀以裂纹的形式出现，更容易出现大范围的腐蚀损伤，因此不建议在二元液中使用。乙烯基不饱和树脂凭借乙烯基的疏水性而具有较好的耐腐蚀性，受到腐蚀后会在基体表面产生一定量孔洞，没有出现大面积树脂脱落或裂纹，因此乙烯基不饱和树脂和双酚 A 型环氧树脂玻璃钢的适应性有待进一步试验论证。

三、三元复合驱地面系统防腐技术应用

根据目前三元复合驱各工艺环节的腐蚀试验结果，注入管道、掺水热洗管道、储罐等需采取内腐蚀控制措施。管道内防腐可采取环氧粉末涂层，对于难以采取内防腐措施或不能保证内防腐质量的管道及阀门、泵等，可采用 1Cr18Ni9Ti 等耐三元介质的不锈钢材质。储罐等内腐蚀采用耐三元介质较好的内防腐涂层。管道、容器、储罐的外防腐及保温等方案采用成熟的油田常用措施。

按上述主要防腐设计原则，结合阶段试验结果和有关调研资料，提出如下防腐设计规定。

1. 管道内防腐

1）配制及注入系统管道内防腐

碱液管道宜采用碳钢材质，不采取内防腐措施。

聚合物母液管道、表面活性剂管道、低压二元液管道、高压二元液管道、低压三元液管道、站内高压三元液管道内防腐宜采用酚醛环氧内防腐涂层，设计、施工及验收应满足

SY/T 0457—2010《钢质管道液体环氧涂料内防腐涂层技术标准》的相关要求。

站外高压三元液管道内防腐宜采用熔结环氧粉末内防腐涂层，设计、施工及验收应满足 SY/T 0442—2010《钢质管道熔结环氧粉末内防腐涂层技术标准》中的相关规定。

2）采出系统管道内防腐

集输系统的集油管道，如工艺无特殊要求，不采取内防腐措施。

集输系统的原油、成品油、净化油管道、蒸汽管道、天然气管道、轻烃管道内防腐宜采用熔结环氧粉末内防腐涂层，防腐等级为普通级。设计、施工及验收应满足 SY/T 0442—2010《钢质管道熔结环氧粉末内防腐涂层技术标准》中的相关规定。

非饮用清水、污水、掺水（热洗）管道内防腐宜采用熔结环氧粉末内防腐涂层，也可采用溶剂型环氧防腐涂料，设计、施工及验收应满足 SY/T 0457—2010《钢质管道液体环氧涂料内防腐涂层技术标准》、SY/T 0442—2010《钢质管道熔结环氧粉末内防腐涂层技术标准》中的相关规定。

当介质温度为 80~120℃时，管道内防腐宜采用环氧酚醛防腐涂料，设计、施工及验收应满足 SY/T 0457—2010《钢质管道液体环氧涂料内防腐涂层技术标准》中的相关规定。

当介质温度大于 120℃时，管道内防腐宜采用耐高温防腐涂料，设计、施工及验收应满足 Q/SY DQ1005—2013《油田钢质储罐、容器防腐涂层技术规定》中的相关规定。

2. 钢质储罐、容器内防腐

1）配制及注入系统储罐、容器内防腐

碱液储罐、清水配制表面活性剂储罐宜采用碳钢材质，不采取内防腐措施。

聚合物母液储罐宜采用玻璃钢储罐或内衬聚四氟乙烯储罐，设计、施工及验收应满足 SY/T 0319—2012《钢质储罐液体涂料内防腐涂层技术标准》中的相关规定。

污水配制表面活性剂储罐、二元液储罐、三元液储罐宜采用酚醛环氧内防腐涂层或无溶剂环氧内防腐涂层，涂层干膜厚度不小于 400μm，设计、施工及验收应满足 SY/T 0319—2012《钢质储罐液体涂料内防腐涂层技术标准》中的相关规定。

2）采出系统储罐、容器内防腐

天然气、轻烃储罐、容器如工艺无特殊要求，一般不采取内防腐措施。

介质为污水（包括含油污水、含聚合物污水、含三元污水、滤后污水）、高含水油的储罐、容器的内防腐宜采用溶剂型环氧树脂涂料或无溶剂环氧树脂涂料，设计、施工及验收应满足 SY/T 0319—2012《钢质储罐液体涂料内防腐涂层技术标准》中的相关规定。

介质为成品油、净化油、低含水油的储罐内油区防腐应采用环氧导静电防腐涂料，水区防腐宜采用溶剂型环氧涂料或无溶剂环氧涂料，设计、施工及验收应满足 Q/SY DQ1005—2013《油田钢质储罐、容器防腐涂层技术规定》中 4.1.7 的相关规定。

当介质温度为 80~120℃时，储罐、容器内防腐宜采用环氧酚醛防腐涂料，设计、施工及验收应满足 SY/T 0319—2012《钢质储罐液体涂料内防腐涂层技术标准》中的相关规定。

当介质温度大于 120℃时，储罐、容器内防腐宜采用耐高温防腐涂料，设计、施工及验收应满足 Q/SY DQ1005—2013《油田钢质储罐、容器防腐涂层技术规定》中 4.1.3 的相关规定。

第十章　技术展望

三元复合驱地面工艺技术通过多年的系统攻关、稳步推进，形成了基本满足工业化应用的技术系列，在工业化应用过程中还需进一步降本增效，完善提高。

第一节　三元复合驱配注系统优化和防垢防腐技术研究

三元复合驱配注工艺经过多年研究，实现了主要设备的国产化，开发了适应大面积工业化推广的集中配制、分散注入的配注工艺流程，满足了工业化应用的需要。针对现有配注系统管道和设备易结垢、清垢周期长的问题，三元复合驱配注工艺将进一步开展配注系统化学防垢及配套工艺技术研究。针对现有配制工艺存在的装置投资及能耗高、维护成本高的问题，开展配注设备橇装化和重复利用技术研究；开展配注系统对新型化学剂的适用性评价及研究；开展普通污水配注三元体系配套工艺技术研究，以满足不同的开发要求。

通过多年来对三元复合驱地面工程腐蚀问题的系统研究，目前已经形成了一套经济合理的腐蚀控制技术，并在大庆油田逐步推广应用，在三元驱降本增效、优化防腐资源配置等方面取得了很好的效果。但是，三元复合驱地面工程腐蚀控制技术对外输出仍面临诸多挑战。例如，在一些高温、高硫、高氯、高矿化度油藏，三元驱腐蚀性增高，腐蚀机理改变。这种情况下，仅在文献检索以及大庆油田三元复合驱选材经验的基础上开展类比设计明显存在不足。为此，需要建立一套三元复合驱腐蚀控制技术适应性快速评价方法，根据目标油田的实际情况，快速摸清其腐蚀特点及规律，快速评价腐蚀控制技术的适应性，并结合大庆油田三元驱的腐蚀控制选材经验，合理调整腐蚀控制措施，做到快速评价、合理调整、优化集成。同时，从设备设施全生命周期的角度看，如果非金属设施能在三元复合驱顺利应用，其经济性将在长期使用过程中逐渐发挥优势，而目前非金属在三元复合驱中的应用研究水平还需要进一步提高，因此还需要加大非金属三元复合驱适应性的研究力度，为三元驱进一步降本增效提供技术支撑。

第二节　三元复合驱采出液原油脱水平稳运行技术研究

三元复合驱采出液处理技术通过先导试验区和工业性示范区全过程跟踪研究，研发了填料可再生的游离水脱除器、组合电极电脱水器及配套供电设备，开发了两段脱水技术，试验区和工业示范区总体平稳运行，两段脱水技术成为标准化设计定型工艺技术。针对原油脱水设备淤积污染、供电装置输出能力不足的问题，将进一步开展提高电脱水设备运行稳定性技术研究，优化设备结构，研发绝缘部件防污染的新型电脱水器，解决绝缘部件易损毁问题，提高设备运行平稳性，根据生产运行过程中出现的问题，采取相应的技术措施，保证生产的平稳运行。开展三元复合驱采出液和聚合物驱采出液掺混处理试验研究，进一步研究确认采出液性质对脱水设备处理效果的影响界限，进行三元复合驱采出液和聚合物驱采出液掺混处理研究，降低三元复合驱化学剂返出高峰期时采出液的处理难度，同时为多种驱油方式并存情况下采出系统的优化探索新的途径。进行高机械杂质含量和高乳化 W/O 型原油乳状液的探索性研究，降低复杂乳状液对脱水系统的冲击。同时进一步完善三元复合驱采出液脱水设备选用和操作规程，保障原油脱水技术有效转化为生产力，脱水技术进一步专业化运作和推广。

第三节　低成本三元复合驱采出液和采出水处理药剂研究

三元复合驱采出液和采出水处理药剂研究已经开发了三元复合驱采出液处理的化学药剂，优化确定了加药点和药剂加药量。针对三元复合驱采出液性质差异大、处理药剂种类多、加药量大、费用高的问题，三元复合驱采出系统处理药剂将进一步开展深入的研究。

（1）三元复合驱采出液中 W/O 型原油乳状液的乳化和稳定机制研究。通过三元复合驱采出液中 W/O 型原油乳状液的成分、结构、体相流变特性、油水界面张力、油水界面流变特性、相分离特性、乳化倾向的评价，揭示三元复合驱采出液中 W/O 型原油乳状液的乳化和稳定机制，在此基础上提出降低三元复合驱采出液中 W/O 型原油乳状液稳定性的物理和化学方法。

（2）多功能组合药剂研制。研究破乳剂、消泡剂、污油破乳剂和不同类型水质稳定剂间的配伍性和协同作用，在研制和应用消泡破乳剂的基础上，开发破乳剂 + 污油破乳剂、兼有抑制硅酸和碳酸盐功能的水质稳定剂、兼有抑制硫化亚铁和碳酸盐功能的水质稳定剂、兼有抑制硅酸和硫化亚铁功能的水质稳定剂，降低三元复合驱采出液和采出水处理药剂的种类和加药量。

（3）高效低成本药剂研制。在深入认识三元复合驱采出液性质和变化规律的基础上，根据影响三元复合驱采出液和采出水处理的主要因素变化范围将三元复合驱全过程细分为 4~9 个细分区间，针对每个区间中的三元复合驱采出液性质分别进行处理药剂优化，在满足采出液和采出水处理效果的前提下，优先选用低成本药剂，降低三元复合驱全过程的采出液和采出水处理药剂费用。

（4）建立三元复合驱采出液和采出水处理药剂应用专家系统。深化对三元复合驱采出液性质和变化规律认识，在优化采出液和采出水处理药剂的基础上，建立三元复合驱采出液和采出水处理药剂应用专家系统，为三元复合驱工业化区块采出液性质监测、采出液和采出水处理药剂应用管理提供有效工具。

第四节　三元复合驱采出水处理优化技术研究

三元复合驱采出水处理技术经过多年的科研攻关和现场试验，形成了序批式沉降 + 两级过滤的主体处理工艺，实现了三元复合驱采出水的达标处理，但仍存在三元复合驱采出水处理工艺耐冲击性差、不能稳定达标的情况，水处理设施建设投资高等问题，需要在三元复合驱采出水处理技术方面持续开展技术研究和试验工作，降低三元复合驱采出水的处理成本，并实现三元复合驱采出水处理的稳定达标。

（1）三元复合驱采出水处理过程中悬浮固体增加成因和对策研究。由于三元复合驱采出水过饱和悬浮固体持续析出，导致水处理过程中悬浮固体含量逐级增加，致使目前采出水处理工艺对悬浮固体去除能力变差，无法有效发挥去除作用，如序批式曝气沉降能使进水平均含油量由140mg/L降至79.2mg/L，但对悬浮固体没有去除效果，同时在掺混试验研究过程中也发现存在着部分三元复合驱采出水与含聚合物采出水掺混后悬浮固体含量高于两种原水的情况，造成三元复合驱采出水掺混处理悬浮固体去除困难。需要对三元复合驱采出水在掺混、曝气等处理过程中导致悬浮固体含量增加的因素进行研究，确定其增加的成因及影响因素，研究抑制采出水处理过程中悬浮固体含量增加的技术措施，使现有水处理工艺设备对悬浮固体的去除作用得到有效发挥。

（2）三元复合驱采出水处理稳定达标及参数优化技术研究。在目前基本定型的三元复合驱采出水处理工艺中存在着设备结构复杂、操作水平要求高，并且在驱油剂返出高峰时期在用工艺及设备表现出诸多的不适应性，使处理后水质达标困难。

需要对已建三元复合驱采出水处理站水质特性进行跟踪测试，对典型的三元复合驱采出水处理站在确保水质达标的情况下，进行运行参数优化试验。开展序批式沉降工艺参数优化试验研究，在保证处理效果的基础上进行不同工艺流程的运行参数优化，提高现有沉降罐处理效率。针对目前处理工艺中过滤段过滤效率低、反冲洗“跑料”等问题，开展滤料最佳滤速、反冲洗水洗强度优化等试验研究。通过对现有的三元复合驱采出水处理工艺技术优化、改进及新技术探索应用，实现处理后水质稳定达标。

（3）三元复合驱采出水与聚合物驱水掺混处理试验研究。目前基本定型的三元复合驱采出水生产站建设投资大，同等规模三元水处理站工程投资比高浓度站高54.5%，掺混处理技术可实现对已建聚合物驱含油污水处理站剩余能力的有效利用，通过地面建设方案的合理优化，减少三元复合驱采出水处理站的建设规模，节省地面工程建设投资。

前期进行了三元复合驱采出水与含聚合物采出水掺混降低三元复合驱采出水处理难度的室内实验，实验仅是初步探索研究，对掺混的界限并没有掌握，而且没有经过现场验证，需要进一步研究三元复合驱采出水与含聚合物采出水掺混处理技术，实现对已建聚合物驱含油污水处理站剩余能力的有效利用，最终实现三元复合驱采出水处理站主体处理设备工程投资降低20%。

参考文献

[1]胡博仲，刘恒，李林．聚合物驱采油工程［M］．北京：石油工业出版社，1997.

[2]张振华，程杰成，李林．聚合物驱油现场先导试验技术［M］．北京：石油工业出版社，1996.

[3]王德民．走向新世纪的大庆油田开发：王德民院士报告论文集［M］．北京：石油工业出版社，2001：404-420.

[4]王德民，程杰成，吴军政，等．聚合物驱油技术在大庆油田的应用［J］．石油学报，2005，26（1）：74-78.

[5]王启民，冀宝发，隋军，等．大庆油田三次采油技术的实践与认识［J］．大庆石油地质与开发，2001，20（2）：1-8.

[6]程杰成．“十五”期间大庆油田三次采油技术的进步与下步攻关方向［J］．大庆石油地质与开发，2006，25（1）：18-22.

[7]程杰成．三元复合驱油技术［M］．北京：石油工业出版社，2013：124-126.

[8]李杰训．聚合物驱油地面工程技术［M］．北京：石油工业出版社，2008：1-28.

[9]李杰训，赵忠山，李学军，等．大庆油田聚合物驱配注工艺技术［J］．石油学报，2019，40（9）：1104-1115.

[10]李学军．大庆油田三次采油地面工艺配套技术［J］．大庆石油地质与开发，2009，28（5）：174-179.

[11]吴永彬，王梓栋．聚合物配注与采出液处理技术新进展［J］．石油矿场机械，2007，36（8）：93-97.

[12]庄清泉，张丽平．大庆油田聚合物配制注入技术优化简化［J］．油气田地面工程，2011，30（10）：33-34.

[13]郭胜利，李树柏，李晓颖．聚合物配注工程中的外输供液工艺［J］．油气田地面工程，2001，20（2）：19-20.

[14]李岩，于力，唐述山．大庆油田聚合物配注系统发展简述［J］．油气田地面工程，2008，27（8）：33.

[15]张敏革，张吕鸿，姜斌，等．聚合物溶液搅拌流场PIV测量初步［J］．化工进展，2011，30（8）：1681-1686.

[16]周钢，刘涛，黄延强．聚合物驱用高效静态混合器内部结构优化研究［J］．油气田地面工程，2017，36（7）：90-92.

[17]董燕，张吕鸿，王梓栋，等．高分子聚合物相对分子质量控制装置的设计与应用［J］．油气田地面工程，2015，34（8）：10-11.

[18]杨清民，石江南，姚志荣．大庆油田聚合物注入站标准化设计［J］．石油规划设计，2009，20（2）：14-16.

[19]李景岩．含聚污水稀释聚合物影响因素研究［J］．油气田地面工程，2017，36（12）：25-27.

[20]于力．大庆油田地面工程三元配注工艺的发展历程［J］．油气田地面工程，2009，28（7）：42-43.

[21]龚晓宏．复合驱低压二元液调配工艺起泡问题的解决措施［J］．油气田地面工程，2016，35（8）：124-126.

[22]李学军，赵忠山，李娜．提高复合驱配注中碱浓度合格率的技术措施［J］．油气田地面工程，2009，28（7）：42-43.

[23]赵忠山，李学军，李玉春，等．技术标准化助推聚驱地面工程研究成果有形化［J］．石油工业技术监督，2016，32（6）：48-51.

[24] 李学军，张树平.含聚合物驱采出液游离水沉降脱除试验[J].油气田地面工程，1997，16（2）：16-19.

[25] 陈克宁，尹浩.聚合物驱采出液脱水工艺研究[J].石油工程建设，2013，39（3）：53-55.

[26] 陈忠喜，舒志明.大庆油田采出水处理工艺及技术[J].工业用水与废水，2014，32（1）：36-39，46.

[27] 杜丹，吴迪，寇鹏鸽，等.聚合物驱采出水处理技术进展[J].辽宁化工，2011，40（6）：590-592，595.

[28] 吴迪.化学驱采出液破乳剂的研究和应用进展[J].精细与专用化学品，2009，17（24）：21-25.

[29] 王翀.新型三元复合驱采出液破乳剂[J].油气田地面工程，2013，32（3）：104.

[30] 赵雪峰，李玉华，陈魏芳，等.三元复合驱工业化应用中采取的地面工程控投资措施[C]//第三届中国油气田地面工程技术交流大会论文集，2017：20-25.

[31] 赵忠山.三元复合驱采出液的沉降分离特性[J].油气田地面工程，2013，32（5）：46.

[32] 赵忠山.三元复合驱采出液电脱水特性[J].油气田地面工程，2013，32（11）：54.

[33] 赵忠山.油水分离器结构优化的流体力学研究[J].油气田地面工程，2010，29（7）：10-11.

[34] 陈克宁.组合电极电脱水器[J].油气田地面工程，2012，31（8）：102.

[35] 李学军，刘增，赵忠山.三元复合驱采出液中频脉冲电脱水技术[J].油气田地面工程，2007，26（11）：21-22.

[36] 李娜.不同注入阶段强碱三元复合驱采出液的处理[J].油气田地面工程，2012，31（8）：23-24.

[37] 龚晓宏.回收油对复合驱原油脱水的影响及处理技术[J].油气田地面工程，2016，35（7）：57-69.

[38] 赵秋实.三元复合驱采出水处理工艺分析[J].油气田地面工程，2013，32（6）：68-71.

[39] 古文革，陈忠喜，赵秋实，等.大庆油田三元复合驱采出水处理工艺技术[J].工业用水与废水，2018，49（2）：48-53.

[40] 易聪华，邱学青，杨东杰，等. 改性木质素磺酸盐 GCL2-D1 的缓蚀机理[J]. 化工学报，2009，60（4）：959-964.